Agnaldo Kupper

Matemática e Ciências Humanas e Sociais Aplicadas

EDITORA CIÊNCIA MODERNA

Matemática e Ciências Humanas e Sociais Aplicadas

Editor: Paulo André P. Marques
Produção Editorial: Dilene Sandes Pessanha
Capa: Daniel Jara
Diagramação: Carlos Arthur Candal
Copidesque: Equipe Ciência Moderna

FICHA CATALOGRÁFICA

KUPPER, Agnaldo.

Matemática e Ciências Humanas e Sociais Aplicadas

Rio de Janeiro: Editora Ciência Moderna Ltda., 2022.

1. História 2. Sociedade
I — Título

ISBN: 978-65-5842-152-8 CDD 809

Editora Ciência Moderna Ltda.
R. Alice Figueiredo, 46 – Riachuelo
Rio de Janeiro, RJ – Brasil CEP: 20.950-150
Tel: (21) 2201-6662/ Fax: (21) 2201-6896
E-MAIL: LCM@LCM.COM.BR
WWW.LCM.COM.BR

03/22

APRESENTAÇÃO

A SOMA DAS CIÊNCIAS

As *Ciências Humanas e Sociais Aplicadas* incluem, em seu leque, a Sociologia, a Antropologia, a Ciência Política, Estudos de Comunicação, Marketing, Administração, Arqueologia, Ciência da Religião, Contabilidade, Economia, Geografia Humana, História, Filosofia, Serviço Social, Psicologia Social, Serviço Social, entre outros.

Enquanto a área de Ciências Humanas é voltada para o estudo do Homem como ser social, a área de Ciências Sociais Aplicadas reúne campos de conhecimento interdisciplinares voltados para aspectos sociais das diversas realidades humanas. Ou seja, as Ciências Sociais Aplicadas relacionam-se, predominantemente, com a forma como os indivíduos se relacionam com o ambiente social à sua volta.

FORMAS DE CONHECIMENTO

A razão humana adquire formas diferentes no correr dos tempos.

Por mais que a rotina nos pareça enfadonha, ela nos organiza e nos dá a sensação de controle sobre nossa vida.

O problema é que no cotidiano nem sempre refletimos de forma mais abrangente, já que o mundo nos dá primeiramente o nível vivido. Nossos questionamentos são, na maioria das vezes, vagos e sem consistência.

As abordagens de mundo mais naturais em nosso cotidiano ficam por conta do senso comum. O conhecimento espontâneo é próprio do senso comum, que é ametódico, fruto da tentativa humana de resolver os problemas de nossa vida diária. Não há grandes questionamentos, não há a criticidade necessária, não há planejamento dirigido. Assim, o conhecimento se torna presa das aparências.

O conhecimento científico, embora menos poético e causador de certos desencantos, é rigoroso e evita ambiguidades. Porém, nos faz fugir dos dogmas e das emoções, já que busca explicações racionais, sendo a ordem que se segue na investigação da verdade. Para a ciência, não basta observar, mas procurar as relações de causas e efeito, a lógica, fazendo uso de métodos para manter a coerência do que se deseja investigar e afirmar.

Devemos ainda levar em consideração outros tipos de conhecimentos como o artístico, o mitológico, o religioso e o filosófico. Destaque especial ao último, que se propõe a oferecer uma forma de conhecimento ampla por relacionar aspectos da vida humana, não se restringindo a uma única esfera do conhecimento. Ao contrário, integra-os.

Partindo do princípio que as Ciências Humanas e Sociais estudam os aspectos individuais e sociais e a Matemática é o uso da lógica e da formulação de teorias, admite-se que *Matemática aplicada às Ciências Sociais* seria o estudo dos fenômenos sociais através de observações sistemáticas, com aplicações de modelos matemáticos, experimentos e análises estatísticas para comprovar e justificar comportamentos. Não devemos entender a Matemática como uma ciência parada no tempo, até porque temos a impressão que seu desenvolvimento esteja concentrado na Idade Antiga através dos estudos egípcios, babilônicos e gregos e nos séculos XVI a XIX (Idade Moderna e transição para a Contemporânea). A Matemática é dinâmica e constantemente renova-se, até pelas necessidades advindas das últimas décadas da vida humana.

Analisar os desempenhos sociais, o mundo político, a importância do processo educacional, a diversidade, as lutas por reconhecimento das minorias, os caminhos das atividades laborais no mundo contemporâneo, os tipos de estratificação social, os passos da democracia, as influências religiosas nos comportamentos individuais e de grupos, a interferência dos movimentos sociais e da violência e criminalidade em nossa vida diária, o papel dos produtos culturais, entre outros, permite que aprimoremos o conceito de cidadania e nos ajuda a obter uma visão de mundo mais contextualizada. Ou seja, as Ciências Humanas e Sociais colaboram para que não façamos análises simplistas do que nos cerca, mas contexturas, entendendo nossa vida como um processo contínuo de modificações. Afinal, a cada dia descobrimos coisas novas, ganhamos novas percepções e fazemos novas constatações.

Enquanto outras ciências buscam como objeto algo fora do sujeito cognoscente[1], as Ciências Humanas e Sociais possuem como objeto o próprio ser que conhece. São grandes as dificuldades da Sociologia, da Psicologia, da Geografia Humana e da História para se aprofundar nos estudos com objetividade. Nas Ciências Humanas e Sociais há uma complexidade inerente aos fenômenos humanos (psíquicos, sociais, econômicos). A experimentação não é precisa por ser difícil identificar e controlar aspectos que influenciam os atos humanos e, quando se procura repetir o estudo de determinado fenômeno, os efeitos podem ser alterados já que, para os homens, determinada situação sempre será sentida e vivida de maneiras diferentes. Outra questão refere-se à matematização, até porque os fenômenos estudados são essencialmente qualitativos (embora técnicas estatísticas sejam utilizadas, porém com os resultados devendo ser considerados aproximados e interpretativos). Nas Ciências Humanas e Sociais prevalece a subjetividade, próprio das interferências emotivas do cientista (analisar o medo, por exemplo, torna-se difícil caso o observador o tenha; analisar as transformações familiares é dificultoso pelo fato do estudioso fazer parte de uma).

Fonte: Reprodução

No dia 5 de novembro de 2015, a barragem de rejeitos de *Fundão*, da empresa Samarco, se rompeu no município de Mariana (MG). Dezenove pessoas morreram e todo o ecossistema ao longo do Rio Doce até a foz, atingindo municípios de Minas Gerais e Espírito Santo, foi destruído. (Fonte: Reprodução)

Fonte: Reprodução

A pandemia do novo *Coronavírus* (Covid 19), a partir de 2020, trouxe novas formas de relacionamento entre os indivíduos, acompanhada de efeitos econômicos em todo o planeta.

Faça um pequeno exercício: imagine-se numa cidade como São Paulo por volta de 1890. Ruas irregulares,

1 cognoscente = quem busca saber ou tomar conhecimento sobre algo

mal calçadas, casas em estrutura de taipas, mato avançando e com apenas algumas vias iluminadas com lampiões. Um município meio urbano, meio rural, defasado em estrutura se comparado a cidades como Rio de Janeiro, Salvador, Recife, Belém, Niterói, Porto Alegre, Fortaleza e Cuiabá.

Pois bem, mesmo que nunca tenha estado nessa grande cidade, observe as imagens da cidade em 1890 e atual (abaixo). Repare como São Paulo cresceu em pouco mais de um século. Transformou-se em metrópole (do grego *metropolis = cidade mãe)*, com crescimento urbano acentuado, grande circulação de veículos, centro de decisões políticas e econômicas, sede de movimentos culturais, ponto de mobilizações de massa sociais ou reivindicatórias, onde tudo continua a se transformar com grande velocidade.

Fonte: Reprodução

Uma vista da cidade de São Paulo, em 1890 (http://modernidadehyper.blogspot.com/2006/09/so-paulo-1890.html, acesso em 15 de Junho de 2020)

Fonte: Reprodução

A cidade de São Paulo em 2021: grande metrópole (https://i.ytimg.com/vi/MBqlXQ89q7E/maxresdefault.jpg, acesso em 15 de Junho de 2020)

Em 1900, o prefeito da capital do Estado de São Paulo era o Senhor Antônio Prado. Ele e os demais habitantes assistiram ao crescimento populacional da cidade em seis vezes e meia. Ou seja, de quase quarenta mil habitantes que São Paulo possuía em 1890, passou para mais de duzentos mil em dez anos[2]. Atualmente, a maior cidade do Brasil possui cerca de treze milhões de habitantes e transformou-se na maior região metro-

2 o censo de 1900 apontou 239.820 habitantes na cidade de São Paulo

politana do país. A Avenida Paulista, inaugurada em 1891, apresentava poucas construções; hoje, é o símbolo de uma urbe que concentra a maior movimentação financeira da América Latina.

É claro que esta gigante transformação (e que é contínua), não veio sem consequências: elevação do índice de criminalidade, poluição do ar e sonora, especulação imobiliária, proliferação de favelas, dificuldades de mobilidade na malha urbana, devastação das coberturas vegetais originais, falta de destino adequado à produção do lixo, frequentes pontos de alagamentos e de enchentes.

Este pequeno exemplo pode nos dar a dimensão da importância das Ciências Humanas e Sociais, já que tais transformações carecem de análise para que entendamos os resultados de conflitos entre a tradição e a modernidade. Afinal, as modificações históricas de São Paulo fizeram as pessoas agirem e se comportarem de forma diferente e a visão de mundo transfigurou. A realidade social da São Paulo atual é outra em relação ao final do século XIX. Ou seja, se quisermos compreender como pensavam e se relacionavam os indivíduos em determinada época, precisamos saber em que meio social viviam. Da mesma forma, caso queiramos responder às novas situações vividas pelos paulistanos, tais como entender suas relações com o contexto atual apresentado , precisamos utilizar critérios científicos.

Para tanto, as Ciências Humanas e Sociais devem procurar traduzir a linguagem da vida cotidiana como meio de elevar nossa compreensão das realidades sociais e, assim, assegurar o bem-estar humano. Neste sentido, o cientista social deve estabelecer conexões entre as causas e o sentido velado dos processos sociais, procurando torná-los compreensíveis a todos.

Não cabe às Ciências Humanas e Sociais o conserto do mundo, mas a discussão dos problemas individuais e sociais buscando o esclarecimento e objetivando a tomada da consciência coletiva a respeito de tais problemas. E as Ciências Sociais pedem que estranhemos; estranhar significa espantar-se, surpreender-se, abismar-se, incomodar-se diante de determinado acontecimento.

A IMPORTÂNCIA DE POSICIONAR-SE

Os valores, normas e comportamentos sociais alteram-se e transformam-se com o tempo. Ou seja, a vida social – por mais que nosso dia-a-dia dificulte tal visualização – está em constante mutação e interfere em nossos procedimentos particulares. Da mesma forma, nossos posicionamentos e escolhas individuais inserem-se em um contexto mais amplo do que podemos imaginar.

Nossos comportamentos individuais repercutem entre quem nos cerca. Da mesma forma, acontecimentos que fogem à nossa alçada influenciam nossa vida individual. Caso, por exemplo, estejamos vivendo uma crise econômica em nosso país, a circunstância afeta a todos, direta ou indiretamente. O desemprego crescente, a elevação dos preços dos produtos de consumo (inflação) e a desestabilização política, geram desequilíbrios que nos atinge, seja com o crescimento de insegurança, seja com a elevação dos índices de violência e mesmo no humor das pessoas com quem convivemos.

Mais um exemplo: o ato de votar e eleger pode ser uma ação individual e autônoma, porém não deixa de afetar a sociedade como um todo. Isso pode significar que os homens são condicionados socialmente, porém não são apenas instrumentos de forças maiores ou superiores a ele.

Ao reconhecermos as forças que atuam sobre nossa existência, passamos a nos enxergar como capazes do exercício da vontade. Isto significa dizer que a liberdade não é algo dado, mas resultado de um projeto de ação, ou seja, que a liberdade não é um trabalho solitário realizado por indivíduos isolados. Os grupos sociais do qual fazemos parte são importantes como formadores de consciência e instigadores da ação coletiva que garanta a expressão das liberdades de cada um.

Façamos uso de um mais um exemplo: diante de uma grande enchente que tenha provocado transtornos em sua cidade ou bairro, tal como queda de estruturas como pontes, interrupção no fornecimento de água potável, queda na transmissão de energia elétrica, isolamento de pessoas, entre outros, ficamos transtornados, inquietos. No entanto, o espanto deve ser traduzido para algumas indagações e aprofundamentos: estaria nossa cidade ou bairro preparado para um evento deste tipo? Foi apenas um fenômeno raro que não deve se repetir? Será que as ações dos indivíduos como não dar destino adequado aos resíduos e lixo, o descuido com bueiros, a devastação da cobertura vegetal local, a ausência de planejamento urbano, entre outros, teriam originado tal situação?

As Ciências não andam sós. A aceleração do desenvolvimento tecnológico - tal como vemos e sentimos na atualidade - realça o papel da Matemática como ferramenta para que possamos entender um pouco melhor o mundo e suas transformações. Isso ficou ainda mais claro durante a pandemia do *novo Coronavírus* (Covid 19) a partir de 2020; afinal, sentimos a necessidade de compreender a ideia de crescimento exponencial, de analisar gráficos com a ânsia do "achatamento da curva", de projetar, de estabelecer probabilidades, de observar dados estatísticos (área da Matemática mais diretamente ligada ao nosso dia a dia).

COM A PALAVRA, CHARLES WRIGHT MILLS

> **(...) A imaginação sociológica permite ao seu possuidor compreender o cenário histórico mais amplo em termos de seu significado para a vida interior e a carreira exterior de uma variedade de indivíduos. Ela lhe permite levar em conta de que maneira indivíduos, no tumulto de suas experiências diárias, tornam-se muitas vezes falsamente cônscios[3] de suas posições sociais.**
>
> **(...) O primeiro fruto dessa imaginação – e a primeira lição da ciência social que a corporifica – é a ideia de que o indivíduo só pode compreender sua própria experiência e avaliar seu próprio destino situando-se dentro de seu período, de que ele só pode conhecer suas próprias chances na vida tornando-se consciente daquelas de todos os indivíduos em suas circunstâncias. Sob muitos aspectos, é uma lição terrível; mas também, sob muitos aspectos, uma lição magnífica. (...) Descobrimos que todo indivíduo vive, de uma geração para outra, em alguma sociedade; que ele vive uma biografia, e que ele a vive dentro de uma sequência histórica. Pelo fato de viver, contribui, ainda que minimamente, para a conformação dessa sociedade e para o curso de sua história, mesmo que seja feito pela sociedade e por seu empurra-empurra histórico.**
>
> **A imaginação sociológica nos permite apreender história e biografia e as relações entre as duas na sociedade. Essa é sua tarefa e sua promessa. Reconhecer essa tarefa e essa promessa é a marca do analista social clássico. (...) Pois essa imaginação é a capacidade de passar de uma perspectiva para outra. (...) É a capacidade de oscilar entre as transformações mais impessoais e remotas e os traços mais íntimos da pessoa humana – e de ver a relação entre os dois;**
>
> **(...) É por isso, em resumo, que se espera que através da imaginação sociológica os homens possam agora captar o que está acontecendo no mundo, e compreender o que está se passando em si mesmos como minúsculos pontos de interseção de biografia e história dentro da sociedade.**
>
> **Charles Wright MILLS, 2009, p.84-87**

A Matemática e seu uso habitual

Em nossa vida diária, pagamos impostos, adquiridos produtos, vendemos nossa força de trabalho, sempre cercados pela necessidade de cálculos. E se não os fazemos, outros fazem por nós. Muitos temem a Matemática, mas não podemos viver sem ela. Ela está na previsão do tempo, nos jogos eletrônicos, na ressonância magnética, nas animações cinematográficas e até mesmo nos cálculos que fazemos para não nos atrasarmos para algum compromisso.

---

3 conscientes

Quando temos a intenção de alguma compra, por vezes não temos dinheiro suficiente. Então, o negócio é parcelar. Quando vamos a um supermercado, observamos os preços dos produtos. Quando resolvemos apelar para a sorte, podemos arriscar em um tipo de loteria. Àqueles que creem nas determinações do zodíaco, saibam que os cálculos matemáticos estão por trás dos prognósticos. No pagamento de contas, tributos e impostos, eis a Matemática. Para atingirmos as médias necessárias para passarmos de série na escola, lá vem mais contas a fazer. Uma corrida de taxi ou por aplicativo pode ser observada por uma função de primeiro grau. Funções exponenciais relacionam-se a crescimentos populacionais. Problemas práticos utilizam equações polinomiais para suas resoluções. Regiões do planeta que sofrem com abalos sísmicos expressam-se em grandezas de intervalos de variação exponencial. Da mesma forma e importância, a combinatória, matemática dos conjuntos finitos, mostram-se como as bases da ciência e tecnologia da informação em nosso mundo moderno; a lógica fundamenta todo o pensamento racional e a busca pelo avanço da inteligência artificial; a geometria permite que façamos matemática a partir de nós mesmos. Somos regidos por algoritmos[4]. Serviços de streaming[5] como *Netflix* e *Spotify*, assim como as redes sociais (*Instagram* ou *Facebook*, por exemplo) conseguem prever seus desejos; para obter informações, tais plataformas se baseiam em equações e cálculos de probabilidade que conseguem observar nossos gostos e círculos de convivência. Serviços de buscas no *Google* são estruturados através da combinação de análise de dados e aplicação de fórmulas matemáticas, novamente através do uso das probabilidades e estatísticas. Recursos de *GPS*, iluminação e semáforos são controlados com base em cálculos que permitem ajustes em tempo real. Até mesmo uma identificação fácil, feita através da sobreposição de imagens, é possível através de percentuais de compatibilidade através de cálculos matemáticos complexos.

Razões, proporção, porcentagem, sequências, progressões aritméticas e geométricas, somas, divisões. Você pode não gostar, temer ou rejeitar. Mas não dá para viver sem.

E entender o pensamento científico não é tarefa simples.

O senso comum[6] contribui para que lidemos com as circunstâncias diárias, como realizar atividades e responder a situações e problemas de maneira prática. Ou seja, é o conhecimento da "vida vivida" e ele é obtido pelas práticas e experiências que adquirimos ao longo do tempo. Não é fácil romper com ele, até porque o senso comum não é algo negativo. Associado à ciência, o senso comum pode nos trazer maior riqueza.

A ciência busca distanciar-se dos estímulos imediatos em favor de uma abordagem rigorosa e questionadora e investiga os questionamentos relacionados aos mais variados fenômenos (objetos científicos) à procura de respostas mais racionais. Para tanto, a ciência faz uso dos métodos que considere adequados para coletar e analisar informações, estabelecendo relações de causa e efeito entre os objetos pesquisados.

Importante ressaltar que a ciência possuiu um caráter coletivo, onde os métodos e as conclusões obtidas pelas cientistas são avaliados por membros da comunidade de pesquisadores especialistas em cada área do conhecimento.

Nas escolas, compartimentar é uma palavra em desuso. Ou seja, não cabe mais organizar o conhecimento por disciplinas como Química (que abrange estruturas e transformações das substâncias), Biologia (que trata da vida e dos seres vivos), Sociologia (que trata do conjunto das relações sociais), Física (que busca construir leis e modelos para a explicação da natureza das coisas) etc.

Mas cada ciência é particular por delimitar um campo de pesquisa com objetos, problemáticas e métodos próprios. Na maioria das vezes a complexidade de alguns alvos de conhecimento exige que as ciências se unam e componham estudos *interdisciplinares* (articulações entre diversas áreas científicas em pesquisas sobre determinado tema na busca de obter conclusões mais abrangentes) ou *transdisciplinares* (articulações não só de vários campos do conhecimento científico, mas também destes com outros saberes, como os produzidos por técnicos, organizações não governamentais, movimentos sociais ou populações tradicionais, caso dos indígenas).

---

4 sequência lógica, finita e definida de instruções que devem ser seguidas para resolver um problema ou executar uma tarefa

5 em inglês, a palavra stream significa córrego ou riacho. Portanto, streaming remete para o fluxo, indicando, no âmbito da tecnologia, fluxo de dados ou conteúdos multimídia

6 o senso comum é a maneira de pensar da maioria das pessoas, correspondendo a algumas noções que são, via de regra, admitidas por boa parte dos indivíduos

Neste primeiro momento, não vamos pedir para que você seja o agente da busca de seu conhecimento. Para tentar convencê-lo de que "vivemos Matemática", vamos fazer algumas demonstrações práticas, inclusive de situações como as abordadas acima.

ENTRE NÓS E OS OUTROS, ALGUMAS APLICAÇÕES DA MATEMÁTICA

. Nossas compras e os códigos de barras

O código de barras, tão comumente encontrado em nossas compras, é apenas um número acoplado ao produto para sua identificação e é escrito para a agilidade de uma compra. Repare que imediatamente abaixo das barras há um número escrito para que também possamos ler o número.

Já aconteceu de um produto, ao passar pela leitura ótica, não ser identificado? Ou seja, o atendente (caixa) não conseguiu obter a leitura através do código, o que ocorre quando a embalagem está enrugada ou úmida. Você deve ter observado que o atendente procurou realizar a leitura do código em sentido contrário ou posicionar o código de barras de "cabeça para baixo". Caso não dê certo também, o atendente digita o código o mais rapidamente possível. E você pode se perguntar? ao ler o código de forma invertida, o número indicado não será lido na ordem contrária? E se o número for digitado rapidamente, não há a possibilidade de erro e pagarmos mais caro do que o indicado? Então vamos às respostas: tanto lido numa ordem como em ordem contrária, o código sempre será lido de forma correta e quando o atendente digita um número ou sequência de forma errada, a máquina emite um sinal indicando que houve um erro (os dígitos são codificados de maneira diferente quando estão do lado direito ou esquerdo do código de barras). Isso porque as primeiras quatro listras do código de barras (excetuando as listras que servem de limite e que aparecem mais compridas) são dispostas com uma listra branca grossa, uma preta média, uma branca fina e uma preta fina, respectivamente, representando a sequência 0001101.

Pelo fato do código de barras representar uma série de números, a cada um deles é estipulado um espaço de espessura fixa que corresponde a uma sequência de sete dígitos iguais a 1 ou 0. Assim, se a sequência 0001101 representa o número 0. Se o seguinte número do código for 7, será representado pela sequência 0111011.

5 901234 123457

Fonte: Reprodução

Não existem duas pessoas com o mesmo Registro Geral (RG). Da mesma forma, não existem dois produtos diferentes com o mesmo código de barras ou sequencia numérica. Para a leitura do código, um aparelho de leitura óptica emite um raio vermelho que percorre todas as barras (representação gráfica do código binário) e através da luz refletida pelos módulos que compõem o espaço (ou pela ausência dos módulos), o leitor interpreta o código e o preço a ser registrado.

. Meteorologia e Matemática

A meteorologia tem seus estudos focados na Matemática através de seus cálculos numéricos. Tais cálculos servem para entender os movimentos da atmosfera e é por meio das equações matemáticas e físicas que os especialistas interpretam as informações dos satélites e radares meteorológicos para poderem fazer as previsões do tempo.

A medição da velocidade e da distância percorrida pelo vento (além da direção), assim como a medição da umidade relativa do ar (dada em porcentagem), proporcionam informações fundamentais para o bom funcionamento de nosso dia a dia. Também interferem diretamente na vida de um produtor agrícola que depende das condições do tempo e do clima para o plantio e colheita. Mas não só. A orientação do tráfego aéreo e marítimo, o monitoramento das águas das chuvas e dos rios, a possibilidade de deslizamentos de encostas e alertas de vendavais são de fundamental importância para que transtornos e perdas sejam menores.

Fonte: Reprodução

Os cálculos matemáticos ajudam a prever o tempo e diminuir prejuízos sociais e econômicos.

. Probabilidade de ganhar em loterias

As loterias envolvem teorias de **probabilidade**. Aliás, a teoria da probabilidade se desenvolveu muito rapidamente a partir do século XVII, devido aos chamados 'jogos de azar'. À medida que tais jogos se tornaram mais sofisticados e as apostas ficaram maiores, a criação de métodos matemáticos para computar as possibilidades de ocorrência de determinado evento tornaram-se fundamentais. Em 1657, o matemático holandês Christian Huygens (1629-1695) publicou *O raciocínio nos jogos de azar*, primeira obra vinculada à probabilidade. A partir daí, a teoria da probabilidade passou a ser direcionada a outros conhecimentos como Economia, Biologia (principalmente genética), Psicologia, Engenharia e Administração.

Mas vamos lá! Você sabia que a probabilidade de levar um prêmio de loteria é muito menor do que você imagina? Observe:

Loteria	Chance
Mega-sena	1/50.063.860
Timemania	1/26.472.637
Quina	1/24.040.016
Dupla Sena	1/15.890.700

Lotofácil	1/3.268.760
Federal	1/87.000

Fonte: Reprodução

A probabilidade de ganhar em jogos de loteria é muito baixa. No entanto, boa parte do arrecadado beneficia a implementação de políticas públicas em países como o Brasil.

Um volante da Mega Sena contém 60 números, de 1 a 60. Para concorrer, a aposta mínima é feita em seis números e a máxima em 15. Ganha quem acertar seis números (sena), mas há prêmios em dinheiro para quem acertar quatro números (quadra) e cinco (quina).

Mas qual a probabilidade de ganhar caso um indivíduo faça a aposta mínima? Esmiuçando:

. o resultado de um sorteio pode ocorrer de $C_{60,6}$ = 50.063.860 modos distintos, pois são escolhidos, aleatoriamente, sem que se importe a ordem, seis entre os sessenta números;

. o acertador será vitorioso se os seis números apostados coincidirem com os seis números sorteados; ou seja, só há um único caso favorável.

. Logo, a probabilidade pedida é 1/50.063.860 ou 0,000002%.

Para os que acreditam, um milagre!!!!

. Matemática até no Futebol!

Não se deve estranhar a multiplicação das regras esportivas a partir do século XVIII, em plena fase da explosão revolucionária produtiva industrial: corridas de cavalo, 1750; golfe, 1751; críquete, 1788; rúgbi, 1846; ciclismo, 1868; futebol, 1863. Isto porque Revolução Industrial e o futebol (entre outros esportes) baseiam-se na competição, na produtividade, na especialização de funções (embora a armação do jogo com funções definidas tenha ficado mais clara apenas na segunda metade do século XX) e quantificação de resultados.

Nascido na Inglaterra industrial dos 1860, o futebol ganhou regras fixas e, desde então, tem sido o sujeito predileto de intensas projeções simbólicas em todo o planeta. A duração de uma partida de futebol não depende de uma contagem de pontos (caso do vôlei e do tênis), mas do cronômetro (caso da fábrica). Sua busca é por rendimento quantitativo, onde o triunfo se dá a partir da meta atingida a partir do trabalho em equipe, segundo a divisão de tarefas. Assim como a produção industrial, o todo deve estar voltado para que se atinja o objetivo: produzir e defender o produzido de qualquer revés, segundo técnicas e regulação. O futebol e seu desenvolvimento e expansão teriam feito parte de uma estratégia dos empregadores e patrões, em geral para recuperar o controle e harmonizar a produção. A atividade seria uma poderosa aliada da disciplina operária. A mercantilização do futebol passou a envolver, nas últimas décadas contemporâneas, conceitos e práticas que envolvem empresários, clientela, eficiência e competitividade, exigindo organizações profissionais de empresas de entretenimento (televisão, jornais, revistas especializadas e rádio), atletas, dirigentes, artistas plásticos, atores, clubes, entre outros. Tudo sempre muito bem calculado.

Fonte: Reprodução

Neste local nasceu a primeira associação de futebol, a ***Football Association***, em 26 de Outubro de 1863, época em que o capitalismo industrial vivia processo de consolidação. No local, a definição das regras do esporte, a menos de um quilômetro da casa que serviu de moradia a Karl Marx.

. A Matemática no combate ao *novo Coronavírus*

Uma pandemia ou uma epidemia começa descrita por uma função exponencial, que é a parte mais grave e perigosa do contágio porque a quantidade de casos e de óbitos cresce surpreendentemente. É uma progressão geométrica porque parte do pressuposto de que uma pessoa vai contagiar outras.

Diferentemente de pandemias anteriormente enfrentadas pela humanidade, a da *Covid-19* ocorre num mundo baseado em dados. As Ciências Exatas se mostram fundamentais para combater a doença por meio de modelos matemáticos que usam dados para prever a propagação do vírus, orientando autoridades no combate à pandemia de 2020/2021. As variáveis que interferem em uma previsão – taxa de transmissão do vírus, taxa de internação e tempo médio em que um paciente fica em uma UTI, por exemplo – acompanham pesquisas mais recentes sobre o tema. Atualizada em tempo real, a ferramenta é capaz de considerar o estágio em que se encontra o distanciamento social em cada localidade, bem como o status da pandemia.

Os aplicativos de celular desenvolvidos por governos e empresas são usados para monitorar contatos de usuários, rastreando e alertando as pessoas que tiveram contato com pacientes diagnosticados com a doença.

Fonte: Reprodução

Achatamento da curva e pico de crescimento. Todas estas terminologias se referem a uma área do conhecimento que tem se mostrado imprescindível no combate ao novo Coronavírus: a matemática.

. Conta Errada?

No acidente de Mariana (MG), ocorrido em 05 de novembro de 2015, a empresa Vale do Rio Doce, associada da australiana BHP, duas das maiores mineradoras do mundo, foram responsáveis pelo maior desastre ambiental da história brasileira. O estouro da represa devastou o vilarejo de Bento Rodrigues, destruiu a fonte de diversas famílias, matou dezoito pessoas, deixou outra desaparecida e causou uma enorme devastação no ecossistema da região.

A barragem sustentava rejeitos da produção de minério de ferro e seu rompimento formou uma grande onda de rejeitos que se espalharam, rompendo também a Barragem de Santarém. Isso resultou um volume extravasado de aproximadamente cinquenta milhões de metros cúbicos, deixando, além dos mortos, seiscentos pessoas desabrigadas.

Dentre as causas do desastre estão: a) cálculos errados na construção da barragem; b) utilização de materiais diferentes do que fora estabelecido nos projetos iniciais; c) falhas nos equipamentos de monitoramento da barragem que não teriam alertado a população sobre o rompimento.

Fonte: Reprodução

A barragem comportava 2,65 milhões de metros cúbicos de areia, lama e detritos de minério. Contudo, a própria Samarco admitiu que um volume vinte vezes maior (55 milhões de metros cúbicos). (Foto: Reprodução)

. Matemática e Ciência: o caso da Paleontologia

As diversas ciências não prescindem da Matemática. Muito pelo contrário.

Os paleontólogos, por exemplo, estudam a vida animal e vegetal primitiva por meio dos fósseis. Para tanto, utilizam o estudo dos ossos para identificar características de animais pré-históricos, caso dos s dinossauros. Por exemplo: é possível estimar a massa de um braquiossauro, animal que viveu na Terra há mais de 100 milhões de anos. Isto porque quando um animal está em pé, é sabido que a maior parte da sua massa é sustentada por dois ossos da perna: o fêmur e o úmero. Também é conhecido que o montante de massa que esses ossos podem suportar é proporcional à área da secção do osso (aproximadamente a área de um círculo).

Sabendo que o comprimento da secção do úmero de um hipopótamo de 2.475 kg de massa mede 200 mm (dados experimentais) e que a secção do úmero de um braquiossauro mede 700 mm (osso encontrado por paleontólogos), qual seria a estimativa da massa do braquiossauro? A resposta, após diversos caçulos, é 30.319 kg, cerca de 30 toneladas.

Fonte: Reprodução

. Poliedros: entre a Filosofia e a Matemática

Platão, filósofo grego, viveu entre os séculos V e IV a.C. Entre tantos temas que tratou, relacionou Matemática, Filosofia e leis.

O grego Platão estudou algumas propriedades dos poliedros. Recebem a denominação de poliedros de Platão aqueles que apresentam todas as faces dom mesmo número de arestas e ângulos poliédricos também com o mesmo número de arestas. A partir de suas concepções, Platão descreveu a elaboração do Universo a partir dos elementos terra, água, ar e fogo, cada um de tais elementos associado a um poliedro regular em função da visão de que tais elementos são corpos e, como tal, sólidos (daí serem limitados por superfícies). São classificados como **sólidos de Platão** o tetraedro, o hexaedro, o octaedro, o dodecaedro e o icosaedro.

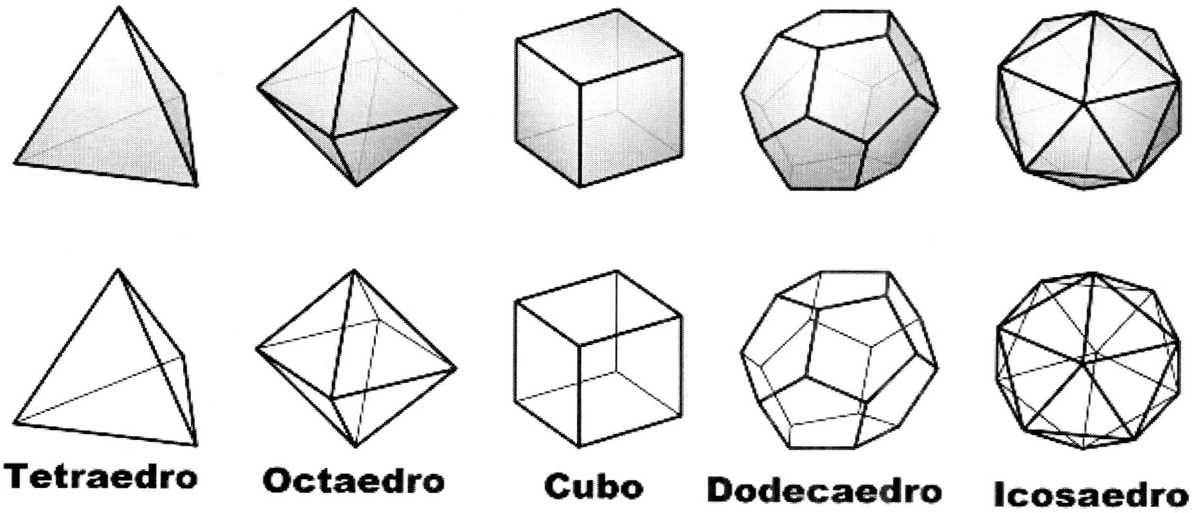

FOGO AR TERRA COSMOS ÁGUA

O dodecaedro (doze pentágonos), segundo Platão, faz o papel do Universo ou Cosmos por apresentar a forma mais harmoniosa e não se compor em outros poliedros regulares. Já o Icosaedro (vinte triângulos), decompõe-se em dois octaedros (oito triângulos cada) e um tetraedro (quatro triângulos). A partir daí, o grande filósofo sugeriu explicações para algumas transformações que ocorrem na natureza, como, por exemplo a interação da água com o fogo, que resulta em vapor.

. Matemática e preservação ambiental

A Matemática pode contribuir para a preservação do meio ambiente.

Seu bom uso pode colaborar para que se observe a taxa de mortalidade, a capacidade de reprodução, a densidade (número de indivíduos de determinada espécie pela área total estudada) e, portanto, pode apontar a possibilidade de determinada população animal entrar em processo de extinção ou mesmo indicar quais espécies são prejudiciais a determinado ambiente e que devem ser extintas ou controladas (caso das pragas que afetam produções agrícolas).

Através de análises matemáticas, pode-se, portanto, calcular determinada intervenção e como a mesma poderá afetar o ciclo vital de determinada espécie.

O uso da Matemática é de fundamental importância para o cálculo da perda florestal, quando levantamentos aerofotogramétricos são analisados através de equações, de cálculos estatísticos, análise de variáveis, frequências e estimativas. Os apontamentos indicam medidas a serem adotadas, como a necessidade de estruturação de áreas de proteção ambiental, de parques e reservas e mesmo de medidas de reposição florestal.

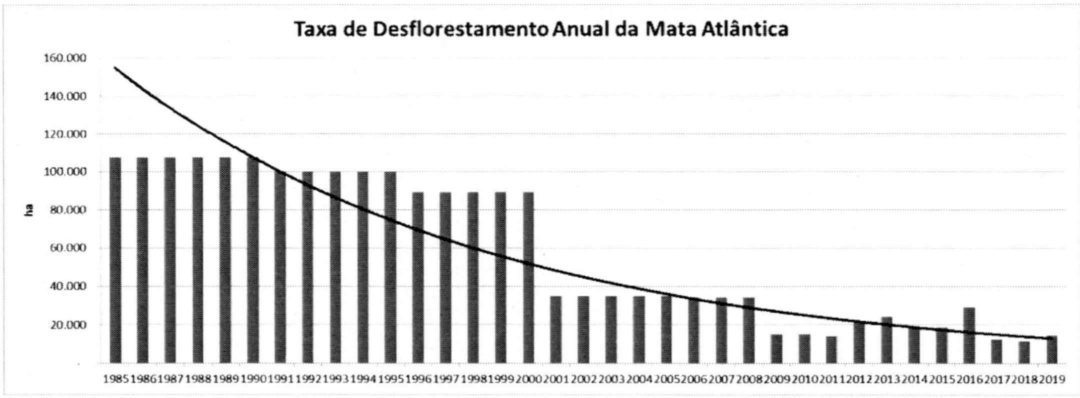

Fonte: Fundação SOS Mata Atlântica, junho de 2020

O Método de Ponto-quadrante, ou de Quadrantes, é um bom exemplo de como a Matemática é fundamental para a recuperação de determinada área florestal. O recurso dispensa a instalação de parcelas, oferecendo maior rapidez em sua execução e se baseia no fato de que o número de árvores por unidade de área pode ser calculado a partir da distância média entre árvores. Observe:

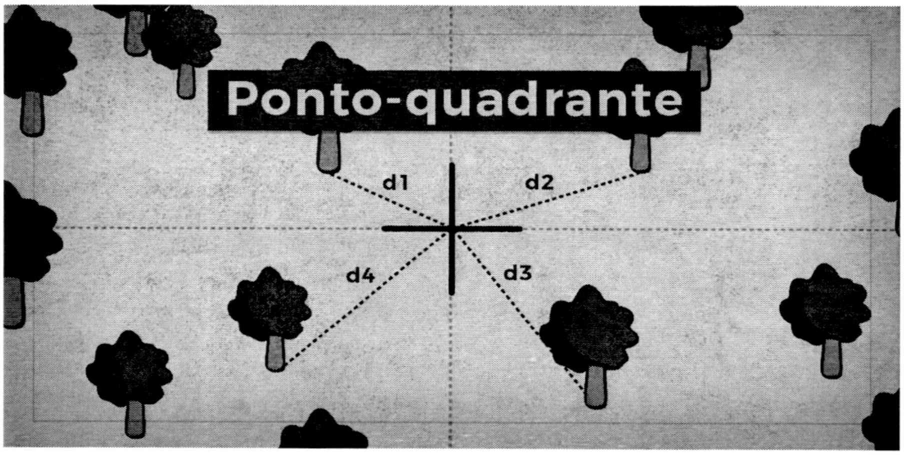

Fonte: Reprodução

O método consiste no estabelecimento, dentro da área que se quer estudada, de pontos ao acaso que servirão como centro (formação de círculos divididos em quatro partes ou quadrantes). Em cada ponto do levantamento a orientação dos quadrantes é aleatória, tirada pelo giro de uma cruzeta fixada em cada ponto da amostragem da área escolhida. Em cada quadrante é amostrado o indivíduo mais próximo do centro do círculo. Portanto, cada ponto indica um total de quatro indivíduos (espécie). De cada um dos indivíduos amostrado são anotadas a espécie, altura, diâmetro à altura do peito e a distância ao ponto da amostragem. A partir dos resultados é possível a indicação da frequência das espécies, quais os indivíduos dominantes, o índice do valor de importância de cada espécie e, portanto, quais indivíduos devem prevalecer na recomposição florestal da área estudada[7].

Agora que você observou com alguns poucos exemplos como a Matemática e as Ciências Humanas e Sociais estão envolvidas, passemos a analisar alguns tópicos essenciais em nossa vida particular e social. Nos próximos capítulos, você será o protagonista.

7 caso haja interesse na aplicação do método, sugere-se a busca do trabalho intitulado *Recuperação Florestal de área natural I da Unesp (campus de Assis – SP,* desenvolvido por Agnaldo Kupper junto à Fundação de Amparo à Pesquisa do Estado de São Paulo (1989). Visite o site da FAPESP: fapesp.br

SUMÁRIO

1
Estratificação, pobreza e exclusão social

Abertura

Historicamente, os indivíduos sempre foram estratificados (classificados) dentro da sociedade em que estão inseridos.

Em nosso mundo contemporâneo não é diferente: convivemos com as desigualdades e contradições próprias do sistema. A determinação de classe social dentro do capitalismo tem sido objeto de muita discussão, principalmente nas Ciências Sociais, existindo diversos critérios para determinar se um indivíduo pertence a esta ou àquela classe (renda, estilo de vida, atividade exercida, a ideologia compartilhada, entre outros).

Na nossa rotina avistamos residências pomposas cercadas, muitas vezes, por casas simples e humildes. Por vezes, nos deparamos com muros altos, certamente protetores de casas em condomínios fechados. Nas ruas, ônibus lotados e automóveis de luxo disputam o mesmo espaço. Por várias ocasiões, um ou outro pedinte aborda-nos em solicitação. Estes exemplos são indicadores da existência de diferenças e desigualdades entre os componentes de uma determinada sociedade.

Mas se nunca houve uma sociedade inteiramente igualitária na história da humanidade, por que sofremos ao depararmos com um mendicante? Por que nos abatemos diante de imagens que atestam vítimas da fome e do desprezo?

Ocorre que partir de meados do século XX fomos incorporando direitos (à moradia, à alimentação digna, ao acesso à educação, entre outros) e constantemente nos atinamos com um sentimento interno indagador: se todos possuem tais direitos, por que muitos indivíduos e grupos não conseguem ter acesso aos bens produzidos? Mais: se vivemos em torno de uma indústria de massa, que espalha grande quantidade de produtos através de uma grande rede produtiva, não seria possível atender às necessidades de todos os habitantes do planeta?

Foto Jarbas Oliveira/Folha Imagem - 23.7.1998

Fonte: Reprodução

Em uma sociedade de consumo intenso, por vezes ostentatório, as diferenças sociais passam a ser mais visíveis e marcantes.

Estrutura e Estratificação Social

Cada sociedade adquire características únicas, como resultado da combinação das interações sociais. Neste sentido, cada uma delas possui suas particularidades, dependendo dos fatores responsáveis por sua organização.

A *estrutura social* faz relação com a organização da sociedade, ou seja, com o arranjo entre elementos de diferentes esferas, como a econômica e a política, determinando a maneira como os indivíduos vivem e como se veem o mundo vivido.

Uma das características da estrutura de uma sociedade é a *estratificação*, isto é, a forma como os indivíduos e grupos são classificados em estratos.

Estratificação Social = indica diferenças entre os indivíduos em uma determinada composição social

Entre os tipos de classificação (estratificação) social, podemos destacar, entre as mais comuns, a de *castas*, onde a capacidade e o esforço de um indivíduo são insuficientes para o alcance de uma posição mais elevada, o que significa dizer que a classificação do individuo é determinada pelo nascimento. É o caso da Índia. Embora as castas tenham sido extintas por lei em 1947, a sociedade indiana ainda mantém características sociais rígidas (em especial nas regiões mais tradicionais das zonas rurais), não oferecendo aos membros da sociedade possibilidade de mobilidade. Vale lembrar que numa sociedade de castas, tradicionalmente, os casamentos se dão entre pessoas de uma mesma casta, ou seja, dentro do grupo de nascimento do indivíduo (endogamia).

Fonte: Reprodução

Na sociedade de castas, uma rígida hierarquia que impedia a mobilidade social.

Outro tipo de estratificação é a por *estamentos*, menos rigorosa e um pouco mais aberta que a de castas, embora a mobilidade social entre os membros sociais seja difícil, mas não impossível, caso da sociedade feudal europeia do período da Alta Idade Média (V ao XIII).

Estruturada em um sistema tripartite composto pelo clero, nobreza e campesinato, perdurou uma rígida divisão de tarefas na sociedade feudal ocidental: aos membros do clero, orar e rezar; aos nobres, a responsabilidade de proteção a todos; aos camponeses, o trabalho e a produção. No entanto, a morte de um nobre (senhor feudal) – de acordo com a lei da primogenitura – seguia-se à herança da propriedade da terra apenas para o filho mais velho (uma forma de evitar a fragmentação do bem territorial). Aos demais filhos restava a opção de servir ao único herdeiro (novo senhor) ou aquisição de um cargo eclesiástico, até porque o celibato clerical impede a procriação que envolva os membros da Igreja. Portanto, uma breve possibilidade dentro da estrutura social que permitia a ascensão para poucos privilegiados da nobreza.

Fonte: Reprodução

Sociedade feudal, exemplo de uma estrutura social estamental

Já a estrutura social dividida em *classes*, típica do sistema capitalista, pode ser associada à ideia de mobilidade.

O conceito de *classes sociais* remete às teorias do pensador alemão Karl Marx (1818-1883), segundo as quais a sociedade capitalista é dividida em *proprietário* e *não proprietários* dos meios de produção. Assim, os *proprietários* seriam os donos das indústrias, dos bancos, das terras, entre outros bens. Os *não proprietários* seriam os donos apenas de sua força de trabalho. Para Marx, no capitalismo, a relação entre proprietários dos meios de produção (burguesia) e proletariado, será sempre marcada pela exploração e conflito.

Max Weber (1864-1920), por sua vez, aponta para uma relação de justaposição entre as classes sociais, ou seja, os indivíduos pertencentes a uma classe social alta possuem maior poder de renda e consumo; pessoas que pertencem à classe social intitulada baixa possuem menor renda e inferior capacidade de consumo; indivíduos de classe média apresentam condições intermediárias entre as classes alta e baixa.

Weber afirma ainda que o poder político dos grupos no poder (partidos), juntamente com os fatores econômicos (as classes sociais) e o status (prestígio e honra dos indivíduos), é um fator que molda os padrões de estratificação social, por fazer apelo a preocupações transversais às diferenças de classe. Nesse sentido, Weber nos remete às *situações de classe*.

O sociólogo francês Pierre Bourdieu (1930-2002) utiliza outro critério para classificar os indivíduos na estrutura social. Para ele não são as relações de produção que identificam a pessoa em uma hierarquia social, mas as relações culturais. Elas determinariam o modo como os indivíduos e grupos vivem e consomem, constroem seu *capital simbólico*[1], erguem suas marcas sociais e seguem seu estilo de vida. Com isto, Bourdieu estabelece a noção de *campo social*, rompendo com o determinismo econômico da teoria marxista e propondo um conceito de sociedade formado por instâncias autônomas e interdependentes, que mantém relações de poder e concorrência.

De acordo com Marx, Weber e Bourdieu, entretanto, a base de uma sociedade de classes é a desigualdade: em uma sociedade capitalista, para que alguns possam acumular riqueza e manter um alto padrão de vida, outros devem se submeter à exploração.

1 Bourdieu tem uma concepção relacional do social. Para ele, a estrutura social é vista como um sistema hierarquizado de poder e privilégio, determinado tanto pelas relações materiais e/ou econômicas (salário, renda) como pelas relações simbólicas (*status*) e/ou culturais (escolarização) entre os indivíduos.

CLASSE SOCIAL: grupo de pessoas que apresenta a mesma condição em relação aos meios de produção.

POBREZA E EXCLUSÃO SOCIAL

A *exclusão social* é inerente à lógica do sistema capitalista, que necessita da existência das desigualdades para manter-se. Mas o que podemos entender por exclusão social?

Um trabalhador, mesmo que não alcance as condições necessárias mínimas para sua sobrevivência, está inserido no sistema. Porém, a expressão *excluído* é utilizada caso o mesmo trabalhador viva à margem da possibilidade do consumo e em condições precárias, não alcançando condições mínimas para uma manutenção digna.

Alguns sociólogos - entre os quais Wilbert E. Moore (1914-1987) - apontam para as desigualdades sociais como algo positivo para o crescimento social, já que incentivam os indivíduos à busca de alternativas que os satisfaçam o que, por si só, estabelece o desenvolvimento de uma sociedade como um todo.

Melhor, então, que utilizemos conceitos como *pobreza* e *indigência* para a análise de diferenças de condições de vida de um indivíduo ou de grupos.

Paulo Sandroni, na obra *Novo dicionário de economia*[2], expõe pobreza como o *"estado de carência em que vivem indivíduos ou grupos populacionais, impossibilitados, por insuficiência de rendas ou inexistência de bens de consumo, de satisfazer suas necessidades básicas de alimentação, moradia, vestuário, saúde e educação"*. Anna Peliano e Nathalie Beghin[3], por sua vez, explicam viver em indigência

> (...) todos aqueles cuja renda dá apenas, e na melhor das hipóteses, para garantir a alimentação adequada, ou seja, para adquirir uma cesta básica de alimentos, cuja composição varia de acordo com a região e que atende os critérios nutricionais recomendados pela Organização Mundial de Saúde e pela Organização das Nações Unidas para Alimentação e Agricultura. Linha de pobreza corresponde a um nível de renda que permite cobrir, além do custo da cesta de alimentos, outras necessidades básicas como saúde, educação, habitação, transporte e vestuário. (PELIANO & BEGHIN, 1994, p.54)

Em nossos estudos consideraremos indigência ou miséria (**pobreza absoluta**) como a condição socioeconômica em que o indivíduo ou família não possui renda para adquirir alimentos básicos para a sobrevivência. Nessa condição, o indivíduo sente-se inferior no que tange ao não acompanhamento do consumo estimulado principalmente pelos meios de comunicação, passa a ter objeções[4] para manter relações sociais permanentes dentro do sistema e passa a ter dificuldades de participar efetivamente das decisões políticas de seu país, cidade ou mesmo da localidade que habita.

Já a **pobreza relativa** corresponde àquela situação socioeconômica em que o indivíduo possui renda suficiente para alimentar-se, mas não para outras necessidades consideradas fundamentais dentro do sistema capitalista, tais como educação, saúde, transporte, habitação própria ou de aluguel, higiene, entre outros itens.

Um índice indicador da qualidade de vida de um país é o **IDH** (Índice de Desenvolvimento Humano), medido pela ONU e que **varia de 0 a 1**, que indica a distância que cada país deve percorrer para atingir certas metas (como o acesso generalizado à educação). **Quanto mais próximo de um, melhor é o IDH**, sendo os quesitos levados em consideração a renda per capita, expectativa de vida da população, as condições de saúde oferecidas e o nível educacional dos habitantes do país. O IDH, no entanto, pode mascarar condições, uma vez que a renda per capita pode esconder a real divisão de renda de um país.

A Renda Nacional Bruta (RNB) representa a soma de toda renda nacional dividida pelo número de habitantes e é uma das dimensões que compõem o IDH do Programa das Nações Unidas para o Desenvolvimento

2 Paulo Sandroni. Novo dicionário de economia. SP: Best-Seller, 1994, p. 274

3 Anna Maria M. Peliano & Nathalie Beghin. O inacessível pão de cada dia. Ciência Hoje, SBPC, v. 17, 1994, p. 54.

4 objeções = impedimentos ou dificuldades

(Pnud). As outras dimensões são expectativa de vida e a combinação de dois indicadores de educação: expectativa de anos de estudo e média de anos de estudo de um adulto (mais de 25 anos de idade).

O Relatório de Desenvolvimento Humano 2015, aponta que houve queda da RNB per capita brasileira (de US$ 15.288 em 2013 para US$ 15.175 em 2014), porém o IDH brasileiro subiu de 0,752 para 0,755, puxado por outras dimensões: a expectativa de vida dos brasileiros foi de 74,2 para 74,5 anos e a média de anos de estudo passou de 7,4 para 7,7 anos.

O Brasil, embora estando entre as quinze maiores economias do planeta, apresenta um Índice de Desenvolvimento Humano (IDH) insatisfatório quando comparado aos outros 187 países analisados. Entre os sul-americanos, o Brasil fica atrás de países como o Chile, Argentina e o Uruguai.

Os países mais desenvolvidos do mundo em 2019:

01 – Noruega (IDH 0,954)
02 – Suíça (IDH 0,946)
03 – Irlanda (IDH 0,942)
04 – Alemanha (IDH 0,939)
04 – Hong Kong (IDH 0,939)
06 – Austrália (IDH 0,938)
06 – Islândia (IDH 0,938)
08 – Suécia (IDH 0,937)
09 – Singapura (IDH 0,935)
10 – Holanda (IDH 0,933)
11 – Dinamarca (IDH 0,930)
12 – Finlândia (IDH 0,925)
13 – Canadá (IDH 0,922)
14 – Nova Zelândia (IDH 0,921)
15 – Reino Unido (IDH 0,920)
15 – Estados Unidos (IDH 0,920)
79 – BRASIL (IDH 0,761)

Os países menos desenvolvidos do mundo em 2019:

188 – Níger (IDH 0,377)
188 – República Centro-Africana (IDH 0,381)
187 – Chade (IDH 0,401)
186 – Sudão do Sul (IDH 0,413)
185 – Burundi (IDH 0,423)
184 – Mali (IDH 0,427)
182 – Eritréia (IDH 0,434)
182 – Burkina Faso (IDH 0,434)
181 – Serra Leoa (IDH 0,438)
180 – Moçambique (IDH 0,0446)

IDH ou Índice de Desenvolvimento Humano é indicador da qualidade de vida de determinada área geográfica. Cálculo baseia-se em três indicadores: expectativa de vida ao nascer, nível de instrução e o PIB per capita.

Importante destacar que as discrepâncias na expectativa de vida, na renda da população brasileira e, principalmente, no sistema educacional, fazem com que o Índice de Desenvolvimento Humano do Brasil sofra uma perda de 26,3% quando ajustado à desigualdade.

O Pnud (Programa das Nações Unidas para o Desenvolvimento) divide os países como de desenvolvimento humano baixo (até 0,55), médio (de 0,55 a 0,69), alto (de 0,70 a 0,79) e muito alto (de 0,80 para cima). Observe:

POSIÇÃO IDH	POSIÇÃO RNB	PAÍS	RNB per capita em US$
32	1	Qatar	123.124
01	6	Noruega	64.992
08	11	EUA	52.947
06	17	Alemanha	43.919
40	51	Argentina	22.050
42	53	Chile	21.290
52	59	Uruguai	19.283
75	74	BRASIL	15.175

Fonte: Pnud (Programa das Nações Unidas para o Desenvolvimento, 2015)

Ainda segundo dados divulgados pela *Organização das Nações Unidas*, em 2015 as extremas diferenças de renda deixaram 168 milhões de crianças vítimas de exploração (trabalho infantil), 21 milhões de pessoas submetidas ao trabalho escravo, 30 milhões de empregados subjugados a atividades de riscos de vida (como o trabalho em minas) e 830 milhões de indivíduos exercendo funções laboriais[5] e percebendo menos de US$ 2/dia, o que, pelos critérios estabelecidos pela ONU, indicam estado de miséria e indigência.

EXPECTATIVA DE VIDA E TAXAS DE MORTALIDADE INFANTIL: FUNÇÕES

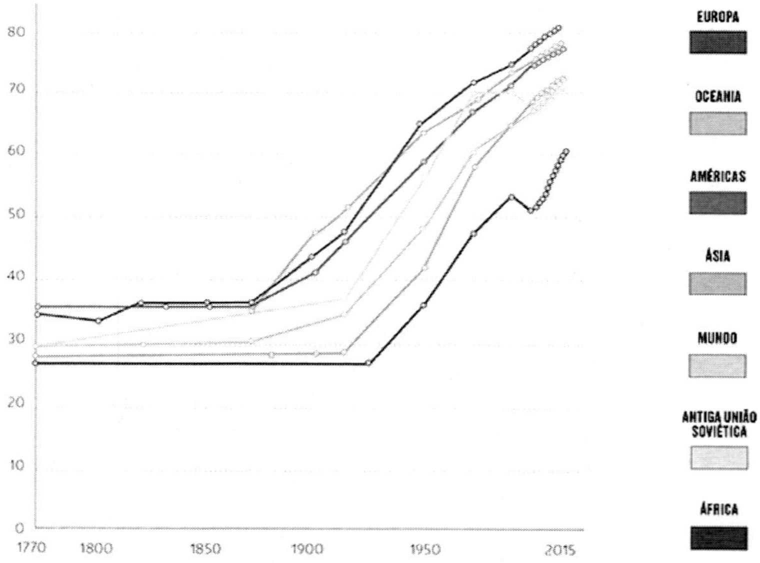

Fonte: gráfico: Fernanda Ferrari/Luiza Veroneze, Revista Galileu, edição de Março de 2019

A expectativa de vida continua a subir

5 laborial = trabalho

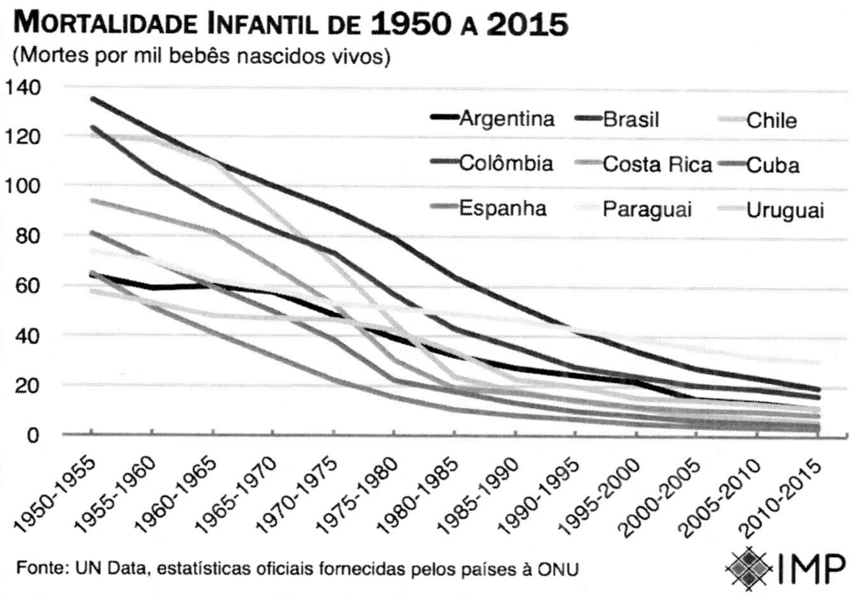

Fonte: Reprodução

Observe que no primeiro gráfico, à medida que o tempo passa, a expectativa de vida da população mundial aumenta. Ou seja, dizemos que a função é crescente.

Já no gráfico que analisa a taxa de mortalidade infantil, à medida que o tempo passa, há uma diminuição no índice. Por isso, dizemos que essa função é decrescente.

Lembre-se que Função é uma relação entre duas grandezas, de forma que a cada valor da primeira corresponde um único valor da segunda. É uma regra que relaciona cada elemento de um conjunto (representado pela variável x) a um único elemento de outro conjunto (representado pela variável y). Para cada valor de **x,** podemos determinar um valor de **y**, dizemos então que *"**y** está em função de **x**".*

As Funções são utilizadas para nos auxiliar na **resolução de problemas em que há muitas possibilidades**; nos apontam quais são os limites aceitáveis dentre as opções e também servem para **formar previsões e estimar o resultado de um fenômeno.**

Um outro indicador estabelecido pela Organização das Nações Unidas (ONU) é o Índice de **Gini.** Tal índice mede o grau de desigualdade existente na distribuição de renda de um país, segundo a renda domiciliar per capita. Seu valor **varia de 0** (quando não há desigualdade, ou seja, a renda de todos os indivíduos tem o mesmo valor) **a 1** (quando a desigualdade é máxima, ou seja, apenas um indivíduo detém toda a renda da sociedade e a renda de todos os outros indivíduos é nula). Portanto, quanto mais próximo de 1, pior a distribuição de renda do país. No Brasil (2014), o índice de GINI foi de 0,50, demonstrando grande concentração de renda (entre os vinte primeiros países).

Fonte: (https://www.google.com/url?sa=i&url (acesso em 25/09/2021)

O índice de Gini leva em consideração a distribuição de renda em um país

Uma das principais consequências das disparidades entre indivíduos em uma estrutura social competitiva - se muito desigual - é o crescimento dos índices de **violência**. Segundo o sociólogo Nildo Viana (1965 -)[6], existem diversas formas de violência: simbólica, passiva, branca e a física, que variam de acordo com o critério utilizado. A violência simbólica se caracteriza pelo uso da autoridade e do poder de convencimento ou de coação para submeter alguém a uma vontade. Será passiva diante da falta de ações preventivas para salvar vidas ou evitar agressões. Será branca quando caracterizada pelo fato de não ser possível atribuir responsabilidade clara a alguém ou a grupos, por não constar dos códigos legislativos. Será física (a mais notada entre todos) quando indicada pelo número de mortos ou feridos.

O sociólogo britânico Anthony Giddens (1938 -) destaca que muitas formas de desvio de conduta não são sancionadas pela lei, enquanto o crime é uma forma de conduta determinada e reconhecida. Pelas análises de Giddens, os desvios e os crimes são comportamentos que variam conforme as normas socialmente estabelecidas.

O sociólogo estadunidense Robert King Merton (1910-2003) aponta que os dados sobre delinquência[7] tem conduzido os indivíduos a fazer uma associação direta entre pobreza, condições de vida nas favelas e cortiços e debilidade mental a atos criminosos. Para Merton, a relação não deve vingar uma vez que crimes nas esferas dos negócios e das profissões liberais podem ser menos frequentes, mas, dependendo das consequências sociais, tão ou mais nocivos que as violações associadas à violência física.

Cientistas sociais como o brasileiro Paulo Sérgio Pinheiro[8] expõe que existem distorções nos índices de criminalidade provocadas pelo que ele intitula "suspeita sistemática". Ou seja, é normalmente contra a população menos favorecida (pobre) e negra que as ações policiais do Estado se dirigem, em clara postura preconceituosa. Acrescenta Pinheiro que esta fatia da população é sistematicamente controlada, estabelecendo uma relação entre pobreza e criminalidade.

---

6 Nildo Viana. Violência, conflito e controle. In: Dijaci David Oliveira (org.). 50 anos depois: relações raciais e grupos socialmente agregados. Brasília: Movimentos Nacionais de Direitos Humanos, 1999, páginas 224-225.

7 delinquência = criminalidade; marginalidade

8 Paulo Sérgio Pinheiro (Org.). Crime, violência e poder. SP: Brasiliense, 1983.

Fonte: (https://www.google.com/url?sa=i&url)

Atuação de policiais no Rio de Janeiro: maior rigor sobre menos favorecidos

REALIDADE BRASILEIRA

A evolução histórica e política do Brasil atendeu à lógica do sistema capitalista, eficaz quanto à produção e acumulação de riquezas, embora gerador de pobreza e desigualdades sociais. Entre os principais fatos que comprovam a exclusão social no país estão a abolição tardia da escravidão (1888) e a implantação da Lei de Terras de 1850[9] (que serviu para reafirmar a estrutura fundiária de base latifundiária, o domínio pelas oligarquias rurais até praticamente 1930 e que não deu impulso à industrialização do país) e a falta de uma política eficaz por parte do Estado brasileiro para a diminuição da concentração de renda.

Basta que verifiquemos que é paradoxal a comparação entre o desenvolvimento econômico e o desenvolvimento social no Brasil: segundo dados da Pesquisa Nacional por Amostra de Domicílios (Pnad, 2011), os 10% mais ricos do país concentravam 41% da renda, enquanto os 10% mais pobres, 1,4%. Nova pesquisa realizada em abril de 2020 pela Plano CDE, consultoria especializada em projetos sociais e políticas públicas, indicou que durante a pandemia do *novo Coronavírus* (Covid 19) as desigualdades sociais no Brasil se acentuaram, em prejuízo especial às classes sociais mais baixas (D e E) que correspondem a cerca de 28% da população do país. A pesquisa mostrou, ainda, como a massa do rendimento mensal do país seria dividida em um grupo de cem brasileiros em 2019. Observe: as dez pessoas com menor renda ficariam com 0,8%, enquanto os dez indivíduos com maior renda ficariam com 43,1%. Outros dados importantes: os 5% mais pobres do Brasil, receberam R$ 165, em média, por mês (cerca de 4,5 milhões de pessoas), enquanto o 1% mais rico (cerca de 900 mil pessoas), ganhou, em 2019, R$ 28.659, por mês.

A introdução de programas sociais diminui a marginalização de cidadãos distantes da ascensão socioeconômica e contribui para a obtenção de apoio político a determinados grupos que se mantêm no gerenciamento do Estado.

O Brasil nunca estruturou uma política de bem-estar social semelhante a de países considerados "de ponta" do capitalismo mundial. No entanto, os efeitos das privatizações de empresas estatais a partir da década de 1990, somados às profundas desigualdades sociais históricas, não deram outra saída ao Estado brasileiro contemporâneo a não ser a implantação de um governo assistencial.

A *política de Bem-Estar Social* tem colabor para a diminuição dos abismos sociais ao socorrer trabalhadores desempregados com o pagamento de seguro-desemprego, manutenção de aposentadorias e pensões e

9 A Lei de Terras (1850) estabelecia a compra como a única forma de acesso à terra

criação de programas sociais diversos que distribuem renda e propiciam acesso, por exemplo, às universidades. Mas ainda há muito a ser feito, como corrigir distorções e criar condições para que os beneficiários dos programas consigam autonomia financeira e inserção social.

Segundo o pensador e sociólogo Anthony Giddens (1938 -), nos Estados de Bem-Estar Social que fornecem benefícios universais, os benefícios com base na avaliação de meios de cada um são disponibilizados apenas a alguns indivíduos com base no rendimento e poupanças. Neste sentido, Giddens traz o debate: *a segurança social deve ser financiada e universal (para todos) ou apenas como uma rede de segurança para os que realmente não podem obter ajuda de outra forma?*

COM A PALAVRA, HERBERT DE SOUZA

> **(...) É ético aceitar a fome, a miséria e o desemprego? Democracia e miséria são incompatíveis. Da constatação de que a fome e a miséria não são desgraças naturais com as quais a humanidade está condenada a conviver, acatar, aceitar.**
>
> **A miséria e a fome que atingem hoje a população de todos os países são consequência de uma lógica econômica que não incorpora o humano. Uma lógica que só privilegiou, até hoje, o econômico. E que fracassou.**
>
> **É a partir do olhar ético que o mundo precisa encarar os desafios que o desenvolvimento social nos impõe. É sob o ponto de vista ético que temos que olhar para a integração social, para o combate à pobreza, para a geração de emprego, que são os três temas desta conferência. Que valores queremos num mundo que exclui, deixa com fome e divide cidadãos e cidadãs entre os que comem e os que não comem?**
>
> **(...) O Estado tem um papel a cumprir, o mercado tem um papel a cumprir, mas há um ator novo, com a força da mudança, da novidade. Cidadãos e cidadãs brasileiros nos comprovam esta força. A força de trocar indiferença por solidariedade.**
>
> **Todos os seres humanos têm direitos iguais. Toda pobreza é inaceitável. Toda miséria é intolerável.**
>
> **É imperativo que a luta contra a fome e a miséria no mundo seja prioridade absoluta.**
>
> **A sociedade moderna dissociou a produção do emprego. Isso só faz aprofundar o abismo entre os integrados e os marginalizados. É imperativo encontrar o caminho do emprego. Sem emprego, não haverá humanidade para todos.**
>
> **A tecnologia não pode se transformar na racionalidade do novo apartheid mundial. O desenvolvimento é humano, é de todos ou não existe. É imperativo dar ao desenvolvimento esta dimensão universal. (...)**
>
> **É por tudo isso e de não menos do que isso que a humanidade não pode mais esperar.**
>
> **Herbert de Souza. Folha de São Paulo, 21/Agosto de 1994.**

E EU COM ISTO?

Na atualidade, o trabalho dos profissionais das Ciências Humanas e Sociais ganha cada vez maior importância na tomada de decisões e no planejamento de ações que repercutem ou possam repercutir sobre grupos, comunidades ou sociedades. A pesquisa contribui para a previsão das consequências sociais dessas ações já que se debruça sobre os mais diversos temas.

A Sociologia, por exemplo, estimula à reflexão, estando, assim, ligada à Filosofia. Mas não só. Procura explicar o coletivo no âmbito de sociedades, culturas, grupos e subgrupos sociais e tornou-se ferramenta essencial para as Ciências Humanas e Sociais por possibilitar ao indivíduo o ganho da pluralidade, permitindo-lhe fazer relações e observar que a realidade é muito maior do que seu mundo próprio e particular. E "fazer" Sociologia, como nos ensinou Wright Mills[10], é desenvolver nossa imaginação sociológica, ou seja, nossa capacidade de observar os fenômenos sociais sob uma perspectiva histórica e de análises, sendo que tais fenômenos são encontrados em nosso cotidiano e, para compreendê-los, devemos fugir das explicações que desprezam elementos necessários de solução.

Em nosso dia-a-dia, da forma como tudo acontece - tal é nosso envolvimento com as nossas atividades rotineiras - podemos nos espantar diante de um fenômeno ou acontecimento, porém a tendência é que o que nos assombrou ganhe contornos de naturalidade rapidamente. Porém, esta não é a atitude esperada de quem deseja ir mais além.

Para as Ciências Sociais, estranhar não pode significar apenas espanto. É necessário que se indague e persiga as causas do fenômeno ou do acontecimento - caso das desigualdades extremas que geram, entre outros, fome e avanço da violência, dos quais, direta ou indiretamente, e queiramos ou não, nos envolvem -, buscando transformações.

E ONDE ENTRA A MATEMÁTICA?

Neste capítulo, você observou o quanto a Matemática é utilizada: cálculo de IDH, índice de Gini, Renda Nacional Bruta.

Portanto, observe que a Matemática não deve ser vista de forma isolada num currículo escolar, mas como forma de desenvolver habilidades lógicas (cognitivas) que colaborem para o desenvolvimento social e democrático. Neste sentido, a Matemática torna-se relevante por poder ser aplicada a todos os tipos de problemas reais existentes. O indivíduo que desenvolve o senso crítico é capaz de exercer sua plena cidadania, transformando sua própria realidade e que o cerca, permitindo ao indivíduo fazer relações e comparações.

A desigualdade social distancia os indivíduos e é um problema muito sério a ser enfrentado não apenas pelo Brasil, mas por diversos países. Você observou que uma grande quantidade da riqueza produzida em um país como o Brasil é retida por uma pequena fração da população, ou seja, enquanto alguns possuem acesso a diversos recursos, a grande maioria não possui acesso a necessidades básicas.

Para que políticas públicas sejam implementadas no sentido da diminuição de distâncias e equilíbrio social, cálculos, censos, pesquisas e levantamentos são realizados. Claro, não sem a presença da Matemática.

CENSOS DEMOGRÁFICOS

A Estatística é um ramo da Matemática muito utilizado nas pesquisas de opinião e trabalhos científicos nas mais diversas áreas, caso da economia, da saúde, da educação, da sociologia. A coleta e tratamento de dados (levantamentos estatísticos) costumam ser divulgados nos mais diversos veículos de comunicação o que nos permite concluir que têm uma relação direta com as nossas vidas.

O censo ou recenseamento demográfico é um estudo estatístico referente a uma população que possibilita o recolhimento de várias informações, tais como o número de habitantes de uma região, a quantidade de crianças, jovens e idosos, a porcentagem de trabalhadores empregados e desempregados, onde e como vivem as pessoas, ente outros dados significativos. Esse estudo é realizado, normalmente, de dez em dez

10 C. Wright Mills. Sobre o artesanato intelectual e outros ensaios. RJ: Zahar, 2009

anos, na maioria dos países, caso do Brasil. O primeiro censo demográfico nacional foi realizado em 1872 (até a data, eram elaborados relatórios preparados pela Igreja Católica e levantamentos militares visando à defesa do território).

Em 1935, foi criado o Instituto Brasileiro de Geografia e Estatística (IBGE), órgão que implantou a periodicidade decenal para a coleta de dados de cunho socioeconômico (fecundidade, mão de obra, rendimentos etc). Com os dados coletados, políticas públicas são definidas, sejam elas municipais, estaduais e federais, daí a importância de se acompanhar o crescimento, a distribuição geográfica e a evolução de características populacionais, de se identificar áreas carentes de projetos sociais, de se apontar áreas que requerem investimentos prioritários em educação, energia, habitação, saúde, transporte e assistência e de se obter informações para repasses de verbas que supram necessidades não atendidas.

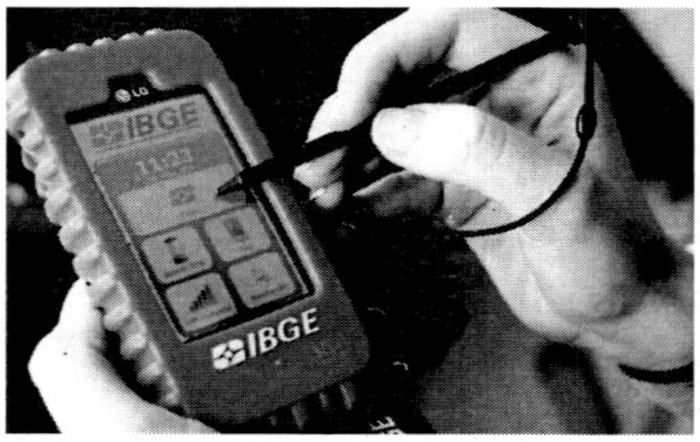

Fonte: Reprodução

Agente censitário do IBGE na busca de dados (censo)

NA PRÁTICA

I - Bolsa Família era assim

O *Bolsa Família* é programa de transferência direta de renda criado em 2003. É direcionado às famílias em situação de pobreza e de extrema pobreza em todo o Brasil. Seu objetivo principal é o de garantir que indivíduos superem a situação de vulnerabilidade e pobreza. O programa busca garantir a essas famílias o direito à alimentação e o acesso à educação e à saúde. As famílias atendidas pelo programa recebem um benefício mensal em dinheiro, que é transferido diretamente pelo Governo Federal. Para receber a ajuda, as famílias devem estar inscritas no Cadastro Único para Programas Sociais do Governo Federal (CadÚnico) e se enquadrarem nos critérios estabelecidos pelo programa. Em 2020, cerca de 14 milhões de famílias foram beneficiadas. Até esse ano (2020), para fazer parte do programa de transferência de renda as famílias deveriam possuir renda per capita (por pessoa) de até R$ 89,00 mensais e de R$ 89,01 a R$ 178,00 mensais, desde que tivessem sob proteção crianças e/ou adolescentes entre 0 e 17 anos. Para permanecer no programa os critérios são: caso haja gestantes, o comparecimento às consultas de pré-natal e participação em atividades educativas oferecidas pelo Ministério da Saúde; manutenção em dia da vacinação de crianças entre 0 e 7 anos de idade; acompanhamento da saúde de mulheres na faixa de 14 a 44 anos; garantia de frequência mínima de 85% na escola para crianças e adolescentes entre 6 e 15 anos e de 75% para adolescentes entre 16 e 17 anos.

CÁLCULO: O benefício inicial, o considerado básico, é destinado apenas para famílias em situação de extrema pobreza. Valor: R$ 89,00 (mínimo) independentemente do número de membros na família. Caso o núcleo familiar possua gestantes, lactantes, crianças e adolescentes de até 15 anos, a variável é de R$41,00 por pessoa nesta condição, até no máximo cinco. Já famílias com adolescentes entre 16 e 17 anos matriculados na escola, resultam no benefício de R$ 48,00, atendendo até no máximo duas pessoas por família, podendo chegar no máximo a R$96.

ENTÃO, CALCULE VOCÊ MESMO: Quanto recebeu por mês uma família em situação de pobreza (renda por membro da família entre R$ 89,01 e R$ 178) composta por mãe, pai, um filho de um mês, um de quatro anos, um de seis anos e um de 17 anos no ano de 2020?

RESPOSTA:______________________________[11]

II. Como é calculado o índice de GINI

A *curva de Lorenz* permitiu que o Índice de Gini fosse criado. Ela indica o quanto uma proporção acumulada de renda, a qual é representada na vertical, pode sofrer variações de acordo com a proporção acumulada da população. Esta é representada na horizontal.

Curva de Lorenz é um gráfico utilizado para representar a distribuição relativa de uma variável em um domínio determinado. O domínio pode ser o conjunto de pessoas de uma região ou país. A variável cuja distribuição se estuda pode ser a renda dos indivíduos.

Observando o gráfico a seguir, considera-se que uma reta representaria a perfeita igualdade e que qualquer ponto de suas ordenadas corresponde a um igual valor no eixo das abscissas.

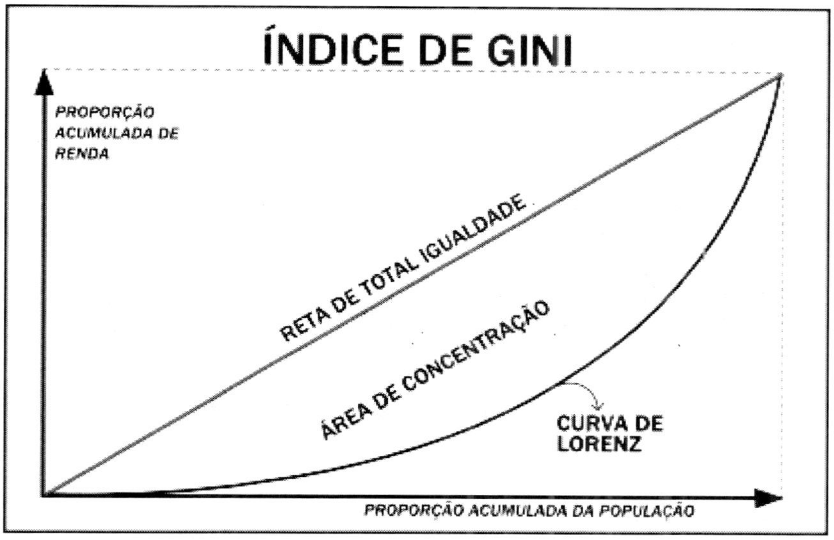

Fonte: Reprodução

Representação do gráfico do índice de Gini

A curva se baseia na distribuição totalmente igualitária de renda. No gráfico, é representada pela curva linear . Enquanto isso, a curva de Lorenz representa a desigualdade da renda. Por meio da curva de Lorenz o índice calcula a diferença entre a área da distribuição perfeita de renda e aquela real. Logo, este cálculo é feito a partir da seguinte fórmula:

G = A/ (A+B)
A – área de desigualdade observada
(A + B) – área triangular de total igualdade de renda

11 resposta: R$ 41 pelo filho de um mês + R$ 41 para complementação da alimentação do filho de um mês + R$ 41 pelo filho de quatro anos + R$ 41 pelo filho de seis anos + R$ 48 pelo filho de 17 anos = **R$ 212,00**

Assim sendo, quanto maior for a área observada, maior será o Índice de Gini e maior a desigualdade. Para que o índice de Gini seja calculado, é preciso levar em consideração um somatório da frequência da população pela renda de cada um. Ainda em relação ao gráfico, é possível observar pela linha 'renda de total igualdade' reflete a igualdade de renda perfeita. Isso aconteceria pelo fato de 10% das pessoas terem 10% da renda, 20% da população 20% da renda e assim por diante.

PESQUISE A EVOLUÇÃO DO ÍNDICE DE GINI BRASILEIRO ENTRE 2011, 2016, 2017, 2018 e 2019. Analise os índices encontrados e verifique a evolução da desigualdade na distribuição de renda do Brasil[12]

III – Déficit do sistema brasileiro

O déficit de vagas no sistema prisional brasileiro cresceu de janeiro a junho de 2019, apesar da criação de 6.332 vagas no período.

Em 2018, faltavam 289.522 vagas para atender a demanda existente. Em junho de 2019, o déficit subiu para 312.125[13].

Segundo o balanço, o número de vagas no sistema prisional em 2018 era de 454.694 frente a 461.026 até junho de 2019. Até Junho de 2019 havia no Brasil 773.151 presos.

A população carcerária brasileira era de 401.200 em 2006. Portanto, em pouco mais de doze anos (2018), dobrou.

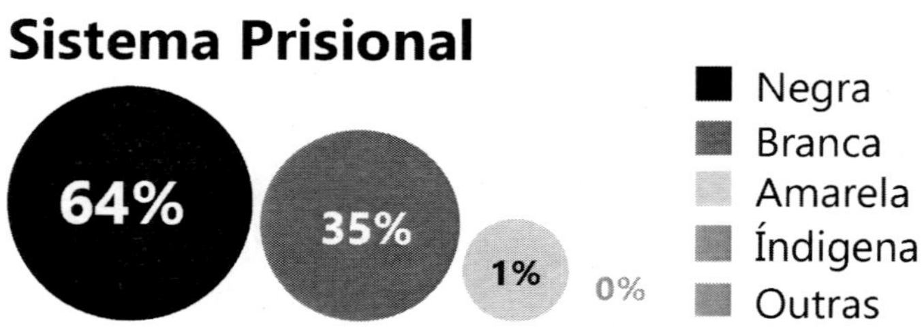

Fonte: Ministério da Justiça e Segurança Pública do Brasil, 2017

Além da precariedade do sistema carcerário, as políticas de encarceramento e aumento de pena se voltam, em maior quantidade, contra a população negra e pobre.

CALCULE VOCÊ MESMO: A taxa de aprisionamento, índice que mede a quantidade de pessoas presas a cada grupo de 100.000 habitantes, saltou de 61 em 1990 para 367,91 em 2019. Caso mantenhamos a taxa de 2019, qual a população carcerária brasileira em 2030 em uma população absoluta estimada em 217 milhões de habitantes segundo estimativas do IPEA (Instituto de Pesquisa Econômica Aplicada)?

RESPOSTA:____________________[14]

---

12 resposta: 2011- 0,527; 2016 – 0-,546; 2017 – 0,549; 2018 – 0,545; 2019 – 0,629, o que indica a evolução na distribuição de renda do país, acentuada em concentração em 2019

13 os dados apresentados pelo Departamento Penitenciário Nacional (Depen) como parte do Levantamento Nacional de Informações Penitenciárias (Infopen) de 2019

14 2170 X 367,91 = **798.364**

IV – Teoria de Malthus

Em 1798, o inglês Thomas Malthus publicou uma teoria demográfica afirmando que, caso não ocorressem guerras, epidemias ou desastres naturais, a população absoluta da Terra tenderia a duplicar a cada vinte e cinco anos crescendo, portanto, em **Progressão Geométrica** (uma PG de razão ou constante 2, por exemplo, cresce da seguinte forma: 2, 4,8, 16, 32, 64, ...). Já o crescimento da produção de alimentos ocorreria apenas em **Progressão Aritmética** (uma PA de razão 2, por exemplo, cresce assim: 2, 4, 6, 8, 10, 12,...). Ou seja, Malthus postulou que o ritmo de crescimento populacional seria mais acelerado que o ritmo de crescimento da produção de alimentos, prevendo que chegaria o dia em que estariam esgotadas as possibilidades de aumento da área cultivada. Porém, Malthus não teve suas previsões concretizadas, até porque a população do planeta não duplicou a cada 25 anos e a produção de alimentos cresceu – muito pelo desenvolvimento tecnológico - de forma satisfatória, embora sua distribuição não seja igualitária. Mais: Malthus não levou em conta transformações como a proliferação de métodos contraceptivos, o elevado grau de urbanização (que encarece a ampliação do número de membros de uma família) e a maior participação da mulher no mercado de trabalho.

Para os teóricos *neomalthusianos*, uma tentativa de explicar a manutenção da fome no mundo seriam as elevadas taxas de natalidade dos países considerados periféricos, caso do continente africano e latino-americano, o que exige grandes investimentos sociais e restringe investimentos produtivos na indústria e agronegócio. Em resposta aos neomalthusianos, teóricos *reformistas* afirmam que uma melhor distribuição de riquezas, associada a investimentos sociais significativos, permitiria um número bem maior de habitantes em nosso planeta.

CALCULE: EM 1798, A POPULAÇÃO ABSOLUTA DA TERRA ERA DE CERCA DE 900 MILHÕES DE HABITANTES (CONSIDERE ESTE NÚMERO). CASO A TEORIA DE MALTHUS ESTIVESSE CORRETA, QUAL SERIA A POPULAÇÃO ABSOLUTA DE NOSSO PLANETA EM 2023? Para tanto, utilize seus conhecimentos de Progressão Geométrica.

RESPOSTA:____________________[15]

IV – Cálculo de renda *per capita*

A **renda per capita** (por cabeça) é um dos indicadores socioeconômicos que avaliam o grau de desenvolvimento econômico de uma localidade (município, unidades federativas, províncias ou país). A média é obtida através da divisão do Produto Nacional Bruto (PNB) pelo número total de habitantes.

O PNB é o valor total dos bens e serviços, sendo composto pela produção anual juntamente com os rendimentos provenientes do exterior, subtraídos pela renda que saiu para fora do país. Essa quantia é dividida pelo número de habitantes, obtendo-se a renda per capita.

Apesar de ser um indicador muito utilizado para se estabelecer o padrão social de uma população, a renda per capita apresenta alguns problemas metodológicos em seu cálculo. O principal é que a renda per capita não considera a distribuição de renda, nivelando os habitantes e, por consequência, não avaliando as desigualdades econômicas entre os mesmos.

CALCULE A RENDA PER CAPITA DO BRASIL EM 2018, LEVANDO EM CONSIDERAÇÃO UM TOTAL DE 209 MILHÕES DE HABITANTES E UM PNB DE 3,32 trilhões de dólares (1 US$ = 3,88 reais).

RESPOSTA:______________________[16]

---

15 de 1798 a 2023, são 225 anos. Divididos por 25 (previsão de Malthus), 9. Numa PG de razão ou constante (q) 2, estabelece como resultado 460.800.000. A projeção para 2023 é de 9.000.000 de habitantes.

16 espera-se algo em torno de 9.000 dólares que, multiplicado por R$ 3,88 equivaleria a, aproximadamente, R$ 34.000,00

V- Terremotos e a Escala Richter

O Haiti é um país do Caribe que conquistou sua independência em 1804 após revolta de escravos iniciada dez anos antes. Sua capital é Porto Príncipe. Os franceses chamam a região de 'Pérola das Antilhas' devido às suas belezas naturais.

O Índice de Desenvolvimento Humano do Haiti foi de 0.510 em 2019 (170 do mundo). E muito de sua pobreza provém de seu histórico de exploração, agravado por uma grande catástrofe natural: em janeiro de 2010, o país foi devastado por diversos terremotos com magnitude sísmica que chegou a 7,3 na escala Richter.

Fonte: Reprodução

Mulher caminha por rua de Porto Príncipe à procura de parentes desaparecidos após terremoto de 2010. Imagem de Cristóbal Manuel Sanchez (Jornal El País, 2010).

A Escala Richter é uma escala logarítmica e foi desenvolvida por Charles Richter e Beno Gutenberg no ano de 1935; avalia a magnitude de um terremoto, de acordo com a energia liberada sob forma de ondas, o que significa dizer que um tremor de intensidade cinco é dez vezes mais forte do que um abalo de escala quatro e, consequentemente, cem vezes mais forte que um de nível três. A medição é realizada por aparelhos específicos denominados sismógrafos e o cálculo da Escala costuma associar-se à distância do hipocentro (ponto exato do tremor no subsolo) ao epicentro (ponto em que o abalo é sentido mais fortemente na superfície), além do tempo de manifestação e sua amplitude.

A Escala Richter e seus efeitos:

. **magnitude de 0,0 a 1,9**: tremores captados apenas por sismógrafos;
. **entre 2 e 4**: impacto semelhante à passagem de um veículo grande e pesado;
. **4 e 6**: quebra vidros, provoca rachaduras nas paredes e desloca móveis;
. **entre 6 e 7**: danos em edifícios e destruição de construções frágeis;
. **entre 7 e 8**: danos graves em edifícios e grandes rachaduras no solo;
. **entre 8 e 9**: destruição de pontes, viadutos e quase todas as construções;
. **magnitude maior que 9**: destruição total com ondulações visíveis.

A Escala Richter, por ser uma escala logarítmica onde a magnitude (graus) de Richter corresponde ao logaritmo da medida das amplitudes de ondas sísmicas, a cem quilômetros do epicentro. Sua fórmula é **M =log A – log A°**, sendo A = amplitude máxima medida no sismógrafo e A° = amplitude de referência (log A°

é constante). Assim, caso desejemos comparar as magnitudes (M1 e M2) de dois terremotos em função da amplitude das ondas geradas, podemos assim proceder:

$$M1 - M2 = (\log A1 - \log A°) - (\log A2 - \log A°)$$
$$M1 - M2 = \log A1 - \log A2$$
$$M1 - M2 = \log (A1/A2)$$

FAÇA VOCÊ O CÁLCULO: Em dezembro de 2002, um terremoto de 9 graus na Escala Richter foi registrado na Indonésia. Um dos seus maiores efeitos foi a geração de tsunamis que chegaram a países vizinhos, deixando um saldo de pouco mais de trezentos mil mortos.

Em área X, em outro continente, um terremoto chegou a derrubar imóveis e arrancar diversas árvores, atingindo cinco graus na Escala Richter.

Compare as amplitudes das ondas geradas pelo terremoto X e pelo terremoto que causou as tsunamis no continente asiático (9 graus).

RESPOSTA:______________________[17]

PARA LER E VER

LIVROS

. **ABRAMOVAY, Ricardo. O que é fome.** São Paulo: Brasiliense, 1986 (Coleção Primeiros Passos).
Nessa obra, o autor discute o significado da fome e suas consequências. Esse é um tema contemporâneo, pois ainda são muitos os problemas causados pela fome no mundo.

FILMES

. **À PROCURA DA FELICIDADE (Gabriele Mucino).** Chris Gardner, pai de família, vê sua vida ruir ao aventurar-se em negócios. Sem perder a esperança, Gardner procura reconstruir a vida pessoal e familiar, resgatando a condição social perdida.

. **VIDAS SECAS (Direção de Nelson Pereira dos Santos, 1963).** Baseado na obra de Graciliano Ramos, Vidas secas, Nelson Pereira dos Santos mostra a realidade social dramática e a extrema miséria de sertanejos nordestinos.

TEXTOS

. **POBREZA E EXCLUSÃO SOCIAL, de Simon Schwartzman e Elisa Reis.**
Autores realizam investigação sobre a origem e situação da pobreza em várias partes do mundo. Disponível em **http://www1.esec.pt/curso/ase/wp-content/uploads/2010/04/pobreza_exclusao_social**

SITES

http://colunas.epoca.globo.com/trabalhoevida - Site retrata o interesse do jovem pelo mercado de trabalho na busca pela ascensão social.

igc.usp.br/geologia/a_terra.php - Para interessados em abalos sísmicos e terremotos.

---

17 área X – M1 = 5; Tsunami – M2 = 9. Assim, M1 – M2 = log (A1/A2). Assim, 5 – 9 = log (A1-A2). Ou seja, - 4 = log (A1/A2), o que significa 1/1000 = A1/A2. A2=10.000 A1. Isto é, as ondas do terremoto asiático foram dez mil vezes (10.000) mais amplas do que o da área X.

REFLITA SOBRE

Vigiar ou Punir? Eis a questão...

Mais de vinte anos após a sanção do *Estatuto da Criança e do Adolescente* (ECA, sancionado em 13 de julho de 1990, quando o presidente da República era Fernando Collor de Mello, através da regulamentação dos artigos 227 e 228 da Constituição), a opinião pública brasileira ainda está dividida sobre como garantir os direitos dos adolescentes no Brasil.

Atualmente, a maioridade penal é de 18 anos em nosso país.

Alguns setores sociais defendem a sua diminuição imediata para, no mínimo, 16 anos. Argumentam que não há uma transformação radical na mente humana em dois anos (de 16 para 18), que aos dezesseis anos o indivíduo já entende muito bem quais são as regras da sociedade, que o voto é facultativo nesta mesma idade (se criminosos desta faixa já podem determinar os destinos do país, porque não podem assumir seus atos?), que só o Brasil e o Uruguai mantém a maioridade aos dezoito anos na América do Sul, que menores tem sido usado como "laranjas" para crimes contra a sociedade, entre outros.

Outros setores defendem que o sistema prisional não teria capacidade para receber esses adolescentes (que, ao invés de serem recuperados, ao conviverem com criminosos mais velhos e experientes, cairiam nas garras do crime em definitivo), que "sobraria" para o pobre e para o negro, que o Brasil deveria primeiro investir em educação e cultura etc.

O que está por trás dessa polêmica são as diferentes concepções de mundo e também os ângulos diferentes sob os quais os brasileiros veem as relações entre o Estado e população.

Então reflita sobre:" O aumento da punição diminuiria a criminalidade praticada por adolescentes ou esta ideia lhe parece falsa?"

ATIVIDADES

Fonte: Reprodução

1. Organizem-se em grupos e, sob a orientação do(a) professor(a):
   . façam um levantamento dos principais problemas sociais de seu bairro ou cidade (nas ruas, creches, favelas, penitenciárias, entre outros). Caso não exista no seu bairro uma favela, procure identificar a mais próxima da escola em que vocês estudam;
   . saiam a campo procurando realizar um ensaio fotográfico sobre os problemas levantados (com a devida autorização dos que serão afetados pelo trabalho);
   . reúnam-se para discutir e apresentar os resultados obtidos sobre os levantamentos e registros feitos;
   . exponham os registros fotográficos, devidamente catalogados, nos murais da escola.

2. Leia o texto a seguir e, após, responda:

O crime "elegante"

Os temas da violência urbana são importantes, mas estão permitindo que se tire de foco outra violência cujas consequências são muito mais sérias para a sociedade como um todo: a dos criminosos de paletó e gravata.

Essa desfocagem é gravíssima. O grupo social está consciente do perigo do "trombadinha". Tem raiva do ladrão. São muitos os que proclamam as vantagens da pena de morte para assassinos e estupradores. Todavia, encara com indiferença e até com desalentada passividade que o grande golpista dos dólares, o despudorado ladrão de ações, o cínico criminoso das empresas públicas, o impiedoso manipulador do mercado imobiliário fiquem impunes.

Essa é uma atitude irracional e primária. Entretanto, aparentemente, inevitável. O canalha colunável que se sustenta em sucessivos golpes, ao preço da infelicidade e do patrimônio alheio, muitas vezes levando famílias inteiras à ruína, é encarado como aventureiro ousado e, às vezes, até mesmo provido de um certo charme. O "trombadinha", ainda que menor de idade, ao tirar uma carteira e sair em disparada, sempre encontra quem o queira linchar. Sobre ele se abate, com facilidade, a baba do ódio que está alojada nos sentimentos do povo.

A causa aparente do absurdo está na indiferença ante o grande dano coletivo e a fúria cada vez mais agravada contra a ofensa individual. (...) essa atitude repercute em leis que tendem a ser cada vez mais rigorosas com o pequeno criminoso individual, ainda que brutal e impiedoso, e cada vez mais generosas com os "assaltantes" que ouvem Bach, que distinguem Picasso de Miro, a um primeiro olhar, ou que, simplesmente, tendo amealhado fortuna, sentem-se desobrigados de qualquer gesto de respeito pelo patrimônio alheio ou pela dignidade.

A lei, pelo tratamento benévolo que dá a esses delitos, incentiva-os. Isto sem falar em sua proverbial impunidade. Tende a lei a não ser alterada, porque o grupo social não consegue sensibilizar-se para a imensa fonte de danos que tais delitos provocam. Diversamente, portanto do que acontece com os crimes individuais geralmente praticados pelo maloqueiro e pelo favelado, e, por isso, juridicamente "pequenos".

(...)

A óptica social está errada. A atitude da sociedade é burra quando fecha os olhos para o criminoso de punhos de seda, cuja conduta tem um terrível subproduto ainda insuficientemente avaliado. Subproduto consistente na contribuição para o agravamento das condições sócio e econômicas da maioria do povo, geradores principais das agressões urbanas. E, paradoxo dos paradoxos: algumas das vozes mais calorosas do combate à violência assustadora, mas nascida no submundo da metrópole certamente seriam caladas se fosse possível punir a grande e desumana violência dos criminosos de paletó e gravata. Isso porque algumas dessas vozes pertencem a eles. Essa é uma realidade que ainda não atingiu a consciência do povo.

Walter Ceneviva. Folha de São Paulo, SP, 06 de Fevereiro de 1981

Você reparou de quando é este artigo de Walter Ceneviva? Analisando-o, reflita:

a) O que mudou da data de publicação do artigo para os dias atuais, no Brasil?

b) Por que aceitamos mais passivamente o crime que atinge o coletivo do que o crime que atinge um ou apenas alguns indivíduos?[18]

---

18 reflexão esperada: O discente perceberá que as colocações do autor pouco foram alteradas de 1981 para cá. As práticas de corrupção continuam, embora denúncias, investigações, maior fiscalização e julgamentos (vide casos do "Mensalão", onde foram julgados e punidos pelo Superior Tribuna de Justiça muitos dos envolvidos, e da Operação "Lava Jato", quando muitos dos investigados foram detidos e fizeram acordos de delação premiada) procurem inibi-las. Ao aceitarmos o "crime de paletó e gravata" mais passivamente do que o dano individual praticado pelo "trombadinha", não percebemos com clareza que os prejuízos causados são maiores por envolverem toda uma coletividade.

3. Apresente os três tipos de estratificações sociais e caracterize-as. A seguir, identifique em qual das estratificações o Brasil pode ser classificado; justifique sua resposta.

4. O que significa mobilidade social? Analise a história de sua família após buscar informações das situações históricas em que ela se desenvolveu.

Companhia de Eletricidade	
Fornecimento	Valor - R$
401 KWH × 0,13276000	53,23

Companhia de Saneamento			
TARIFAS DE ÁGUA / M³			
Faixas de consumo	Tarifa	Consumo	Valor - R$
até 10	5,50	tarifa mínima	5,50
11 a 20	0,85	7	5,95
21 a 30	2,13		
31 a 50	2,13		
acima de 50	2,36		
		Total	11,45

5. Observe os dados acima. Suponha que, no próximo mês, dobre o consumo de energia elétrica dessa residência. O novo valor da conta será de:
   a) R$ 55,23
   b) R$ 106,46
   c) R$ 802,00
   d) R$ 100,00
   e) R$ 22,90[19]

6. **ENEM** Suponha agora que dobre o consumo d'água. O novo valor da conta será de:
   a) R$ 55,23
   b) R$ 106,46
   c) R$ 43,82
   d) R$ 17,40
   e) R$ 22,52[20]

19 alternativa B (funções matemáticas)
20 alternativa C

2
INSTITUIÇÕES SOCIAIS: FAMÍLIA E IGREJA

Abertura

Quando criança, no início de nossa socialização em família, somos mais espontâneos. Afinal de contas estamos conhecendo o mundo que nos envolve. Nessa etapa, grande parte de nossas indagações ficaram sem respostas ou com respostas vazias, superficiais. Outras, ignoradas por gargalhadas adultas: *"por que a gente chora quando nasce?"; por que colocar um pezinho na frente do outro é tão difícil?"; "por que temos medo do escuro?"; "por que o sabonete colorido tem espuma branca?".* Num segundo momento, normalmente já na escola, continuamos com nossas questões. Algumas delas nunca expressas: *"por que o rio corre sempre para o mesmo lado?"; "por que só o beija-flor voa para trás?"; "por que nossa professora é sempre a mais legal?"; por que as meninas são chatas?"; "por que a comida da vovó é mais gostosa?"; "por que o sorvete é proibido quando temos dor de garganta?"; "por que o balanço e a goiabeira viram prédios?"; "por que a missa demora tanto para acabar?".* Crescemos um pouco mais e as perguntas ganham mais consistência: *"por que nascem espinhas no rosto?"; "por que o coração acelera quando ele passa?"; "por que ela olha mais para ele do que para mim?"; por que é tão difícil decidir que profissão seguir?"; "por que chorar, às vezes, é muito bom?"; "por que há amores proibidos?"; "por que as pessoas gastam mais tempo no trabalho?"; " por que a viagem de férias passa tão depressa?"; "por que o trânsito é mais lento quando estamos com pressa?".*

Muitas de nossas perguntas tiveram, sim, respostas em família. Outras, em instituições como a escola. Outras ainda, de tão difíceis, levam grande parte dos indivíduos a uma busca religiosa. E é exatamente sobre as transformações familiares e sobre a Igreja que trataremos neste capítulo.

Fonte: Reprodução

Regras, procedimentos e valores são construídos através das interações sociais, em família e, para muitos, atravéda religiosidade

Instituições Sociais

Devemos entender como *instituição social* toda forma social constituída e sedimentada em uma sociedade. As instituições sociais são formadas para atender às necessidades de uma sociedade, funcionando como instrumento de regulação e controle das atividades dos indivíduos que a compõem, colaborando para a *coesão social*[1] por ditarem valores e regras de comportamento.

Uma instituição social apresenta características particulares. *Família, Igreja, Estado* e *Escola*, constituem instituições sociais por garantirem e perpetuarem a existência das regras e dos procedimentos sociais (mesmo que modificados com o tempo, os padrões essenciais são mantidos).

INSTITUIÇÕES SOCIAIS = formas socialmente constituídas que regulam o convívio social.

Caso sejam consideradas as diferenças entre os grupos sociais e a diversidade cultural existente entre os povos, as instituições se fazem presentes como veículos que regram as atitudes humanas (opiniões e procedimentos), atuando como guias para as ações dos indivíduos em suas relações sociais. Ou seja, são as instituições que apontam ao indivíduo o que é permitido ou não, impedindo-o que siga apenas seus instintos básicos. Visto sob este ângulo, as instituições são criações humanas que regulam o convívio social.

Desde o nascimento, a pessoa está sujeita a diversos ritos de passagens (batismo, aniversários, despedida da vida solteira, entre outros) cobertos de simbolismo. Isso porque é a instituição que procura internalizar a cultura coletivamente disseminada no indivíduo. Assim sendo, o que permeia as instituições sociais é a regulação, definida como um conjunto de regras e normas aplicadas em um sistema social, definindo o que é ou não é aceito, o que pode ou não ser aplicado.

Para Émile Durkheim (1858-1917), as instituições sociais são produtos da interação humana, estabelecendo o processo que garante ou não a ordem social. Caso a transmissão dos valores não seja adequada ou seja insatisfatória, a harmonia ou coesão social fica ameaçada. Para ele, o pensamento individual funda suas origens no pensamento social, ou seja, um indivíduo pensa segundo o estabelecido pelas instituições como sistemas simbólicos do conhecimento e, através desses sistemas coletivamente construídos, o mundo é explicado, ganhando estabilidade.

Já para Karl Marx (1818-1881), as instituições sociais atuam como instrumentos de poder, sendo usadas para legitimar formas de dominação das classes sociais dominantes sobre as dominadas, sendo que nenhuma das classes têm consciência dos papéis que exercem, apenas reproduzindo e perpetuando as diferenças entre os indivíduos.

O processo que descreve a relação entre o indivíduo e as instituições é denominado *interiorização*: em uma primeira fase, os valores são incorporados pela pessoa. Numa segunda etapa, o indivíduo projeta para o meio em que vive os valores institucionais que assimilou, em um novo processo identificado como *personificação*.

O sociólogo canadense Erving Goffman (1922-1982) desenvolveu a tese de que, dentro de nossos convívios sociais, cada indivíduo se apresenta como um ator, dependendo da circunstância vivida. Neste sentido, para Goffman é possível distinguir pessoas e grupos com base, por exemplo, na forma como se vestem ao apresentarem-se em locais públicos. Porém, a "atuação" de cada pessoa leva em consideração alguns padrões esperados e instituídos socialmente, estabelecendo-se os modos de representação. Goffman atribui à socialização iniciada no seio familiar a indução para que os indivíduos ajam como 'atores sociais' na tentativa de controlar as impressão que se causam nos outros.

Norbert Elias (1897-1990) afirma que a forma como cada pessoa age, pensa e, acima de tudo, se percebe, decorre do processo de socialização e aprendizado iniciado na família e que se completa nas demais instituições e grupos, afirmando ainda que o indivíduo é, antes de tudo, uma *"construção social"* e todo o universo pessoal é condicionado pelas interações sociais (medos, desejos e sentimentos).

Ao fazermos referência às instituições sociais, devemos levar em consideração que as instituições diferem dos grupos sociais. Porém, têm interdependência entre si. A família, por exemplo, forma um grupo e uma instituição social. É grupo por reunir pessoas envolvidas numa relação contínua. Comporta-se como instituição social por seguir regras e procedimentos que dela são esperadas.

Família, Igreja e Estado são instituições sociais que dirigem nossas formas de sentir, pensar e agir. Direta ou indiretamente. Caso queiramos ou não.

---

1 coesão = aqui deve ser entendido como equilíbrio social

Neste capítulo, enfocaremos a importância da Família e da Igreja enquanto instituições que contribuem para a socialização do indivíduo, bem como suas tendências no mundo contemporâneo ocidental.

Família Contemporânea

A Família é entendida como uma instituição social e é comum que seja a primeira instituição com a qual o indivíduo terá contato em sua vida, servindo de base para as demais. Constitui-se como a fonte de socialização do indivíduo ao transmitir ao indivíduo os padrões e normas culturais consideradas adequadas para o convívio social, dando legitimidade aos papéis sociais que a criança internalizará em seu desenvolvimento.

Dessa forma, a família caracteriza-se enquanto grupo social por reunir indivíduos vinculados pela interação que apresentam alguma forma de organização, mas obtém caráter institucional por possuir normas e condutas padronizadas (socialmente aceitas e reconhecidas) que procuram manter e satisfazer determinadas necessidades da sociedade em que a pessoa está inserida.

FAMÍLIA = grupo e instituição social de forte influência na formação do indivíduo.

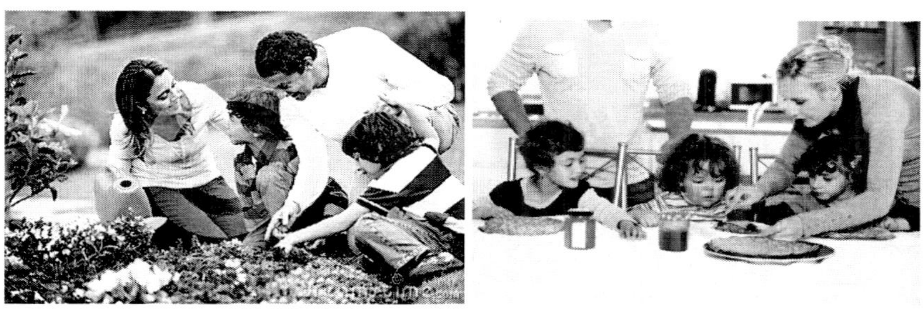

Fonte: http://www.dreamstime.com/royalty-free-stock-image-family-gardening-image25041746

É na família que o indivíduo normalmente encontra sua primeira socialização e absorve conceitos, regras e padrões da sociedade em que está envolvido

É a família quem faz a intermediação entre as esferas privada e pública. Ou seja, é nela que a pessoa absorve as regras básicas necessárias para a vida social, mesmo que nem todos os grupos familiares sigam o mesmo padrão de organização. Qualquer mudança que ocorra na família ou na sociedade traz reflexos de uma sobre outra instituição.

No entanto, por mais importante que seja a família enquanto grupo e instituição, nos dias contemporâneos não podemos naturalizar seus objetivos como se continuassem os mesmos para todos, como se não houvesse qualquer tipo de transformação.

A família enquanto instituição apresentou grandes mudanças no mundo ocidental a partir da segunda metade do século XIX. Principalmente no casamento, quando a união por contrato[2] passou a dar lugar à aliança por amor ou pela escolha do parceiro pela vontade dos próprios envolvidos.

No mundo moderno, novas formas familiares vão desenhando contornos e estabelecendo novas relações. Não há mais a transmissão obrigatória de profissão, de crenças, de saberes e mesmo de patrimônio material. Mesmo a bioética, através das técnicas de procriação de laboratório, permite que se faça um filho sem que sejam conhecidos homem e mulher. Não cabe mais à figura masculina dispor da vida dos filhos e da esposa, ou seja, a visão *patriarcal* familiar desmorona continuamente. A então denominada 'família burguesa', que dava ao homem o papel de provedor, responsável pela manutenção e sustento familiar, e à mulher o papel de educadora dos filhos, gerente do lar e defensora da intimidade do grupo, perdeu espaço, especialmente nas sociedades industrializadas e urbanizadas.

2 união conjugal estabelecida por interesses exteriores aos indivíduos envolvidos, determinada pelos pais dos cônjuges

COM A PALAVRA, BETTY FRIEDAN

> **Se a mulher não realizar esse esforço para tornar-se tudo o que tem possibilidade de ser desperdiçará seu potencial humano. A mulher que não possua objetivo, propósito, ambição, orientando seus dias para o futuro e levando-a a evoluir para além do punhado de anos em que seu corpo preenche a função biológica, está cometendo uma espécie de suicídio (...) Não há maneira de fugir ao seu confortável campo de concentração, exceto fazendo um esforço – o esforço humano que vai além do biológico, além das estreitar paredes do lar – a fim de colaborar na criação do porvir[3]. Somente por meio de um compromisso pessoal com o futuro poderá sair da armadilha doméstica e realizar-se verdadeiramente como esposa e mãe, concretizando suas possibilidades de ser humano independente e singular.**
>
> **FRIEDAN, Betty. Mística feminina. Petrópolis: Vozes, 1971, página 290.**

No mundo moderno, casa-se cada vez menos e cada vez mais tarde. As uniões são diversas e menos duráveis. O número de membros da família diminui. Ganha expressão significativa a tendência de famílias em que pai e mãe são um só (boa parte das vezes, mãe solteira ou divorciada). A mulher participa cada vez mais intensamente do mercado de trabalho. Há muito, o filho não é mais a finalidade do casamento. Está cessando a divisão de tarefas dentro de uma união. À mãe não cabe mais apenas as tarefas da casa. Os filhos não seguem mais, obrigatoriamente, a profissão paterna. O amor torna-se mais importante do que a aliança. Em caso de uma separação de casal com filhos, a tendência é a guarda compartilhada ou que o(s) filho(s) fique(m) com a parte mais estável. Por mais que não seja mais a mesma do século XIX, em que tinha padrões rígidos e o dever de formar bons cidadãos que dessem moldes às expansões nacionalistas, a família, enquanto instituição social, está intimamente ligada ao contexto social vivido em nosso mundo contemporâneo. Dessa forma, mudanças nos padrões familiares refletem sobre toda a sociedade, assim como as transformações sociais repercutem sobre as estruturas familiares.

Próprio de nossos dias de intensa vida urbana - em que cada um dos componentes de uma família possui atividades diversas e diversificadas –, o convívio familiar nem sempre é contínuo. Algumas famílias tem se caracterizado pela pequena rigidez nos encontros, seja nos programas de lazer, seja nas atividades culturais e até mesmo nas refeições. Outras mantém preocupação excessiva de um para os demais membros.

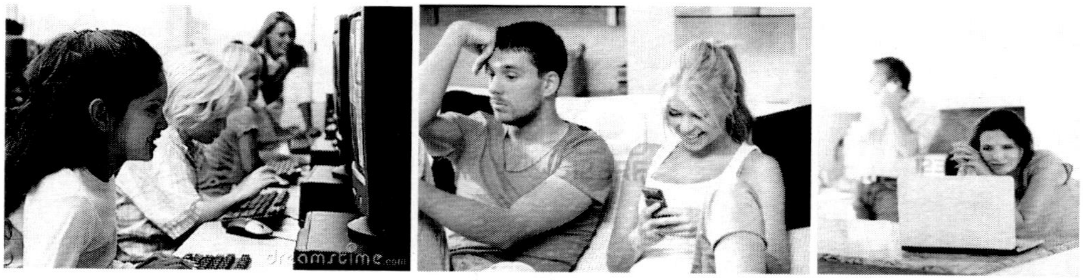

Fonte: http://www.dreamstime.com

A intensificação do uso de aparelhos domésticos como o micro-ondas e televisores, além do acesso facilitado a computadores, à internet e a telefones celulares, têm dado a algumas famílias um caráter dissociativo e individualista

Originada tradicionalmente por objetivos educacionais, reprodutivos e econômicos, uma família poderá ser classificada como *endogâmica* se estruturada a partir da união de indivíduos com certo grau de parentesco ou que fazem parte do mesmo grupo de convivência. Um bom exemplo provém de algumas sociedades

---

3 porvir = futuro

primitivas, sendo encontrado ainda hoje entre castas[4] da Índia. Será *exogâmica* quando a união se der a partir de indivíduos provenientes de famílias ou grupos distintos (com origens diferentes).

Levando-se em consideração o número de casamentos, uma família será *monogâmica* quando a pessoa possuir apenas um cônjuge de cada vez. Já a família estruturada a partir da *poligamia* (quando a pessoa possui dois ou mais cônjuges ao mesmo tempo) pode ser de *poliandria* (quando à mulher se permite ter dois ou mais relacionamentos com o sexo oposto) ou de *poliginia* (quando se permite ao homem possuir várias mulheres).

Uma família é *nuclear* quando reúne mulher, marido e filhos. É *extensa*, ou estendida, quando congrega, além do casal e filhos, agregados, como sobrinhos, avós, tios, entre outros.

Fonte: http://www.flickr.com/photos/jonahsparks/2286817643/sizes/m/in/photostream/

A série Os Simpsons faz uso de sátiras para representar a típica família de classe média estadunidense e permite que enxerguemos a família enquanto instituição social que permite o início da socialização do indivíduo.

Seja rural, indígena, operária ou das mais variadas classes sociais, a instituição social da família tem apresentado mudanças significativas nas últimas décadas no mundo ocidental, inclusive no Brasil.

A história da família ocidental enquanto instituição social é longa e apresenta sucessivas rupturas. Foi-se o tempo em que a grande e única função da família esteve ligada à transmissão de valores e tradições e à proteção. Atualmente, sua tendência é a de privilegiar a construção da identidade do indivíduo enquanto pessoa. Isto não significa dizer que a família ocidental, tal qual a herdamos do século XIX, está em decadência e prega a cultura do individualismo. Está, sim, em fase de transição contínua e de transformação.

O desenvolvimento urbano e industrial, as novas necessidades de consumo, as recentes transformações morais, a proliferação do uso de contraceptivos, as crises constantes da economia, o temor de doenças sexualmente transmissíveis (como a Aids) e a necessidade do sexo seguro entre outros, têm trazido modificações significativas na estrutura familiar. Ou seja, a família celebrada na figura do pai enquanto chefe e comandante-mor, representante do grupo familiar e seus interesses, ganha novos contornos. Da mesma forma, a ideia tradicional de se encontrar a esposa dedicada e propulsora da administração da casa está ultrapassada. Os tempos em que as escolhas matrimoniais eram previamente encomendadas e determinadas também já ficaram para trás. As escolhas profissionais dos filhos já não são mais ditadas pelo patriarca. O Brasil não foge à regra e às tendências da família do mundo ocidental.

Uma família numerosa. Esta era a tendência de algumas décadas atrás, quando cabia à mulher gerar vários filhos. Na atualidade, a diminuição do tamanho médio da família é progressiva, embora o número de famílias cresça. Um bom exemplo dessa tendência pode ser encontrado no Brasil. Basta que observemos a taxa de fecundidade (relação entre o número médio de crianças nascidas vivas por mulher em idade reprodutiva) brasileira por período.

4 casta = organização social caracterizada pela existência de grupos fechados e hereditários, distribuídos dentro de uma hierarquia

LAÇOS DE FAMÍLIA

As pessoas estão trabalhando mais e ficando menos tempo com seus familiares; os índices de divórcio só aumentaram; são raras as famílias que têm relações próximas com avós, tios e primos; os parentes mais velhos são colocados de lado pela falta de tempo e pela incapacidade de lidar com eles.

A crise da família como instituição remonta justamente à década de 1960, com a onda da libertação sexual e do movimento hippie. O autoritarismo que imperava nas relações dentro de casa passou a dar lugar à liberdade na forma de criar os filhos. Temendo ser vistos como castradores, repressivos e autoritários, muitos pais deixaram de exercer a autoridade que lhes cabia e tornaram-se permissivos. Mas essa falta de autoridade passou a ser confundida com falta de limites. Agora é preciso correr para corrigir essa distorção. (...) Um atalho para esse caminho está no equilíbrio entre o autoritarismo e a permissividade.

(...) Mas não foram apenas os valores das famílias que mudaram. A constituição delas também se transformou muito. Hoje, já não existem regras para se formar um lar e o conceito de família desestruturada caiu por terra. Uma família organizada já não precisa mais ser composta por pais casados e seus filhos, como exigia o estereótipo padrão. Há lares harmônicos e desarmônicos em todas as maneiras de ser de uma família – pais solteiros, separados ou sem novas uniões, irmãos que moram juntos, filhos criados por avós, uniões homossexuais etc.

Essa nova visão permitiu o avanço mais significativo do campo familiar nos últimos tempos: as relações pautadas pelo afeto e não somente pelos laços de sangue, que expandiram a forma de se estabelecerem relações e inverteram o senso comum de que família é aquela com a qual temos parentesco.

(...) A verdade é que sem nossa família não estaríamos aqui hoje – literalmente. Ela influencia todos os aspectos de nossa vida, desde que nos constituímos indivíduos, isso ainda na infância, e molda nossa personalidade. Por maiores problemas que tenhamos com a nossa, ela nunca deixa de ser importante.

(...) Mas talvez o principal ensinamento seja o mais simples – e por isso o mais valioso: aquela família perfeita do comercial de margarina não existe. Isso quer dizer que você não deve ficar comparando sua existência com aquilo que parece ser a vida ideal. (...) Toda família tem suas limitações, suas dificuldades.

Revista Vida Simples, ed. 72, nov/2008. P.24/27.

REALIDADE BRASILEIRA

A diminuição do número de filhos e, por sua vez, do número dos componentes familiares, segue uma disposição histórica de queda desde os anos 1960, no Brasil e no planeta como um todo.

Segundo estudos realizados em 2012 pelo Ministério de Desenvolvimento Social e Combate à Fome (MDS), as mulheres com acesso a rendas menores foram as principais responsáveis pela acentuada queda da taxa de fecundidade total no Brasil entre os anos 2000 e 2010. Assim, se no ano 2000 o número médio de filhos por mulher nessa faixa social era de 5,10, em 2010 tal taxa caiu para 3,56. Mesmo entre as mulheres de maior renda per capita, que já apresentavam uma baixa taxa de fecundidade, os números apresentaram uma ligeira queda: de 1,17 em 2000 para 1,11 em 2010. Vale salientar, a título de curiosidade, que mulheres mais favorecidas econômica e financeiramente, tendem a ser mães em idades mais avançadas (idade média de 31,9 anos entre as mulheres com renda superior a cinco salários e de 25,7 anos para as mulheres sem qualquer rendimento, segundo dados do IBGE obtidos no último censo oficial (2010).

Fonte: http://www.flickr.com/photos/jakza/4572260771/sizes/o/in/photostream/

Maiores taxas de urbanização, maiores investimentos na qualificação profissional do indivíduo (o que exige maiores recursos financeiros) e maior participação da mulher no mercado de trabalho são algumas das causas que diminuem os benefícios de se ter uma família numerosa.

No Brasil, o número de casais em *união consensual* (em que há convívio espontâneo e sem registro formal declarado) teve um aumento significativo entre 2000 a 2010. Considerando as pessoas casadas, as que viviam em união consensual[5] representam nos dias atuais mais de um terço dessa parcela da população, segundo dados divulgados em outubro de 2012 pelo Instituto Brasileiro de Geografia e Estatística (IBGE) em seu relatório sobre taxa de nupcialidade.[6].

Já os **casamentos formais** apresentam queda no Brasil. Em números e percentuais: em 2010, 36,4% das pessoas casadas viviam em união consensual, contra 28,5% em 2000. Já o percentual de pessoas unidas por **casamento civil e religioso** caiu de 49,4% para 42,9% no mesmo período. Por sua vez, as uniões realizadas apenas na esfera religiosa diminuíram de 4,4% para 3,4% e o número de casamentos realizados apenas na dimensão civil pouco variou: de 17,5% em 2000 para 17,2% em 2010.

Casamentos no civil e no religioso (em Igrejas) são mais comuns em grupos com maior renda. Segundo dados do Censo 2010 (IBGE), casamentos no civil e no religioso são 64,2% das uniões em que os envolvidos ganham mais de cinco salários (salário-mínimo). Por outro lado, são 28,4% das uniões de pessoas que ganham até meio salário.

O relatório aponta, também, que os solteiros continuam sendo mais da metade da população do país (54,8% em 2000 e 55,3% em 2010).

Apesar de não haver dados específicos sobre a evolução das uniões entre indivíduos do mesmo sexo, o relatório sobre a taxa de nupcialidade revela que 99,6% vivem em união consensual, com predominância de católicos (47,4%), seguida por pessoas sem religião definida (20,4%).

Quando da união, prevalecem os "iguais" em cor.. Ou seja, o casamento inter-étnico não avançou de 2000 a 2010 (os dois últimos censos oficiais do país). O total de mulheres e homens brancos que se casavam com pardas e pardos cresceu. Um exemplo vem dos percentuais do IBGE: 75,3% dos homens brancos e 73,7% das mulheres brancas casaram-se, em 2010, com pessoas da mesma cor, considerando todos os tipos de união (casamento civil, religioso ou união consensual). Por outro lado, caíram numa proporção semelhante as uniões de homens e mulheres pardos com brancos e brancas, paralisando uma tendência de ampliação dos casamentos entre as etnias nas décadas anteriores.

5 consensual = acordo entre as partes, sem união formalizada pelo Estado

6 nupcialidade = casamento

Entre aqueles que se declaram pardos, 69% de homens e 68,1% das mulheres tinham parceiros com a mesma cor da pele.

% de homens que se unem com mulheres de determinada raça

	BRANCOS	*PRETOS*	*AMARELOS*	*PARDOS*	*INDÍGENAS*
Brancas	*75,3*	*26,4*	*24*	*26,1*	*16,0*
Pretas	*3,6*	*39,9*	*6,8*	*3,9*	*3,1*
Amarelas	*0,6*	*1,4*	*44,2*	*0,9*	*1,0*
Pardas	*20,4*	*32,1*	*24,7*	*69*	*13,9*
Indígenas	*0,1*	*0,2*	*0,3*	*0,1*	*65,4*

% de mulheres que se unem com homens de determinada raça

	BRANCOS	*PRETOS*	*AMARELOS*	*PARDOS*	*INDÍGENAS*
Brancas	*73,7*	*25,5*	*22*	*24,4*	*16,9*
Pretas	*4,6*	*50,3*	*9,8*	*6,8*	*3,9*
Amarelas	*0,5*	*1,1*	*38,8*	*0,7*	*0,8*
Pardas	*21,1*	*22,9*	*29,2*	*68,1*	*13,8*
Indígenas	*0,1*	*0,2*	*0,3*	*0,1*	*64,6*

Fonte: Instituto Brasileiro de Geografia e Estatística, 2010 (divulgados em 2012).

A necessidade de trabalhar para contribuir com a renda familiar e a busca por autonomia financeira e reconhecimento social vêm fazendo com que as mulheres participem cada vez mais ativamente do mercado de trabalho. Isso não significa, porém, que elas desfrutem das mesmas condições salariais dos homens: em 2010, a média salarial dos homens era de 3,5 salários mínimos, enquanto a das mulheres era de 2,8 salários mínimos., segundo dados do IBGE da Fundação Getúlio Vargas.

Os dados divulgados pelo IBGE em seu Anuário Estatístico de 2012 apontam que 37,3% das famílias brasileiras são chefiadas por mulheres (em 2000, eram apenas 22,2%) e 62,7% dos casais que vivem juntos no Brasil são formados por homens e mulheres com fonte de renda própria (em 2000 esse percentual era de 41,9%). Os números apontam que em famílias mais estáveis em termos de renda, prevalece a chefia da figura masculina.

Números e índices do Instituto Brasileiro de Geografia e Estatística (2012) apontam que em famílias cuja responsabilidade de manutenção cabe basicamente à mulher (em caso de rompimento da união do casal ou falecimento do membro companheiro), os filhos possuem, comumente, mais de quinze anos de idade.

Fonte: Reprodução

A ampliação do número de mulheres como chefes de família tem conduzido à chamada "feminização da pobreza" uma vez que, apesar de sua inserção maior no mercado de trabalho, a mulher ainda não alcança, em geral, as mesmas condições salariais dos homens.

Os índices de dissociação e divórcio[7] têm crescido consideravelmente em países ocidentais, caso do Brasil. Segundo o Censo Demográfico de 2010, que investigou pela primeira vez o tema, quase um sexto (16,2%) das residências habitadas por casais com filhos contam com a presença de filhos de relacionamentos anteriores. Ainda segundo dados do IBGE, divulgados em 2012, o número de divórcios chegou a 3,1% em 2010 (quase o dobro dos 1,7% de 2000).

As rupturas familiares a que assistimos hoje são um processo de dissociação iniciado a partir da segunda metade do século XX. Assim, as denominadas "famílias mosaico", em que unidades domésticas são formadas por casais separados com filhos de outras uniões, têm se tornado comuns. No Brasil e no mundo ocidental em geral, estes arranjos familiares proliferaram nas últimas décadas. Através destas novas composições, há a geração da figura dos "coirmãos" que, diferentemente dos "meio-irmãos", não têm laços sanguíneos, mas são criados de forma conjunta.

Não existiam, até 2010, dados oficiais da população homossexual no Brasil nem do total de uniões homossexuais registradas em cartório ou aprovadas na Justiça.

O Censo de 2010 incluiu pela primeira vez na história censitária brasileira a questão. Dentre os casais homossexuais, 53,8% mostraram-se constituídos por mulheres e 46,2% por homens. Segundo os números levantados, entre os lares com casais homossexuais a grande maioria (52,6%) estava na região Sudeste, principalmente nas regiões metropolitanas de São Paulo e Rio de Janeiro.

A formação de famílias a partir da união de indivíduos do mesmo sexo tem se proliferado em países como o Brasil.

Foram contados sessenta mil cônjuges de igual sexo do chefe do domicílio. Ou seja, sessenta mil casais gays. Apenas 0,2% do total ou das pessoas casadas ou que viviam juntas declaram ter como companheiro pessoa do mesmo sexo.

A tendência é que este percentual aumente nos próximos censos à medida que a legislação brasileira avance, com o reconhecimento dessas uniões pela Previdência Social do Brasil.

Dados da *Síntese de Indicadores Sociais* (IBGE, 2012), confirmam a ampliação da presença feminina no mercado formal de trabalho e no campo educacional. Essas tendências têm trazido consequências significativas para o país: as mulheres passaram a chefiar um número maior de famílias, passaram a ter menos filhos e a adiarem a maternidade em todas as faixas etárias da fase reprodutiva.

Segundo dados do IBGE, da FGV (Fundação Getúlio Vargas) e do Movimento Mais 360, divulgados em janeiro de 201, de cada dez famílias brasileiras, quatro são chefiadas por mulheres.

Em 2001, 43,2% das mulheres estavam ocupadas formalmente no mercado de trabalho, em 2011 o índice subiu para 54,8%. Na faixa etária de 25 a 29 anos, 31% das mulheres não tinham filhos em 2001. Em 2011, o percentual elevou-se para 40,8%. A tendência comportamental feminina trouxe queda na taxa de fecundidade do Brasil que caiu para 1,90 filhos por mulher em 2011, ou seja, um índice insuficiente para evitar o decréscimo de habitantes em um futuro próximo (2,1 filhos por mulher, segundo estimativas do IBGE, é o índice de reposição populacional para que haja relativo equilíbrio na pirâmide populacional entre jovens, adultos e velhos).

RENDA DESIGUAL

% do rendimento das mulheres em relação ao dos homens

2001	*mulheres recebiam, em média, 69% do rendimento masculino*
2011.	*mulheres recebiam, em média, 73,3% do rendimento masculino*

JORNADA DE TRABALHO FORMAL SEMANAL, POR SEXO (em horas)

2001:	*homens*	*42,9*
	mulheres	*35,6*
2011:	*homens*	*42,5*
	mulheres	*36,2*

7 dissociação = separação sem oficialização; divórcio = dissolução judicial do matrimônio

TEMPO GASTO EM AFAZERES DOMÉSTICOS (em horas semanais)

2001:	*homens*	*11,2*
	mulheres	*30,9*
2011:	*homens*	*11,2*
	mulheres	*27,7*

Fonte: Síntese de Indicadores Sociais (IBGE), 2012

A IGREJA ENQUANTO INSTITUIÇÃO SOCIAL

Todas as sociedades conhecem alguma forma de religião.

A palavra religião provém do latim (*religione*) e remete ao verbo *religiare,* que nos transmite a ação de *ligar* ou *dar nó*.

De forma simples, podemos definir religião como um conjunto de ideias sobre o mundo e sobre princípios morais. A religião distingue-se das Ciências por não fundamentar-se prioritariamente na razão.

As ideias e visões religiosas sobre o que nos cerca permitem uma certa compreensão do mundo e da situação do homem dentro dele; os princípios morais, por sua vez, são usados para orientar a ação do indivíduo e dar um sentido para sua vida.

Apesar das diferenças, o ponto comum entre as diversas religiões é a utilização de símbolos e rituais realizados coletivamente, diferentemente da *magia,* definida por Anthony Giddens[8] (1938 -)como uma tentativa individual de influenciar os acontecimentos através da utilização de práticas rituais, cânticos e objetos.

A religião, por constituir-se em um fenômeno socialmente condicionado, é considerada historicamente transitória, dependendo, assim, da época e do lugar em que o indivíduos é socializado.

RELIGIÃO – fenômeno social que agrega um conjunto de símbolos e rituais realizados coletivamente.

Não podemos incorrer no erro de atribuir religião apenas à crença no sobrenatural, já que diversas religiões orientais valorizam ideais éticos e não a deuses, caso do *Budismo,* do *Confucionismo* e do *Hinduismo.*

O *Hinduismo* é uma das principais religiões do mundo. Povos da Índia e países vizinhos (com extensões em todo o sudeste da Ásia e da África) adotam-na. Não possuí dogmas[9] e é quase indefinível. Não possui fundador e não tem hierarquia ou fonte de autoridade, mas ainda assim possui características comuns à maioria dos hindus (adeptos do Hinduismo). Uma delas é a crença no *Brama,* considerado o Único, o Tudo, o Princípio Absoluto e Último (o Eu de todas as coisas). Os hindus têm grande respeito por toda manifestação de vida e muitos são vegetarianos e reverenciam e protegem a vaca. Os caminhos determinados pelo Hinduismo são a obediência, a devoção e o conhecimento (perseguido através da meditação e ioga[10]).

Já o *Budismo* é uma religião e uma filosofia desenvolvida a partir do Hinduismo por Sidarta Gautama (Buda histórico). Assim como o Hinduismo, o Budismo possui diversas variações, porém não tem deuses e valoriza os ideais que relacionam o adepto à unidade natural do universo. As chamadas *Quatro Nobres Verdades de Buda* são: a vida é sofrimento; a causa do sofrimento é o desejo; a eliminação do desejo leva à cessação do sofrimento; a eliminação do desejo é resultado de um método que deve ser seguido, a saber: o modo correto de ver as coisas, pensamentos corretos, palavras corretas, ações corretas, modo correto de viver, esforço correto, intenções corretas, meditação correta.

8 Anthony Giddens. *Sociologia.*_Lisboa: Fundação Calouste Gulbenkian, 2004.
9 dogmas = pontos fundamentais de uma doutrina religiosa
10 Ioga = prática que procura eliminar da mente a prisão dos sentidos e atingir a união com uma divindade

O *Confucionismo*, por sua vez, deve ser visto como um sistema filosófico baseado nos ensinamentos de Confúcio[11] e é praticado em toda a China há mais de dois mil anos. O Confucionismo ensina uma filosofia moral e social e um código de comportamento baseado na paz, ordem, humanidade, sabedoria, coragem e fidelidade.

Judaísmo, Cristianismo e Islamismo são religiões monoteístas[12].

O *Judaísmo* (a mais antiga das religiões monoteístas), considera o mundo como criação de um Deus eterno e os judeus como povo escolhido, de acordo com a aliança estabelecida entre Deus e Abraão, ancestral dos judeus.

O *Islamismo* (do árabe *islam* = submissão a Deus) foi fundada por Maomé (VII d.C) e incorpora elementos das crenças judaicas e cristãs. Seus adeptos são conhecidos como muçulmanos. O profeta Maomé, acreditando-se inspirado por uma visão do arcanjo Gabriel, começou a pregar o culto a um Deus único (Alá), anunciando os princípios básicos desta religião: preces, esmola de lei, jejum e peregrinação a Meca[13] uma vez na vida. Tais princípios foram transcritos no livro sagrado *Alcorão* (ou *Corão*) e compõem o conjunto de narrativas e mandamentos dos ensinamentos de Maomé. Os ensinamentos da religião islâmica encontram-se também na *Suna*, coletânea de preceitos de obrigações extraídos das práticas e costumes do profeta e dos quatro primeiros califas (vigário ou soberano muçulmano).

O *Cristianismo* originou-se do Judaísmo e é baseada na vida, morte e ressurreição de Jesus Cristo e foi disseminado enquanto religião pelos apóstolos de Jesus, o que permitiu o desenvolvimento das crenças e o culto cristão. A Igreja reúne cristãos e sua existência se expressa no culto, na doutrina e na obediência a normas morais e disciplinas.

A Igreja Católica reconhece o *Papa* como chefe espiritual dos cristãos por ser considerado sucessor de São Pedro, o apóstolo escolhido por Cristo para fundar sua Igreja. O catolicismo baseia-se nas revelações dos profetas (assim como toda religião cristã), contidas nas Sagradas Escrituras e nos ensinamentos de Cristo. No sacrifício de Cristo está a origem da *graça*[14], que atua na alma dos fiéis e se expande pelos sete sacramentos (batismo, confirmação, penitência, eucaristia, matrimônio, ordem e unção[15]dos enfermos). No século XI, o catolicismo sofreu um *Cisma*[16], que dividiu a Igreja Católica em Igreja Católica Ortodoxa e Igreja Católica Apostólica Romana. No século XVI, a *Reforma* arrebatou parte dos católicos para as chamadas Igrejas Protestantes.

De acordo com Roberto DaMatta[17], a diferença do mundo católico com o universo protestante (cristão não-católico) é que este último é mais coeso, enquanto o católico é múltiplo e sedimentado. Para DaMatta, o protestantismo ampliou o individualismo, abrindo as portas para a consolidação do capitalismo enquanto sistema.

Para Émile Durkheim (1858-1917), as formas de religião são, na essência, iguais e as crenças religiosas seriam concepções de mundo, com os ritos religiosos consistindo em ações específicas. Para Durkheim, a crença religiosa pressupõe a divisão do mundo nas categorias *sagrado* e *profano*, considerando como sagrado tudo o que é separado e que não pode ser tocado, profano, o que é acessível socialmente. Ou seja, a oposição entre o sagrado e o profano criaria os laços sociais através da prática religiosa e pelos rituais, fazendo com que a religião obtenha grande significado por se tratar do mais primitivo de todos os fenômenos sociais. Na obra *As formas elementares da vida religiosa* (1912), Durkheim não faz relação entre religião e desigualdade material ou de poder e enfatiza o papel da religião na promoção da coesão[18] social.

---

11 Confúcio (551-479 a.C.), nascido no Estado de Lu, China; era pobre e educou-se sozinho, desenvolvendo um guia para se "viver bem"

12 monoteísmo = sistema dos que admitem a existência de um único Deus

13 Meca = cidade da Arábia Saudita e centro muçulmano

14 graça = segundo a visão cristã, um dom gratuito de Deus conferido ao Homem pelo batismo, o que o faz filho de Deus

15 unção = piedade

16 cisma = separação

17 Roberto DaMatta. A casa e a rua: espaço, cidadania, mulher e morte no Brasil. SP: Brasiliense, 1987, págs. 166-7.

18 coesão = união; ligação

COM A PALAVRA, DURKHEIM

> **As forças religiosas são (...) forças humanas, forças morais. Sem dúvida, porque os sentimentos coletivos não podem tomar consciência de si mesmos senão fixando-se sobre objetos exteriores, tais forças não puderam se constituir sem tomar às coisas alguns de seus caracteres: adquiriram assim um tipo de natureza física; a este título elas vieram misturar-se à vida do mundo material e é por elas que se acreditou poder explicar o que nele se passa. Mas quando são considerados somente por este lado e nesta atribuição, vê-se apenas o que elas têm de mais superficial.**
>
> **Émile Durkheim. Durkheim. SP: Abril Cultural, 1978. (Os Pensadores, 224-227).**

Karl Marx (1818-1881) e Friedrich Engels (1820-1895) consideram que a religião pode ser um fenômeno alienante que falsifica a percepção da realidade social e criticam a religião e a religiosidade ao considerarem que o fenômeno permite à classe dominante justificar o seu poder, impedindo a revolta sistemática dos explorados e oprimidos.

Já Max Weber (1864-1920) considera a religião sob um ponto de vista individual. Ou seja, apenas um tipo particular de ação social. Para ele, o homem é influenciado pela religião porque tem a esperança de que sua vida terrestre ganhe dimensões mais tranquilas em termos de vida material.

Weber realizou estudos comparativos sobre diversas religiões, descrevendo o hinduísmo, o budismo e o judaísmo antigo, acabando por defender a tese de que a religião não expressa necessariamente uma força conservadora, já que movimentos sociais inspirados na religião poderiam resultar em transformações consistentes. Em seus estudos, elaborou importantes teorias da Sociologia econômica e da Sociologia religiosa e trabalhou na interpretação da origem e significado do sistema capitalista, que seria fruto de determinada característica do desenvolvimento humano e produto da organização dos indivíduos para a vida em sociedade. Diferentemente de Karl Marx, Weber não considerava que os processos sociais fossem explicados apenas pelo fator econômico. Assim, as crenças, os valores e as ideias individuais e sociais seriam elementos necessários para a compreensão dos fenômenos sociais em geral.

Em sua obra *A ética protestante e o espírito do capitalismo*, Weber associou a maneira específica de viver dos protestantes calvinistas às condições que propiciaram a afirmação do capitalismo.

Sob a perspectiva da Sociologia contemporânea, o francês Pierre Bourdieu (1930-2002) afirma que "os interesses mágicos distinguem-se dos interesses propriamente religiosos por seu caráter parcial e imediato e são cada vez mais frequentes quando se passa aos pontos mais baixos da hierarquia social, fazendo-se presentes sobretudo nas classes populares e mais particularmente entre os camponeses. Quanto maior for o peso da tradição, tanto mais a religiosidade popular se orienta para a magia".

REALIDADE BRASILEIRA

Nos últimos anos temos assistido a conflitos religiosos no país, em especial envolvendo os neopentecostais (Igreja Apostólica Renascer em Cristo, Igreja Internacional da Graça de Deus, Igreja Universal do Reino de Deus, entre outras) com adeptos de outras crenças religiosas e Igrejas.

Com frequência, programas evangélicos veiculados por redes de televisão e rádio têm feito críticas às práticas admitidas pelo candomblé e pela umbanda. Ataques indiretos entre católicos e evangélicos também têm se mostrado comuns, mesmo entre membros da bancada da Câmara Federal de Brasília (deputados).

Entre as prováveis causas para tal intolerância estariam os preconceitos enraizados na cultura brasileira contra as crenças afro-brasileiras, a busca por adeptos e a discussão de temas polêmicos tais como novos arranjos familiares, a questão do aborto e o ensino religioso nas escolas.

Seja como for, pode-se afirmar que há uma democratização religiosa no Brasil, apesar da manutenção de preconceitos que perduram em relação às religiões não cristãs.

A ligação entre o cristianismo católico e a cultura brasileira é histórica. No entanto, nas últimas décadas, o catolicismo perde adeptos no país e há um crescimento dos segmentos cristãos protestantes. A provável causa da perda seria a postura conservadora da Igreja Católica frente a determinadas questões contemporâneas. Outra possibilidade seria a falta de respostas católicas a alguns anseios e preocupações pessoais dos brasileiros, caso do desemprego, da má distribuição de renda e ausência de perspectivas futuras. Observe:

PROPORÇÃO DE PESSOAS POR GRUPOS DE RELIGIÃO – BRASIL 1991/2010

	1991	2000	2010
Católicos romanos	**83%**	**73,6%**	**64,6%**
Evangélicos	**9%**	**15,4%**	**22,2%**
Evangélicos pentecostais e neo	**3%**	**4,1%**	**4,0%**
Evangélicos não determinados	**0,4%**	**1,0%**	**4,8%**
Espíritas	**1,1%**	**1,3%**	**2,0%**
Umbandistas e candomblecistas	**0,4%**	**0,3%**	**0,3%**
Outros	**1,4%**	**1,8%**	**2,7%**
Sem religião	**4,2%**	**7,4%**	**8,0%**
Não sabe/não declarou	**0,4%**	**0,2%**	**0,1%**

Fonte: censos do Instituto Brasileiro de Geografia e Estatística (IBGE) 1991, 2000 e 2010

E EU COM ISTO?

Sendo o ponto inicial no processo de socialização do indivíduo e o espaço da intimidade do indivíduo, mesmo sendo, por vezes, conflituosa em suas relações, a família é o espaço onde aprendemos a conviver, a lidar com as diferenças e mesmo com a diversidade. Neste sentido, ao transformar-se continuamente, afeta o indivíduo como pessoa, seja em sua formação primária, seja na sua personalidade. Neste sentido, entender como são processadas as modificações familiares pode nos fazer entender a nós mesmos. Até porque foi o tempo em que a função básica da família era a de transmitir valores e tradições. Atualmente sua tendência é a de privilegiar a construção do indivíduo enquanto ser.

Sob o ponto de vista das Ciências Humanas e Sociais, o estudo da religião atua no sentido de regular e controlar condutas individuais. Da mesma forma que no caso da Família, analisar suas transformações e posições, nos ajuda a entender como se relacionam aspectos da vida social como a economia e mesmo uma conjuntura política.

EONDE ENTRA A MATEMÁTICA?

O que pode haver de relação entre a matemática, família e religião? Vivemos em mundo fragmentado, ciência de um lado, religião de outro, e parece haver um abismo profundo entre ambas. Mas não é o caso da Família, que nos acompanha a vida toda, mesmo que tenhamos nos distanciado de nosso grupo familiar original.

Uma família, em normalidade, cozinha, mesmo que de forma esporádica. E a utilização da matemática para a cozinha é quase obrigatória e, normalmente, a regra de três é muito aplicada. Quando se planeja a aquisição de um imóvel próprio para a família, o plano mexe com todos, direta e indiretamente. Quando fazemos algum tipo de reparo em nossa casa, misturamos diversos produtos, calculamos ângulos (reto, seno, cosseno) para a colocação de um móvel ou de uma prateleira misturar vários produtos, calcular ângulos para colocar uma prateleira. Da mesma forma, usamos a matemática para o cálculo de nossos gastos familiares, Até mesmo o portão de acesso ao domicílio (de quem o possui) se abre através de sistemas eletrônicos que não poderiam ser desenvolvidos sem a matemática.

No caso da religião e religiosidade, a matemática é fundamental como veremos em alguns exemplos práticos. Peguemos o exemplo do Terço católico. Você sabia que sua denominação provém da tradição de que um Terço do Rosário (50 orações) faz referência ao número de orações calculado em 150?

NA PRÁTICA

I – Cálculo de Calendários

Desde a Idade Média marcamos o tempo a partir do nascimento de Jesus. Os egípcios contavam o tempo a partir de 2782 aC; os babilônios a partir de 747 aC; os judeus contam o tempo a partir da suposta criação do mundo, em 5.736 aC; os gregos começaram nas Olimpíadas, em 776 aC; o calendário romano iniciou-se com a fundação de Roma, em 753 aC, e foi usado até 527 dC, inclusive pelos cristãos. O calendário Juliano, criado por Júlio César, iniciava em 708 aC; os muçulmanos contam o tempo a partir da fuga de Maomé (Hégira, 622 dC). Vale lembrar que o calendário Juliano foi corrigido em janeiro de 1582 pelo papa Gregório no século XIII, quando o ano ganhou a conformação definitiva que temos hoje (calendário cristão). Dessa forma, o início de cada ano varia de um calendário para outro. Veja abaixo:

Calendário	**Início**
Universal (Gregoriano	**em 1° de janeiro (Confraternização Universal)**
Muçulmano	**em 19 de maio (*mês de muharram*)**
Judaico	**em (*mês de tishrê*)**

CALCULE: caso peguemos o ano de 1998 da Era Cristã, ele corresponderia a que ano na Era Judaica, na Era Islâmica*, na Era Romana, na Era Juliana?19 RACIOCÍNIO LÓGICO

*Para se converter a data do calendário muçulmano para o calendário gregoriano, é necessário considerar que entre o ano lunar muçulmano e o ano gregoriano, existe uma diferença de aproximada de onze dias por ano. Vale lembrar que o calendário muçulmano é lunar e não solar, ou seja, os meses do ano islâmico não estão relacionados com as estações, que são fundamentalmente determinados pelo ciclo solar.

II. Os árabes e a matemática

A obra *O Homem que Calculava* narra as aventuras de um singular calculista persa. É um romance infanto-juvenil do fictício escritor Malba Tahan (heterônimo do professor brasileiro Julio César de Mello e Souza; significado do nome: *crente de Allah e de seu santo profeta Maomé*), que narra as aventuras e proezas matemáticas do calculista persa Beremiz Samir na Bagdá do século XIII. Por meio da fantasia e do encantamento das lendas árabes, o autor difundiu o gosto e a curiosidade pelo mundo da matemática. Mas por que árabes? Simples, porque cabe a eles o desenvolvimento completo do sistema decimal, a sistematizaçã do estudo da álgebra, o início do estudo das relações entre a álgebra e a geometria, a reestruturação das regras da combinatória e avanços importantes no estudo da trigonometria plana e esférica.

Nesta passagem, Beremiz – o homem que calculava – e seu colega de jornada encontraram três homens que discutiam acaloradamente ao pé de um lote de camelos.

Por entre pragas e impropérios gritavam, furiosos:

- Não pode ser!

- Isto é um roubo!

- Não aceito!

O inteligente Beremiz procurou informar-se do que se tratava.

- Somos irmãos – esclareceu o mais velho – e recebemos como heranças esses 35 camelos. Segundo vontade de nosso pai devo receber a metade, o meu irmão Hamed uma terça parte e o mais moço, Harin, deve receber apenas a nona parte do lote de camelos. Contudo, não sabemos como realizar a partilha, visto que a mesma não é exata.

19 resposta: 5759 da Era Judaica; 1419 da Era Islâmica; 1245 da Era Romana; 1950 na Era Juliana

- É muito simples – falou o Homem que Calculava. Encarrego-me de realizar, com justiça, a divisão se me permitirem que junte aos 35 camelos da herança este belo animal, pertencente a meu amigo de jornada, que nos trouxe até aqui.

E, assim foi feito.

- Agora – disse Beremiz – de posse dos 36 camelos, farei a divisão justa e exata.

Voltando-se para o mais velho dos irmãos, assim falou:

- Deverias receber a metade de 35, ou seja, 17, 5. Receberás a metade de 36, portanto, 18. Nada tens a reclamar, pois é claro que saíste lucrando com esta divisão.

E, dirigindo-se ao segundo herdeiro, continuou:

- E tu, deverias receber um terço de 35, isto é, 11 e pouco. Vais receber um terço de 36, ou seja, 12. Não poderás protestar, pois tu também saíste com visível lucro na transação.

Por fim, disse ao mais novo:

- Tu, segundo a vontade de teu pai, deverias receber a nona parte de 35, isto é, 3 e tanto. Vais receber uma nona parte de 36, ou seja, 4. Teu lucro foi igualmente notável.

E, concluiu com segurança e serenidade:

- Pela vantajosa divisão realizada, couberam 18 camelos ao primeiro, 12 ao segundo, e 4 ao terceiro, o que dá um resultado (18+12+4) de 34 camelos. Dos 36 camelos, sobraram, portanto, dois. Um pertence a meu amigo de jornada. O outro, cabe por direito a mim, por ter resolvido, a contento de todos, o complicado problema da herança!

- Sois inteligente, ó Estrangeiro! – exclamou o mais velho dos irmãos. Aceitamos a vossa partilha na certeza de que foi feita com justiça e equidade!

RESPONDA: COMO FOI SOLUCIONADO O PROBLEMA?[20]

III. Gastos familiares

Construa uma tabela com suas receitas e despesas

---

20 resposta: O total de 35 camelos, de acordo com o enunciado da história, deve ser repartido, pelos três herdeiros, do seguinte modo:

- O mais velho deveria receber a metade da herança, isto é, 17 camelos e meio.
- O segundo deveria receber um terço da herança, isto é, 11 camelos e dois terços.
- O terceiro, mais moço, deveria receber um nono da herança, isto é, 3 camelos e oito nonos. Feita a partilha, de acordo com as determinações do testador, haveria uma sobra.

17 e 1/2 + 11 e 2/3 + 3 e 8/9 = 33 e 1/18

Observe que a soma das três partes não é igual a 35, mas sim a 33 e 1/18. Há, portanto, uma sobra que seria de um camelo e 17/18 de camelo.

Continua depois da publicidade

A fração 17/18 exprime a soma 1/2 + 1/3 + 1/9, frações que representam pequenas sobras. Aumentando-se de 1/2 a parte do primeiro herdeiro, este passaria a receber a conta certa de 18 camelos; aumentando-se de 1/3 a parte do segundo, este passaria a receber um número exato de 12 aumentando se de 1/9 a parte do terceiro herdeiro, este receberia exatos quatro camelos. Observe porém que consumidas com esse aumento as três pequenas sobras, ainda há um camelo fora da partilha.

Como fazer esse aumento das partes de cada herdeiro?

Esse aumento foi feito admitindo-se que o total de camelos não era 356, mas 36 camelos (com o acréscimo de 1 ao dividendo).

Mas, sendo o dividendo 36, a sobra passaria a ser de dois camelos.

Tudo resultou, em resumo, do fato seguinte: Houve um erro do testador.

A metade de um todo, mais a terça parte desse todo, mais um nono desse todo, não é igual ao todo. Vejam:

1/2 + 1/3 + 1/9 = 17/18

Para completar o todo, falta, ainda, 1/18 desse todo. O todo, no caso, é a herança dos 35 camelos.

1/18 de 35, é igual a 35/18

A fração 35/18 é igual a 1 e 17/18

Conclusão feita a partilha, de acordo com o testador, ainda haveria uma sobra de 1 e 17/18.

Beremiz, com o artifício empregado, distribuiu os 17/18 pelos três herdeiros (aumentando a parte de cada um) e ficou com a parte inteira da fração excedente.

TABELA A - RENDA FAMILIAR

1. Salário líquido (soma de toda a família)
2. Ganhos Extras (bicos, pensões etc.)
3. Outros

TOTAL: ____________________

TABELA B – DESPESAS FIXAS E EVENTUAIS

1. Aluguel
2. Financiamento do domicílio
3. Prestações (seguros, automóvel, mensalidade escolar, plano de saúde)
4. Contas de água, luz, telefone , gás, etc
5. Despesas com alimentação familiar (supermercado, feira etc)
6. Serviços domésticos (tal como consertos e reparos; diarista; outros)
7. Lazer (shows, cinema, shoppings etc)
8. Reserva para imprevistos
9. Impostos e Tributos (IPTU, Imposto de Renda etc)
10. Mensalidade(s) escolar(es)
11. OUTROS

TOTAL: ____________________

CALCULE: A - B

IV. Genética e probabilidade

A Genética é outra área que utiliza as teorias da probabilidade. Os acontecimentos nesse ramo da Biologia envolvem eventos aleatórios, como o encontro dos gametas masculinos e femininos com determinados genes na fecundação. Vale lembrar que nenhuma ciência surge do acaso: sempre traz em sua estrutura resquícios de outras ciências. É o que se verifica quando falamos em Genética, que apresenta junto a si conceitos e as aplicações da matemática. Para que Mendel pudesse chegar aos seus resultados, utilizou muitos métodos estatísticos, calculando as probabilidades de ocorrer os eventos. A probabilidade serve para estimar matematicamente a possibilidade de ocorrer eventos que acontecem ao acaso. Pode ser definida pela seguinte fórmula: P (A) = A/S, onde **P** é a probabilidade de um evento ocorrer, **A** é o número de eventos desejados e **S** é o número total de eventos possíveis.

RESOLVA: Suponhamos que a cor dos olhos seja estabelecida por pares de genes, onde C seja dominante para olho escuro e c recessivo para olho claro. Um homem que possua os olhos escuros, mas com mãe de olhos claros, casou-se com uma mulher de olhos claros cujo pai possui olhos escuros. Determine a probabilidade de nascer uma menina de olhos claros.

RESPOSTA:___________________[21]

PARA LER E VER

LIVROS

. PRADO, Danda. O que é família. SP: Brasiliense, 1996.
Nesta pequena obra, próprio das intenções da coleção *Primeiros Passos* – do qual faz parte este trabalho de Danda Prado -, a autora define conceitos de família, procurando contemplar seus tipos, as formas de

21 resolução: Os pares de genes do homem são: C (dominante) e c (recessivo), pois ele possui olhos escuros, mas a mãe era de olhos claros. Portanto, olho escuro (Cc)

uniões e para onde caminha esta Instituição Social.
. **ELIADE, Mircea. O Sagrado e o Profano.** SP: Martins Fontes, 1992 (tradução de Rogério Fernandes)
Obra também clássica que apresenta as formas religiosas do mundo em seus vários momentos históricos. A princípio, o iniciante pode considerá-la de difícil leitura. Porém, tendo paciência, permitirá que o autor conduza o leitor a novas visões sobre religião e relação com o mundo.

FILMES

. **EU, TU, ELES (Brasil, 2000) (Direção de Andrucha Waddington).**
Filme que relata relações de família poliândrica no Nordeste brasileiro. Baseado em fatos reais.
. **A MISSÃO (Direção de Roland Joffé).**
Reino Unido: Warner Bros. Pictures, 1986. Fita narra a luta entre jesuítas que reuniam indígenas nas missões para catequizá-los e os mercenários que atacavam essas comunidades para aprisionar os nativos e vende-los como escravos.

SITE

. Novas formas de amor e união afetiva que redefinem a noção de família nos tempos contemporâneos.
http://p.p4ed.com/XMOVZ

REFLITA SOBRE

Família, família

Papai, mamãe, titia.

Almoça junto todo dia

Nunca perde essa mania.

(...)

O choro do nenê é estridente

Assim não dá pra ver televisão

(...)

Família, família

Cachorro, gato, galinha.

Família, família

(...)

A mãe morre de medo de barata,

O pai vive com medo de ladrão,

Jogaram inseticida pela casa

Botaram cadeado no portão.

Família é

Família a

Família

Família, de Arnaldo Antunes e Tony Bellotto (Titãs, WGA, 1986).

O modelo apontado de família pela letra desta música pode ser identificado como de classe média, com forte sentimento patriarcal e com orientação disciplinar.

Aproveite o modelo de família apresentado pela canção e, a partir do que foi exposto neste capítulo sobre a Instituição Família e seus vários arranjos contemporâneos, descreva a sua, procurando classificá-la de acordo com a teoria apresentada. Você observa transformações em sua estrutura familiar nos dias contemporâneos? Aponte-as.

ATIVIDADES

1. Práticas sugeridas: a) pesquise, em seu bairro ou zona residencial, o número de Igrejas existente; b) observe a presença geográfica (posicionamento urbano ou rural) das Igrejas, tais como localização, tipo de imóvel utilizado, perfil econômico e social dos integrantes de cada templo identificado e doutrinas religiosas seguidas; c) apresente em sala os dados obtidos; d) debata com a turma os seguinte temas: a) *"a tendência religiosa diverge conforme as condições sociais e de renda dos indivíduos?"; b) "a Igreja deve atuar nas questões políticas e sociais voltadas à saúde, à habitação, à reforma agrária etc.?*
2. Quais fatores contribuíram para as mudanças significativas das últimas décadas na Instituição social Família?
3. Existem muitas diferenças entre as culturas cristã e islâmica. Uma das principais diz respeito ao Calendário. Enquanto o Calendário Cristão (Gregoriano) considera um ano como o período correspondente ao movimento de translação da Terra em torno do Sol - aproximadamente 365 dias, o Calendário Muçulmano se baseia nos movimentos de translação da Lua em torno da Terra - aproximadamente 12 por ano, o que corresponde a anos intercalados de 254 e 255 dias. Considerando que o Calendário Muçulmano teve início em 622 da era cristã e que cada 33 anos muçulmanos correspondem a 32 anos cristãos, é possível estabelecer uma correspondência aproximada de anos entre os dois calendários, dada por: C = Anos Cristãos e M = Anos Muçulmanos a)

   a) C = M + 622 – (M/33).

   b) C = M – 622 + (C – 622/32).

   c) C = M – 622 – (M/33).

   d) C = M – 622 + (C – 622/33).

   e) C = M + 622 – (M/32)[22].

22 resposta: Como para cada 32 anos cristãos temos 33 anos muçulmanos, podemos fazer: C/M = 32/33 – C = 32M/33. Mas o calendário cristão já existia há 622 anos quando o calendário. Logo: C = 32M/33 + 622 --- C=M +622 – (M/33). Portanto, **Alternativa A.**

3
POLÍTICA, PODER E ESTADO

Abertura

O poder está presente em todas as relações sociais, seja na escola, seja na vida doméstica, seja nas atividades profissionais. Quando a mãe, o pai ou o responsável por um jovem permite que ele faça ou deixe de fazer alguma coisa (por exemplo, ir a uma festa), está usando seu poder. Quando um governo estabelecido aplica determinada lei, está fazendo uso do poder que lhe foi conferido pela sociedade que representa (caso eleito democraticamente). Quando um professor determina uma avaliação (prova) também está fazendo valer o poder que lhe foi atribuído.

Poder e política estão associados. E se você acredita que fazer política é para alguns poucos que entendem do assunto, engana-se. Fazemos política quando dependemos de alguém para obter algum desejo pessoal, quando amenizamos alguma discussão entre colegas e, claro, quando atuamos como cidadãos. Ou seja, fazemos política em nosso cotidiano. Também fazemos uso da palavra 'política' quando nos referimos a gestões: política da escola, de uma empresa, financeira, da Igreja, entre outros. Também costumamos pensar que determinada pessoa poderia ter sido mais política (polida) ou, de forma pejorativa, acusa-se algum indivíduo ou grupo de fazer "politicagem".

Analisemos tudo isso. Verifiquemos como a Matemática interfere ou pode interferir nisso tudo.

Fonte: (*Folha de S. Paulo*, 1°/4/2003.)
LAERTE. In: CEREJA, William Roberto; MAGALHÃES, Thereza Cochar. ***Português linguagens:*** volume 3. SP: Atual, 2004, p.221

Poder e Política

O poder é a capacidade de ação sobre indivíduos ou grupos de indivíduos. Ele sugere a existência de uma relação bem determinada na qual estão presentes quem determina e quem acata as determinações. Para que alguém ou algum grupo tenha poder é necessário que tenha força. Não obrigatoriamente uma força física, mas uma força impositiva, conquistada e atribuída.

Para Max Weber (1864-1920), os conceitos de dominação e de poder não são equivalentes já que a dominação pressupõe consentimento nas relações, o que não se dá, necessariamente, com o poder. Para ele, a burocracia se organiza no interior de uma estrutura hierárquica de poder no formato piramidal[1], onde as ordens vêm de cima para baixo e são cumpridas integralmente pelo corpo de funcionários do Estado, com cada membro cumprindo sua função,

1 piramidal = em forma de pirâmide, seguindo uma hierarquia ou graduação (ordem)

No contexto histórico da humanidade sempre houve lutas pela conquista e pela manutenção do poder ou contra a opressão do poder estabelecido. Isso ocorreu, por exemplo, nas civilizações orientais antigas, na Europa medieval feudal, durante a estruturação dos Estados nacionais modernos, na luta pela instauração do liberalismo, durante a instalação dos regimes totalitários fascistas e também na busca por sua derrocada. No mundo contemporâneo é possível observar exemplos de disputas por espaços políticos ou protestos contra governos, como as revoltas populares contra as ditaduras de alguns países árabes ocorridas no início da década de 2010 que ficaram conhecidas como *Primavera Árabe*[2].

Política, por sua vez, relaciona-se à discussão da organização do espaço comum. Ou seja, para a Ciência Política, em sentido geral, são políticos os atos ou instituições que definem a ordem da convivência que realize o bem público, equilibrando as ações sociais.

O Estado detém o poder político. E devemos entender Estado como uma instituição social que representa a *população, o território e o governo.*

Émile Durkheim (1858-1917) afirmou que o Estado é a instituição fundamental que fundamenta e garante a liberdade dos indivíduos, confirmando ainda que essa Instituição Social expressa a vida social, sendo sua função organizar a sociedade para assegurar ao indivíduo seu pleno desenvolvimento, o que seria feito por meio da educação pública desvinculada de fins religiosos.

Karl Marx (1818-1883) não chegou a formular pressupostos teóricos determinantes sobre o poder e Estado. No entanto, juntamente com Friedrich Engels (1820-1895), na obra *O Manifesto Comunista* (1848), apontou que o Estado seria apenas uma expressão jurídico-política da sociedade burguesa, ou seja, defensor dos interesses da classe dominante dentro do sistema capitalista e a democracia representativa apenas uma forma mais conveniente criada para fazer com que os indivíduos acreditem ser iguais, livres e independentes

O governo rege politicamente o Estado e exige que sejam cumpridas as normas de conduta estabelecidas. Para tanto, pode fazer uso da violência e limitar as ações dos indivíduos ao determinar que sigam comportamentos baseados em normas.

O fortalecimento do Estado moderno resultou do absolutismo monárquico instaurado em vários países europeus a partir do século XIV. No entanto, a partir do século XVII, o absolutismo foi superado pelo liberalismo burguês, uma vez que a burguesia não apoiava a intervenção do Estado na ordem econômica e política.

Ao longo dos séculos XIV e XV, Estados absolutistas foram delineados em Portugal, na Espanha, na Inglaterra, na França, entre outros países.

Nessa conjuntura, durante o século XV, apesar de ainda persistirem elementos da política, da sociedade e da economia feudal, a maioria dos Estados europeus se viu dominada por monarquias absolutistas que impuseram seu poder por meio de alguns recursos: o emprego de funcionários especializados com a missão da cobrança de impostos, a instalação de um centro de governo com sede e capital que se tornaria referência de poder e a arregimentação de um exército nacional fiel ao rei e que ajudou a impor a autoridade real aos súditos.

O soberano demandava limites rígidos à liberdade dos indivíduos, submetendo-os aos interesses coletivos. Os subordinados ao rei deveriam respeitar os privilegiados e suas regalias, pois não havia espaço para os menos favorecidos. A principal característica do Estado absolutista foi a concentração total do poder político nas mãos de um soberano, geralmente legitimado pelo direito divino.

Para incrementar o comércio e as manufaturas, o Estado desenvolvia e incentivava as práticas mercantilistas[3] por meio de um forte intervencionismo. Além disso, organizando a expansão marítima e administrando a exploração de colônias, o rei garantia lucros e enriquecimento à ordem social burguesa.

Pensadores como Nicolau Maquiavel (1469-1527) e Thomas Hobbes (1588-1679) justificaram o Estado absolutista como forma de controlar os camponeses independentes e adequar o país às aspirações da burguesia comercial emergente.

---

2 primavera árabe = onde de manifestações nos países árabes em prol da democracia

3 mercantilismo = política econômica vigente entre os séculos XVI e XVIII na Europa que atribuía o poder do Estado à capacidade deste em acumular metais preciosos. Uma das características pela busca de acumulação foi a busca e exploração de colônias na América

Maquiavel defendia a verdade na ação. Acreditava que os esquemas dedutivos[4], próprios da Idade Média, iriam se tornar obsoletos (posição generalizada entre os renascentistas) e a abordagem histórica prevaleceria. Em várias de suas obras, como *Comentários sobre a primeira década de Tito Lívio, Mandrágora* e, especialmente, *O Príncipe* (1513), Maquiavel defendeu a unificação através de um absolutista, embora sua preferência sempre tenha sido por uma República.

Cerca de dois séculos após Maquiavel defender suas visões, o iluminista suíço Jean-Jacques Rousseau (1712-1778) fundamentou seus pensamentos em torno da soberania popular e por um Estado liberal. Autor de obras como *O Contrato Social,* Rousseau considerou o aparecimento da propriedade privada um mal inevitável. Porém, ela deveria ser limitada, impedindo o surgimento de grandes proprietários. Para Rousseau, o ideal democrático deve prevalecer e o soberano máximo deve representar a vontade geral do povo. No campo da economia, o liberalismo tem no escocês Adam Smith (1723-1790) e no inglês David Ricardo (1763-1834) seus principais representantes. Para Smith, em obras como *Investigação sobre a natureza e As Causas da Riqueza das Nações*, a livre concorrência entre capitalistas constitui a situação perfeita para a distribuição eficaz dos bens entre consumidores e empresas (naquilo que Smith chamou de *mão invisível);* ou seja, haveria um ordenamento perfeito no funcionamento das atividades econômicas, cuja produção se dá pela necessidade do consumo, não podendo haver qualquer intervenção externa a esta lógica. Dessa forma, a economia deveria se guiar por si mesma, sem qualquer restrição ou regulamentação, guiando-se apenas pela lei da oferta e da procura. Assim, se o preço de um determinado produto estivesse baixo, caberia aos fabricantes diminuírem sua produção, o que forçaria o preço a aumentar; da mesma forma, caso os preços estivessem altos, outros fabricantes deveriam produzi-lo em maior quantidade, o que forçaria os preços a baixarem. A economia buscaria um equilíbrio entre oferta e procura.

Fonte: Reprodução

O Iluminismo pregou a busca da razão, a crença nos direitos e leis naturais, criticou o absolutismo e apregoou o liberalismo.

As ideias iluministas, além de influenciarem as transformações políticas e sociais que ocorreram na Europa (como o estabelecimento das monarquias constitucionais e a ascensão da burguesia como classe sócia) ultrapassaram os limites geográficos e chegaram às Américas, onde deram força aos movimentos de inde-

4 esquemas dedutivos = raciocínio que consiste em chegar a uma conclusão sobre algo particular a partir de uma verdade considerada universal

pendência. Exemplo disso foi a Declaração de Independência dos Estados Unidos da América, assinada em 04 de julho de 1776.

A implementação do Estado Liberal permitiu à burguesia, a partir do século XVIII, transformar-se em classe dirigente, podendo avançar em seus propósitos maiores: a conquista de graus mais elevados no sistema capitalista (leia-se industrialismo). O processo intenso de industrialização, ao gerar situações sociais como a exploração de trabalhadores urbanos e rurais e diferenças sociais consistentes, trouxe à tona diversas teorias com o propósito de compreender, deter ou mesmo solucionar vários desses problemas, caso das visões socialistas e comunistas.

Socialismo e *comunismo* são termos que surgiram na França durante a década de 1830. O primeiro corresponde, em termos gerais, a uma contestação ao individualismo liberal. O segundo tem o sentido (embora impreciso) de igualdade econômica e social.

Segundo Karl Marx (1818-1883), através do *socialismo científico* o operariado superaria o capitalismo e, consequentemente, a exploração, por meio da revolução, instaurando uma sociedade sem classes. Em uma primeira etapa revolucionária haveria a socialização dos meios de produção e o controle do Estado pela ditadura do proletariado. Num momento seguinte seria estabelecido o comunismo, no qual todas as desigualdades econômicas e sociais desapareceriam, assim como o Estado.

No período que antecedeu a Revolução de 1917, a Rússia vivia sob o regime absolutista. O poder se concentrava nas mãos do czar[5] Nicolau II, que governou o país de 1894 a 1917. O governante se confundia com o próprio Estado e agia politicamente em função da grandeza imperial e da ampliação de seu poder, com a burguesia totalmente atrelada à sua autocracia[6].

Ao assumirem o poder na Rússia, os *bolcheviques* de Lênin, Trotsky e Stálin decretaram imediatamente a reforma agrária, com o confisco das terras da Igreja Ortodoxa e da aristocracia rural e sua distribuição aos camponeses por comitês agrários, além de estatizarem bancos e fábricas, que passaram a ser controladas pelos próprios operários (*soviets).* Foi proposta a paz imediata com a Alemanha (assinada em 03 de março de 1918 através do Tratado de Brest-Litovski, pela qual a Rússia perdeu vastos territórios e grande parte de sua estrutura industrial).

Como todo governo revolucionário iniciado com um golpe de Estado seguido de modificação completa do modelo político-econômico, o governo bolchevique teve que agir com firmeza para poder controlar as forças conservadoras e revolucionárias que se ergueram contra o regime estabelecido, o que não o impediu de enfrentar uma nova onda revolucionária interna desejosa de interromper os caminhos socialistas trilhados.

Os caminhos determinados para a Rússia (transformada em União das Repúblicas Socialistas Soviéticas em 1923) a partir da morte de Lênin (1924) e a ascensão de Stálin, não foram sem percalços. Após a Segunda Guerra Mundial (1939-1945), a URSS e países sob sua influência, passaram por um amplo crescimento econômico e por profundas transformações sociais, resultado de uma centralização político-administrativa empreendida pelos Estados que se tornaram dirigentes, produtores, empregadores e reguladores. Tal centralização gerou problemas crônicos como a baixa produtividade do trabalho, falta de inovação tecnológica, desperdício de recursos e inaptidão qualitativa e quantitativa de produção. Tais aspectos formaram a imagem do *socialismo real.*

A Revolução Russa tem, para o século XX, a mesma importância que a Revolução Francesa teve para os séculos XVIII e XIX, pois modificou a História ao colocar em prática o Estado socialista há muito proposto por pensadores como Karl Marx.

5 czar = título dado a imperador (imperatriz) russo(a)

6 autocracia = forma de governo em que o Estado é dominado por um absolutista

Fonte: Reprodução

Em outubro de 1917, bolcheviques liderados por Lênin tomaram o poder e instalaram regime socialista

A crise do capitalismo após a Primeira Guerra Mundial (1914-1918) gerou uma crise democrática, o que constituiu uma série de propostas, inclusive a de um novo regime político que ficou conhecido como *fascismo*.

O primeiro país a constituir um regime *fascista* foi a Itália, quando Benito Mussolini organizou um Estado forte e antidemocrático, a partir de 1925. Também foram fascistas os regimes implantados por Adolf Hitler em 1933 na Alemanha e por Francisco Franco em 1936, na Espanha.

O fascismo surgiu para tentar resolver as contradições do próprio sistema capitalista, ameaçado pela falência de empresas e pela crise social instalada após o primeiro grande conflito mundial. Para reduzir os salários e os seguros sociais, além de aumentar impostos e subvencionar empresas com vantagens fiscais e construir grandes obras públicas (forma de gerar novos empregos e recuperar a economia de um país), a democracia liberal passou a ser atacada. Afinal, a liberdade de imprensa, a organização sindical livre e o direito de greve poderiam atrapalhar o projeto.

O fascismo constituiu-se como um regime estatal antidemocrático (julgava a democracia incapaz de defender a grandeza da nação e nociva por permitir diferentes opiniões e partidos políticos), nacionalista, antissocialista, anticomunista, intervencionista, totalitário[7], corporativista[8] e impôs bandeira como a da superioridade racial (teoria incorporada ao fascismo alemão, ou seja, ao nazismo).

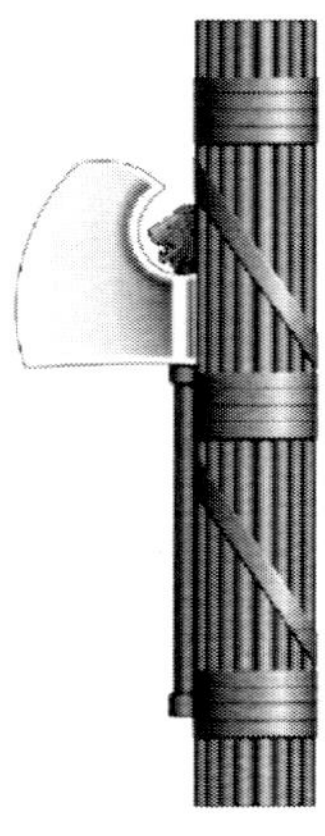

Fonte: Reprodução

O Fascismo pode ser definido como uma ideologia e um sistema político. Foi introduzido na Itália por Mussolini e vigorou no período de 1922 a 1945. Em muitas ocasiões, os símbolos permanecem mais vivos na memória do que os fatos que os geraram. Acima, símbolo do fascismo (do termo fasci = feixe de varas atado a um martelo), simbolizando um Estado totalitário.

7 totalitário = regime governamental que centraliza todos os poderes

8 corporativismo = doutrina que substitui a não intervenção do Estado na economia (característica do Estado Liberal) pelo dirigismo a cargo do Estado corporativo, unificando os sindicatos de patrões e de empregados do mesmo ramo, com a finalidade de harmonizar seus interesses

COLÔNIA CECÍLIA: UMA EXPERIÊNCIA ANARQUISTA NO BRASIL

Ao final do século XIX, o Paraná era ainda uma região pouco explorada. Não tinha mais do que dispersos 150 mil habitantes e umas poucas vilas abriam clarões em meio a imensas florestas de pinheiros. Pisando a terra prometida, os pioneiros anarquistas trataram de reconhecer o local. O entusiasmo era geral.

(...)

O trabalho da edificação da Colônia começava. Decidiu-se que seriam ranchos coletivos para os solteiros e ranchos menores para os casados que preferissem habitação própria.

(...)

Superado o entusiasmo inicial, Rossi* percebia que a Colônia apontava para dificuldades. Já nos primeiros dias faltava comida. Ele sabia que ali estavam pessoas que só podiam contar com seus próprios esforços para sobreviver. Era preciso ser forte para não abandonar os compromissos de solidariedade e integridade assumidos com o grupo.

(...)

Depois de um mês de trabalho, a área já estava modificada, com um pequeno número de cabanas de madeira dispostas em semicírculo.

(...)

Pouco tempo bastou para que a Casa do Amor estivesse plenamente edificada. O nome era uma alusão à Casa do Povo, local de reuniões dos anarquistas de Milão. Era o espaço reservado para as assembleias, que discutiriam os problemas da Colônia, para as palestras, os estudos, as apresentações teatrais. Era, enfim, o centro da vida cultural e política da Cecília.

(...)

Assim, apesar das dificuldades, a Colônia Cecília se formava. Os sonhos iam se ajustando à realidade, e a realidade ia sendo modificada pelo trabalho duro de todos. Já estavam em 1891.

*Giovanni Rossi, agrônomo, jornalista e filósofo italiano, um dos principais idealizadores da experiência anarquista da Colônia Cecília.

KUPPER, A. Colônia Cecília, uma experiência anarquista. SP: FTD, 1993, páginas 12 a 15.

Fonte: Reprodução

Grandes contingentes de imigrantes vieram para o Brasil entre 1870 e 1920. Muitos traziam na bagagem o sonho de uma sociedade igualitária e livre dos poderes do Estado, como os anarquistas italianos que ergueram a experiência anarquista da Colônia Cecília, no Paraná, ao final do século XX.

Fonte: Acervo pessoal

As bases teóricas do *welfare state* foram, em grande parte, formuladas pelo economista britânico John Maynard Keynes (1883-1946) como forma de organização do Estado e passou a ser colocada em prática quando o governo estadunidense estabeleceu políticas públicas para superar os efeitos da crise de 1929[9]. Pela teoria keynesiana, o Estado deveria passar a intervir na vida econômica, procurando solucionar do problema do desemprego e desencorajar o entesouramento[10] em proveito das despesas produtivas, por meio da redução das taxas de juros e do incremento dos investimentos públicos. Foi o que fez o presidente dos EUA Franklin Delano Roosevelt (1882-1945), que interveio firmemente na economia para combater a crise que atingia todos os setores do país ao instituir o *New Deal*, programa que se baseava principalmente em três propostas: revigoramento econômico, saneamento da agricultura e combate ao desemprego, especialmente com a implantação de programas de bem-estar social, como o seguro-desemprego. Para tanto, o Estado passou a intervir na economia, limitando a autonomia das empresas particulares.

Por conta do colapso da economia dos EUA, que se refletiu em quase todos os países, o liberalismo foi descartado como política econômica, porém, nos anos contemporâneos tem se firmado em torno do projeto neoliberal.

O *neoliberalismo* emergiu a partir da década de 1970 e organizou-se, em definitivo, a partir do Consenso de Washington de 1989. Pode ser entendido como um conjunto de ideias e visões políticas e econômicas que defende a não intervenção do Estado na economia, a não ser que ser em casos específicos e determinados como a manipulação do mercado através da formação de monopólios e oligopólios e na regulação das normas de saúde, segurança e meio ambiente. Um país neoliberal – caso do Brasil – deve primar pelo fim das restrições à entrada de capital externo, pela abertura econômica e consequente redução das alíquotas de importações, pela abertura financeira (com o fim das dificuldades para a instalação de instituições financeiras), pela redução dos gastos do Estado, pela redução do tamanho do Estado (através, principalmente, das privatizações de empresas estatais), pela desregulamentação da economia através da redução das regras

9 crise de 1929 = maior crise econômica do capitalismo, iniciada a partir do aumento da produção estadunidense durante a I Guerra Mundial (1914-1918) e diminuição paulatina do consumo

10 entesouramento = enriquecimento do Estado

do Governo para o funcionamento da economia, pela reforma previdenciária (no Brasil, a última reforma foi estabelecida em 2019), pela fiscalização dos gastos públicos que evitem gastos exagerados e pelos investimentos em infraestrutura que permitam a atração de investimentos estrangeiros.

Ao analisarmos as formas adquiridas pelo Estado como rapidamente o fizemos, concentramos discussões sobre poder e política vinculadas à ordem estatal.

Pensadores como o francês Michel Foucault (1926-1984), no entanto, analisam o poder e a política de forma desvinculada do Estado. Para Foucault, as instituições procuram disciplinar o indivíduo desde seu nascimento, seja através da família, da escola, do ambiente de trabalho ou mesmo no sistema prisional, ditando formas de conduta, como que adestrando as pessoas para que as mesmas aceitem o estabelecido e convencionado, no que podemos intitular *sociedade disciplinar.*

Para outros pensadores como Theodor Adorno (1903-1969), mais do que disciplinar, passamos (particularmente nas últimas décadas) a viver uma sociedade de controle, com os indivíduos sendo dirigidos através dos meios de comunicação, da moda e do marketing, que direcionam suas ações e comportamentos.

Uma das formas de controle social vincula-se também à ideia de nacionalismo e nação (é importante que façamos distinção entre Estado e Nação, já que o conceito de nação relaciona-se a um povo que compartilha de uma mesma história, dos mesmos valores, dos mesmos símbolos e, com frequência, da mesma língua, não cabendo, obrigatoriamente, em um Estado)

Para Benedict Anderson, na obra *Comunidades Imaginadas*[11], a imprensa e o capitalismo editorial constroem desejos, projeções e legitimidade emocional ao criarem a visão de nacionalismo, procurando dar um sentido de horizontalidade aos indivíduos que compartilham o mesmo espaço. Ainda segundo Anderson, o nacionalismo se constrói através de símbolos como bandeiras, heróis, mapas, censos, túmulo de soldados desconhecidos, entre outros, inserindo a pessoa a sentimentos que a amarram a um contexto social, moldando-a.

COM A PALAVRA, BENEDICT ANDERSON

> **(...) o nacionalismo, ao contrário da maioria dos outros "ismos", nunca gerou grandes pensadores próprios: nenhum Hobbes, Tocqueville, Marx ou Weber. Esse "vazio" cria certa condescendência entre os intelectuais cosmopolitas e poliglotas. (...) O 'nacionalismo' é a patologia da história do desenvolvimento moderno, tão inevitável quanto a 'neurose' no indivíduo, e que guarda muito da mesma ambiguidade de essência, da tendência interna de cair na loucura, enraizada nos dilemas do desamparo imposto à maior parte do mundo, sendo em larga medida incurável.**
>
> **(...)**
>
> **Assim, dentro de um espírito antropológico, proponho a seguinte definição de nação: uma comunidade política imaginada – e imaginada como sendo intrinsecamente limitada e, ao mesmo tempo, soberana.**
>
> **Ela é imaginada porque mesmo os membros da mais minúscula das nações jamais conhecerão, encontrarão, ou sequer ouvirão falar da maioria de seus companheiros, embora todos tenham em mente a imagem viva da comunhão entre eles.**
>
> **B. Anderson. Comunidades Imaginadas, páginas 31**

---

11 Benedict Anderson. *Comunidades imaginadas: reflexões sobre a origem e a difusão do nacionalismo.* SP: Cia. das Letras, 2008. Tradução de Denise Bottman

REALIDADE BRASILEIRA

O processo democrático brasileiro (assim como na maior parte dos países da América Latina) é recente. Como sabemos, o Brasil foi colônia de Portugal entre 1500 e 1822. Mesmo com sua emancipação, manteve-se como país periférico ao seguir as determinações e interesses externos.

Ao se tornar independente, o Brasil buscou organizar-se, estabelecendo leis próprias. Para tanto, uma Assembleia Nacional Constituinte foi instalada oficialmente em maio de 1823. As discussões travadas entre liberais e nacionalistas e os rumos dos trabalhos que não atendiam aos interesses do imperador, levaram D. Pedro a dissolver a Assembleia e impor (outorgar) a primeira Constituição do Brasil em 25 de março de 1824,

De acordo com as determinações constitucionais do Império, a forma de governo adotada seria a monarquia hereditária e quatro seriam os poderes: Executivo, Legislativo, Judiciário e Moderador, este último exercido exclusivamente pelo imperador, que teria o direito de interferir nas resoluções dos demais poderes. O monarca poderia chegar a dissolver a Câmara sempre que os deputados contrariassem suas decisões. Entre outras medidas, a Carta estabelecia ainda o voto censitário, baseado na renda mínima anual de 100 mil-réis para cada eleitor, e a manutenção da escravidão.

Embora a monarquia tenha liquidado rebeliões iniciadas no período regencial, os primeiros anos do Segundo Reinado (1840-1889) foram marcados por conflitos entre os partidos que emergiram no período regencial. Entre eles estavam o Partido Liberal e o Partido Conservador, que não tinham divergências profundas, visto que seus integrantes eram políticos originários da aristocracia rural escravista.

A saída para solucionar a crise política foi a implantação do "parlamentarismo às avessas". Com esse mecanismo político, resultado de um acordo entre a monarquia e a aristocracia rural, instituiu-se no país uma caricatura de monarquia parlamentar, já que o presidente do Conselho de Ministros deveria ser escolhido pelo imperador, e não pela Câmara. Essa medida tornou possível o equilíbrio político desejado por conservadores e liberais, iniciando-se a Era da Conciliação (1853-1868).

Para resolver a crise econômica do país no período, o governo de D. Pedro II procurou dar incentivo à produção cafeeira, favorecida pela ampliação do mercado consumidor do produto na Europa e nos Estados Unidos da América. Com a ação, um novo conjunto de alterações deu novos rumos ao país. Novos componentes sociais emergiram, ganhando força política (cafeicultores, militares, camadas urbanas). Dessa forma, interesses e modo de vida entraram em conflito com a monarquia e a escravidão, o que se desenhou no Brasil um processo lento, porém irreversível: a República chegou com um golpe em 1889, encerrando quase meio século de um reinado conciliador.

Houve transformações na estrutura do Estado brasileiro após a Proclamação da República (1889). Porém, foram mantidas características da velha estrutura colonial e do pós-independência.

O advento da República trouxe a reboque a descentralização do poder, transformando o *coronelismo* numa instituição mais forte a partir de 1898, quando de forma mais consistente o município passou a ser a base política-administrativa do país. O prestígio de um "coronel" era medido pela sua capacidade de trocar favores políticos e econômicos por votos. A prática permitia que os coronéis (o termo provém do período regencial quando da criação da Guarda Nacional, em 1831) fraudar eleições, visando conservar e aumentar esse prestígio, ao que podemos denominar *clientelismo*[12].

O coronel (geralmente um grande proprietário de terras, embora alguns coronéis tenham sido comerciantes, industriais e até religiosos) se esforçava para atender à sua clientela (no sentido de conjunto de indivíduos dependentes). Através de sua intermediação, eram obtidas obras para o município, tais como escolas e igrejas. Para seus subordinados, auxílio na doença, na morte, no vestuário, emprego e até alojamento. A condição do coronel o transformava em um chefe político local, permitindo que o mesmo controlasse o voto e a vontade de todos os que viviam sob sua dependência. Estribados no *voto de cabresto* e no controle dos *currais eleitorais*, eram os coronéis que garantiam a eleição de prefeitos, deputados e governadores. Em retribuição a esse apoio, era reservado aos coronéis o direito de indicar os ocupantes dos diversos cargos públicos locais: da professora primária ao delegado. Nesse quadro, a avaliação que se fazia do prestígio de um coronel era a sua capacidade de trocar votos por favores. Quase sempre de forma sutil. Porém, quando necessário,

12 *clientelismo* aqui entendido como a troca de bens e serviços por apoio político.

os coronéis usavam toda sorte de violência, já que possuíam exércitos privados compostos por jagunços[13] assalariados. Caso necessário, os chamados coronéis recorriam à Força Pública estadual para atingir seus objetivos de manutenção de poder.

A Revolução de 1930 pôs fim à República Velha. Ao assumir o controle político do país, Getúlio Vargas passou a adotar uma política ambígua, equilibrando-se sobre as tendências e grupos, fossem eles cafeicultores falidos por conta da Crise de 1929, a baixa oficialidade do exército brasileiro que pregava mudanças nos destinos do país (tenentes), trabalhadores que reivindicavam uma política trabalhista, industriais que precisavam do apoio governamental para seus investimentos e camadas urbanas que pleiteavam rompimentos com a estrutura até então vigente.

Durante o primeiro governo Vargas (1930-1945), o desenvolvimento econômico do país provocou o deslocamento do polo econômico do setor agrário para o industrial e de serviços, permitindo com que emergisse uma ampla massa popular urbana que passou a ser manipulada pelo Estado. Nascia o *populismo,* mais claramente reconhecido no período que vai de 1946 a 1964.

Na República Populista, as estruturas econômicas e sociais do Brasil permaneceram praticamente inalteradas: o latifúndio manteve-se intacto, o ensino continuou sendo privilégio de poucos, o capital estrangeiro manteve-se presente na economia, o movimento operário continuou controlado pelo Estado e a democracia formal não correspondia à real.

O Regime militar instalado no Brasil a partir de 31 de março de 1964 teve como objetivo impedir o avanço dos movimentos de massa na cidade e no campo pela melhoria das condições de vida. Renegando os princípios da democracia representativa, o governo militar recorreu a um arsenal de instrumentos de exceção (atos institucionais, atos complementares, decretos-leis), graças aos quais ficaram mais de vinte anos no poder. Imbuídos de um ideário salvacionista, os militares, auxiliados por uma equipe de prestigiados tecnocratas, lançaram-se à tarefa de empreender a recuperação econômica do país, numa perspectiva conservadora: atrair investidores estrangeiros, controlar a inflação com a contenção do crédito e dos salários, estimular as exportações e combater o déficit público. No período do "milagre econômico brasileiro" (1969-1973) - em que os indicadores econômicos atingiram cifras elevadas e o PIB (Produto Interno Bruto) chegou a 11,3% - a riqueza não foi repartida entre todos.

No processo de abertura democrática, a campanha das *Diretas Já* evidenciou a amplitude do descontentamento popular contra a continuação do autoritarismo militar. Ao derrotar a emenda Dante de Oliveira, o Congresso conservador contribuiu para acelerar a volta do país à democracia. Inaugurava-se a Nova República, a partir de 1985, consolidada com a promulgação da Constituição de 1988 (Constituição Cidadã, em vigor).

Principais obstáculos para a plena democracia no Brasil

Observe que nos nossos dias contemporâneos permanece a tendência entre os brasileiros de recorrer e responsabilizar o Estado pelos problemas do país, demonstrando que, embora estejamos em tempos neoliberais[14], o Estado se sobrepõe à sociedade. Tanto que clientelismo, nepotismo (emprego e favorecimento de parentes em cargos públicos) e denúncias de corrupção são marcas da República brasileira. Em tese, os atos de corrupção e nepotismo são extensões da política clientelista. O cenário favorece o interesse de muitos pelas discussões e participações políticas, o que, de certa forma, provoca a despolitização de grande parte da população brasileira. Neste sentido, há um longo caminho a ser percorrido pelos brasileiros na busca do fortalecimento da democracia.

13 jagunço = capanga ou guarda-costas

14 neoliberalismo = projeto econômico que prevê esvaziamento do Estado, em especial nos assuntos econômicos

Fonte: Reprodução

Dia 31 de maio de 2020 – manifestações de rua defendem o processo democrático brasileiro
Fonte: https://www.google.com/.band.uol.com.br (acesso em 01 de junho de 2020).

A estrutura do Estado democrático brasileiro contemporâneo

Pela Constituição de 1988, o Estado brasileiro estrutura-se numa República Presidencialista e Democrática. Sua estrutura política está alicerçada em três poderes. A saber:

. Poder Executivo – constituído pelo presidente da República e pelos Ministros de Estado. O poder presidencial está determinado em quatro anos de mandato, com a possibilidade de uma reeleição. Eis as funções básicas do poder Executivo: administração superior federal; garantir o cumprimento da Constituição; sancionar, vetar, promulgar e fazer valer a publicação de leis; enviar proposta orçamentária ao Congresso; decretar estado de sítio e intervenção federal, caso necessário; ter o comando maior das Forças Armadas; manter relações diplomáticas com Estados estrangeiros.

. Poder Legislativo – composto pela Câmara de Deputados Federais e pelo Senado. *A Câmara Federal* é composta por 513 deputados (a distribuição das cadeiras é dada de acordo com a população de cada unidade da federação, com, no máximo, setenta deputados por unidade federativa). O mandato de um deputado é de quatro anos, com possibilidade ilimitada de reeleição. Os deputados devem fiscalizar as contas da presidência da República e podem propor projetos de lei e criar Comissões Parlamentares de Inquérito. Já o *Senado* é composto por 81 membros (três por unidade da federação), com mandato de oito anos e reeleição infinita (porém a eleição é realizada de quatro em quatro anos, com renovação de um ou dois terços da composição senatorial). Cabe ao Senado julgar o presidente e os ministros por supostos crimes de responsabilidade que venham a cometer, processar e julgar os ministros do Superior Tribunal Federal, autorizar o Executivo a contrair empréstimos, apreciar matérias após a Câmara Federal, conceder anistia, autorizar o orçamento da União e autorizar a criação de cargos públicos.

. Poder Judiciário – estruturado por órgãos como o Supremo Tribunal Federal (STF), juízes federais, juízes eleitorais, juízes do trabalho, entre outros. O maior intérprete da Constituição Federal é o STF, formado por onze juízes nomeados pela presidência da República após aprovação do Senado. O STF julga e pode processar membros do Executivo e da Procuradoria da República por crimes de responsabilidade.

Vale destacar, ainda, a existência do Tribunal de Contas da União, órgão regulador criado em 1891, cuja principal função é a de auxiliar o Legislativo, reprimindo irregularidades e abusos com o dinheiro público.

E EU COM ISTO?

A democracia brasileira ainda tem um longo caminho a percorrer até sua consolidação. Algumas fragilidades podem ser apontadas como a existência de partidos políticos estruturados em bases frágeis (muitos deles clientelistas), a presença de uma indústria política que favorece o poder financeiro de determinados candidatos a cargos nas esferas do poder, as desigualdades econômicas entre os cidadãos que os impede de uma participação mais efetiva nos assuntos nacionais, a manutenção de práticas de corrupção que lesam o Estado como todo, assim como as condições educação, da saúde e do trabalho que, no geral, se mantém insuficientes e deficitárias.

Para que o processo democrático brasileiro seja constantemente aperfeiçoado, necessária e decisiva é a participação reflexiva de cada cidadão, fiscalizando, apurando, exigindo correções, além do estabelecimento de políticas públicas solucionadoras ou amenizadores de diversos problemas sociais.

E ONDE ENTRA A MATEMÁTICA?

Que tal a troca de algumas expressões tão ouvidas em nosso dia a dia na política nacional: o Presidente subiu a hipotenusa[15] do Palácio do Planalto. Estranho, não? Então vamos deixar como rampa mesmo. Mas podemos falar que o Congresso Nacional é composto por duas semirretas paralelas e dois vértices esféricos (Câmara Federal e Senado). Mas ainda assim continua estranho.

De qualquer forma conhecer a Matemática e associá-la a outras ciências - caso das Ciências Humanas e Sociais - nos fará perceber um pouco mais o mundo e ganharmos uma visão crítica das ocorrências diárias. Tal postura pode nos fazer entender causas e efeitos e permitir a intervenção na sociedade em que estamos inseridos.

A Matemática é aliada na produção de significados referentes a diversas questões e também envolve poder e política. Alguns exemplos: não se projeta um político sem pesquisas de intenção de votos; não se consolida no poder quem não controla a economia na ponta do lápis; não se elege democraticamente um órgão de poder sem a contabilização de votos; não se sustenta uma estrutura estatal sem a cobrança de impostos; não são planejadas ações sem dados censitários; não se propõe um orçamento sem bases de arrecadação; não se financia ciência e tecnologia sem recursos. Ou seja, sem a Matemática não se governa e um Estado não se sustenta.

Mas vejamos com exemplos práticos.

Na prática

I. Como são contabilizados os votos nas eleições legislativas no Brasil

A representação *proporcional* ou voto *proporcional* é um sistema eleitoral de vencedor múltiplo no qual a proporção de cadeiras parlamentares ocupada por cada partido é diretamente determinada pela proporção de votos obtida por ele.

O *quociente* eleitoral define os partidos e/ou coligações que têm direito a ocupar as vagas em disputa nas eleições proporcionais (deputados federais, deputados estaduais e vereadores). O quociente eleitoral é obtido ao se dividir o número de votos válidos apurados pelo de lugares a preencher em cada circunscrição eleitoral, desprezada a fração se igual ou inferior a meio, equivalente a um, se superior" (Código Eleitoral, art. 106). Vale lembrar, ainda, que nas eleições proporcionais contam-se como válidos apenas os votos dados a candidatos regularmente inscritos e às legendas partidárias. *Fórmula: Quociente eleitoral (QE) = número de votos válidos número de vagas.*

15 hipotenusa é o lado mais longo de um triângulo retângulo, por ser oposto ao ângulo reto, que define este tipo de triângulo

Exemplo:

Partido/coligação	**Votos nominais + votos de legenda**
Partido X	2500
Partido Y	1050
Partido Z	250
Coligação W[1]	2200
Votos em branco	250
Votos nulos	300
Vagas a preencher	8
Total de votos válidos:.......... .	**6.000**

QE = 6.000 /8 = 750

Logo, apenas os partidos X e Y e a coligação W conseguiram atingir o quociente eleitoral e terão direito a preencher as vagas disponíveis.

O quociente partidário define o número inicial de vagas que caberá a cada partido ou coligação que tenham alcançado o quociente eleitoral. Determina-se para cada partido ou coligação o quociente partidário, dividindo-se pelo quociente eleitoral o número de votos válidos dados sob a mesma legenda ou coligação de legendas, desprezada a fração. Importante destacar que estarão eleitos, entre os candidatos registrados por um partido ou coligação, aqueles que tenham obtido votos em número igual ou superior a 10% (dez por cento) do quociente eleitoral, tantos quantos o respectivo quociente partidário indicar, na ordem da votação nominal que cada um tenha recebido (Código Eleitoral, art. 108).

<u>Fórmula</u>: Quociente partidário(QP) = número de votos válidos do partido ou coligação) / quociente eleitoral.

FAÇA VOCÊ O CÁLCULO[16]:

Quantos são e de que forma é definido o número de Deputados

Calcula-se inicialmente o Quociente Populacional Nacional (QPN) mediante a divisão da população do país apurada no Censo 2010 pelo número de cadeiras de deputados federais; em seguida, divide-se a população de cada unidade da Federação pelo QPN, originando o Quociente Populacional Estadual (QPE)". O cálculo mantém as regras constitucionais de limite máximo de 70 e mínimo de 8 por Estado.

16 proposta de questão feita pelo Colégio QI do Rio de Janeiro

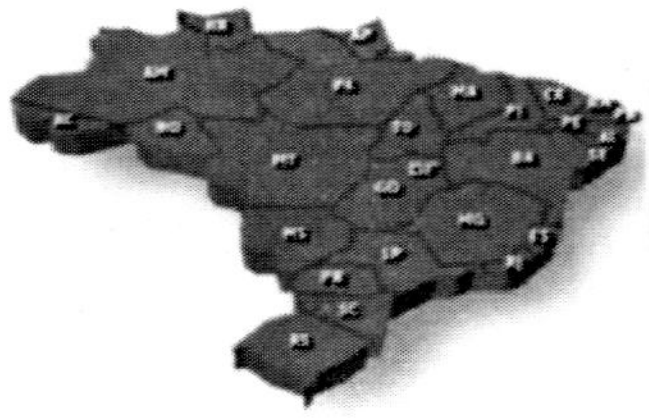

Estado	Deputados	Estado	Deputados
Acre	8	Paraíba	12
Alagoas	9	Pernambuco	25
Amazonas	8	Piauí	10
Amapá	8	Paraná	30
Bahia	39	Rio de Janeiro	46
Ceará	22	Rio Grande do Norte	8
Distrito Federal	8	Rondônia	8
Espírito Santo	10	Roraima	8
Goiás	17	Rio Grande do Sul	31
Maranhão	18	Santa Catarina	16
Minas Gerais	53	Sergipe	8
Mato Grosso do Sul	8	São Paulo	70
Mato Grosso	8	Tocantins	8
Pará	17		

Fonte: Reprodução

Tabela com número de deputados por estado (Foto: Reprodução)

1ª operação:

Determinar o nº de votos válidos, deduzindo do comparecimento os votos nulos e os em branco (art. 106, § único do Código Eleitoral e art. 5º da Lei nº 9504 de 30/09/97).

2ª operação:

Determinar o quociente eleitoral, dividindo-se os votos válidos pelos lugares a preencher (art. 106 do Código Eleitoral). Despreza-se a fração, se igual ou inferior a 0,5, arredondando-a para 1 se superior.

3ª operação:

Determinar os quocientes partidários, dividindo-se a votação de cada partido (votos nominais + legenda) pelo quociente eleitoral (art. 107 do Código Eleitoral). Despreza-se a fração, qualquer que seja.

Com base nas informações acima analise a situação hipotética abaixo: Eleições 2014 para deputado federal no Rio de Janeiro.

- **Votos apurados : 10.000.000**
- **Votos brancos : 500.000**
- **Votos nulos : 300.000**

Sabendo-se que o Partido X, teve :

- **Voto nominal : 550.000**
- **Voto na legenda : 50.000**

Determine o coeficiente eleitoral e quantos deputados foram eleitos no Partido X pelo coeficiente eleitoral respectivamente[17].

II. Pesquisas de intenção de votos

As pesquisas eleitorais podem ocorrer não apenas em épocas de eleições democráticas. Levantamentos podem ser realizados a qualquer momento par a que se tenha uma noção do cenário político. Da mesma forma, pesquisas são realizadas para a verificação do comportamento de determinado governante (aprovação e/ou rejeição).

Normalmente, as pesquisas de intenções de voto ou de comportamento político são encomendadas pelas mídias, principalmente jornais e televisões. Mas também podem ser solicitadas por partidos políticos interessados em avaliar seus nomes ou mesmo as tendências do eleitorado.

17 resolução: 10.000.000 – 800.000 = 9.200.000 votos válidos.
= 200.000 Partido X => 550.000 + 50.000 = 600.000
Resultado: 200.000 / 3

Uma pesquisa não se constitui num recenseamento, onde todos são pesquisados. Ou seja, leva em conta uma amostra, já que numa pesquisa nem sempre é possível estudar todos os elementos de uma população. Para que as interpretações obtidas a partir de uma amostra realmente expressem a realidade que se deseja ver aferida, necessário que ela seja representativa e formada imparcialmente.

O passo mais importante para a realização de uma pesquisa eleitoral é a definição da quantidade de indivíduos que serão pesquisados (número definido a partir de um cálculo que leva em conta a margem de erro). Importante, no caso, que a amostra represente o conjunto de eleitores (grau de escolaridade, idade, sexo/gênero, renda etc). Exemplo: se num determinado local, 51% da população absoluta for de mulheres, a mesma proporção deve ser levada em consideração na determinação da amostra.

Um dos mais importantes institutos de pesquisa do Brasil, o *Datafolha* considera um número de pesquisados (amostra) entre dois e três mil cidadãos, mas sempre o número de pesquisados varia de acordo com a população absoluta, seja local, regional, estadual ou nacional. Importante destacar que a amostra deve ser determinada pelo tipo de eleição a ser realizada (se uma pesquisa eleitoral ou de intenção de voto).

Para que uma pesquisa eleitoral tenha resultados satisfatórios, é necessário que noções de Estatística estejam envolvidas, tais como média, desvio padrão e variância. Da mesma forma, a formulação das questões a serem aplicadas é de fundamental importância (perguntas claras e objetivas).

Resolva você mesmo:

Uma cidade possui 2500 eleitores. Com o objetivo de verificar a intenção de votos do município, um Instituto de Pesquisas foi contratado por um diário local. O objetivo da pesquisa foi verificar, além da intenção de votos, o grau de confiabilidade do eleitor em cada candidato, o histórico político dos candidatos, bem como as propostas de cada postulante ao cargo de administrador municipal (prefeitura). Para tanto, foram consultadas, de modo imparcial, 500 eleitores. Diante do especificado, responda:

a) Quantas pessoas tem a população estatística envolvida na pesquisa?
b) Qual a amostra pesquisada?
c) Quais foram as variáveis qualitativas e quantitativas pesquisadas*?

- **Importante lembrar que variável qualitativa são os valores não numéricos e as variáveis quantitativas, ao contrário, envolvem valores numéricos.**[18]

III – Carga tributária

A cobrança de impostos no Brasil recai sobre compras que fazemos, seja nos produtos de uso alimentar, de higiene e de consumo geral. Além dos impostos embutidos nas mercadorias, uma série de outros tributos e impostos incide sobre nossas vidas. Observe:

Impostos federais - Eles representam 65,95% de todo imposto arrecadado. Reconhecidos por siglas, os principais deles são; IRPJ, ITR, Cide, Cofins, CSLL, FGTS, INSS, PIS/Pasep.

Impostos estaduais - Tributos Estaduais equivalem a 28,47% de todo imposto arrecadado, sendo eles; ICMS, IPVA, ITCMD.

Imposto municipal - E com 5,58% de todo imposto arrecadado, os impostos Municipais; IPTU, ISS, ITBI.

Os impostos servem para o custeio das despesas públicas gerais ou universais. Pelo Princípio da Capacidade Contributiva, o artigo 145, § 1º, da Constituição Federal estabelece que:

---

18 respostas:

a) Como a cidade possui 2500 eleitores, a população estatística é de 2500 cidadãos; b)o número de cidadãos pesquisado é de 500 eleitores; portanto, a amostra pesquisada foi de 500 pessoas; c) as variáveis qualitativas não expressam número. Na pesquisa em questão, o grau de confiabilidade do eleitor, o histórico de cada candidato e as propostas de cada um dos postulantes ao cargo. Já as variáveis que envolvem números (quantitativas) será expressa na porcentagem de intenção de votos.

> Art. 145, § 1º: "Sempre que possível, os impostos terão caráter pessoal e serão graduados segundo a capacidade econômica do contribuinte, facultando à administração tributária, especialmente para conferir efetividade a esses objetivos, identificar, respeitados os direitos individuais e nos termos da lei, o patrimônio, os rendimentos e as atividades econômicas do contribuinte".

E para onde vai a arrecadação com tantos tributos, taxas e impostos[19]? O objetivo principal e oficial da cobrança é basicamente fazer com que o cidadão contribua financeiramente com serviços que utilizar frequentemente tais como saúde e transporte público, geração de empregos, inclusões sociais, planos de habitação popular, saneamento e reurbanização de áreas urbanas, construção e recuperação de rodovias, investimentos em infraestrutura, incentivos à produção agrícola e industrial, segurança pública, estímulo às pesquisas científicas, estímulo ao esporte e defesa do meio ambiente.

Os impostos vão para uma única conta e tudo o que é arrecadado é somado como receita do Governo e distribuído entre União, Estados e Municípios (ressaltando que há distinção de valores provenientes de impostos como o IPVA e o Imposto de Renda de Pessoa Física, por exemplo). Tudo entra como receita para o governo que deve utilizar tais valores de acordo com o estabelecido no orçamento anual, no plano plurianual e nas diretrizes orçamentárias.

Fonte: Reprodução

De acordo com o Instituto Brasileiro de Planejamento Tributário (IBPT), os tributos que direta ou indiretamente atingem a população brasileira representa, em média, 41,8% do rendimento do contribuinte

PROPOSTA:

. A Matemática Financeira está intrínseca em diversas aplicações econômicas e financeiras realizadas em nosso país, fornecendo Ela nos fornece aportes metodológicos para alicerçar de maneira decisiva a compreensão e valoração dos impostos e taxas tributárias que incidem sobre os produtos e serviços.

19 o termo tributo é o termo que engloba impostos, taxas e contribuições. Diferentemente dos impostos, as taxas não são cobradas em função da capacidade financeira do contribuinte.

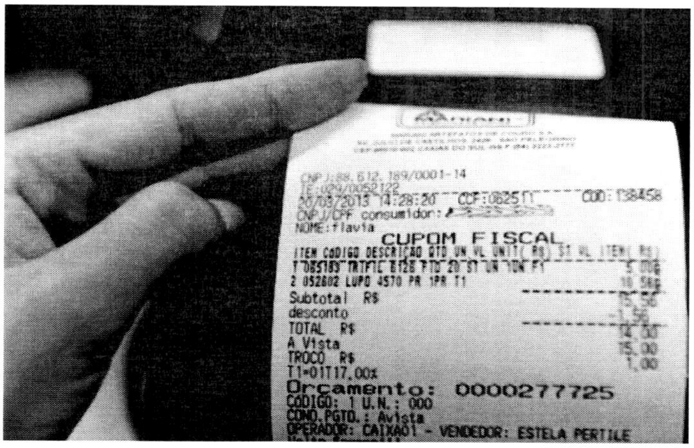

Fonte: Reprodução

Quais são os impostos do cupom fiscal? Vamos à relação:

- **IRPJ- Imposto de Renda de Pessoa Jurídica;**
- **COFINS- Contribuição para Financiamento de Seguridade Social;**
- **PIS- Programa de Integração Social;**
- **CSLL- Contribuição Social sobre Lucro Líquido;**
- **ISS- Imposto sobre Serviço de Qualquer Natureza.**

PESQUISE o significado de cada um dos impostos elencados acima, bem como suas destinações.

IV. Conversão de Moedas

Quando um cidadão viaja para o exterior necessita de dinheiro para utilizar no seu destino. Por exemplo: caso você viaje para os Estados Unidos da América, precisará de dólares para ter poder de compra local. Caso você viaje para o Japão, a moeda local é o iene. Então, será necessário que se realize uma operação de câmbio. Da mesma forma, importadores realizam operações de câmbio (troca) para trocar pela moeda do parceiro comercial. Só assim poderá pagar pelos itens adquiridos. Tais trocas de moedas acontecem no mercado de câmbio, onde turistas, empresas, instituições financeiras e comerciantes vendem e compram moedas estrangeiras (divisas).

RESOLVA VOCÊ MESMO: A cotação de uma moeda em relação a uma segunda moeda é o valor que custa para comprar uma unidade da primeira moeda, utilizando a segunda moeda. Por exemplo: se a cotação do dólar é 5,4 reais, isso significa que para comprar 1 dólar são necessários 5,4 reais. Então suponha que a cotação do dólar, em reais, tenha sido, à época de determinada viagem, **de 1,6 reais, a do euro, em reais, de 2,4 reais e a cotação da libra, em euros, tenha sido de 1,1 euro. Qual a cotação da libra em dólares à ocasião?**

RESPOSTA: ________________[20]

REFLITA SOBRE

A Guerra Civil Espanhola (1936-1939) tornou-se um foco de tensão internacional. Os Estados fascistas da Alemanha e Itália sustentaram os golpistas que derrubaram o governo legalista espanhol, apoiado por operá-

---

20 resposta: 1,65 dólares. Resolução: cotação da libra em reais: 1,1 euros = 1,1.2,4 = 2,64 reais. cotação da libra em dólares: 2,64 reais/1,6 reais=1,65 dólares. A matemática financeira é uma das áreas da matemática que estuda a variação do dinheiro ao longo do tempo. Ela **é** muito utilizada nas atividades financeiras do dia a dia

rios, camponeses, socialistas, anarquistas, minorias nacionais (como bascos e catalães), entre outros. A obra cubista *Guernica,* foi concebida e executada com enorme rapidez por Pablo Picasso. Na tela, uma denúncia contra as mortes que destruíram boa parte da Espanha na terrível Guerra Civil. Uma denúncia do horror desencadeado pelo fascismo. **Picasso** conseguiu, com a ajuda da Matemática, captar o caos e o assombro do triste episódio. Em vários ângulos desta obra pode-se visualizar uma dimensão de profundidade, volume na superfície plana e várias formas geométricas. O *cubismo* procura novas formas de retratar, valorizando as formas geométricas, com todas as partes representadas em um único plano para que possamos ver sob vários ângulos um mesmo cenário.

O ensino da geometria é importante para que possamos desenvolver a percepção das formas e espaço, além do estudo sobre as grandezas e medidas, conteúdos que podem ser relacionados ao meio social e encontrados na natureza.

Fonte: Reprodução

Com 349 cm de altura por 776,5 cm de comprimento, Guernica é uma das obras mais famosas de Pablo Picasso (1881-1973)

Procure entender como a arte constituiu-se em um modo pelo qual o ser humano atribuiu sentido à realidade que o cerca e como a mesma pode transformar o vivido em objeto de conhecimento. Para tanto, sugerimos a participação de seu (sua) professor(a) de Artes.

PARA LER E VER

LIVROS

. **CARNOY, M. Estado e teoria política.** Campinas: Papirus, 1986.
Nesta bela obra, o autor descreve criticamente os enfoques sobre o Estado, nos levando a uma reflexão política sobre esta Instituição. Interessante observar que Carnoy nos remete às funções estatais, normalmente relacionadas à proteção e defesa dos interesses de uma mesma parcela social.

. **GRUPPI, Luciano. Tudo começou com Maquiavel.** Porto Alegre: L7PM, 1980.
O autor faz, na obra, a defesa do absolutismo e destaca o pensamento de Nicolau Maquiavel. Livro oferece, ainda, interpretações sobre a desigualdade.

FILME

. **DEBTOCRACIA (Grécia, 2011) (Direção de Aris Hatzistefanou e Katerina Kitidi)**.
Filme trata da crise econômica vivida pela Europa, com ênfase no caso da Grécia, mostrando os efeitos da política neoliberal e de um sistema financeiro desregulado e baseado na especulação. O filme foi produ-

zido e disponibilizado gratuitamente na internet, portanto pode ser visto no seguinte endereço: **http://www.youtube.com/watch?v=nwlJDAufvnM**

TEXTOS

. O QUE É PODER.
Livro de bolso da Coleção Primeiros Passos (Editora Brasiliense). Seu autor, Gerard Lebrun, explica didaticamente o conceito de poder, desde sua origem até seu significado e aplicação.
. PODER E AUTORIDADE.
José Andrés Murilo faz relação entre poder e autoridade, determinando as diferenças e limitações de cada conceito. Disponível **em http: amaivos.uol.com.br/amaivos09/notícia;asp?cod_canal42&cod-noticia=12534**

SITE

. **http://www.intitutoliberal.org.br/** Site do Instituto Liberal que apresenta autores clássicos de diversas teorias políticas e econômicas em livros, textos e resenhas.

ATIVIDADES

1. "Se você tem mais de 18 anos, vai ter de votar nas próximas eleições. Se você tem 16 ou 17 anos, pode votar ou não. O mundo exige dos jovens que se arrisquem. Que alucinem. Que se metam onde não são chamados. Que sejam encrenqueiros e barulhentos. Quem, enfim, exijam o impossível. Resta construir o mundo do amanhã. Parte desse trabalho é votar. Não só cumprir uma obrigação. Tem que votar com hormônios, com ambição, com sangue fervendo nas veias. Para impor aos vitoriosos suas exigências, antes e principalmente depois das eleições."

   André Forastieri. Muito além do voto. Época, 6 de maio de 2002.

   A partir do texto de André Forastieri, redija um texto dissertativo-argumentativo sob o seguinte tema: *"Basta votar e reclamar? Como ter uma participação política que colabore para que transformações ocorram?"*
2. Quais são as relações que podem ser feitas entre liberalismo e capitalismo?
3. Indique os pontos discordantes entre o fascismo e o socialismo. Explique-os.
4. **UERJ** *Câmara Federal*

   Quociente eleitoral no maior e menor colégio eleitoral

ANO	ESTADOS	N° MÉDIO DE ELEITORES POR DEPUTADO FEDERAL
1945	São Paulo	47.281
	Amazonas	6.390
1966	São Paulo	83.076
	Acre	3.901
1986	São Paulo	272.180
	Acre	17.330
1988	São Paulo	333.158
	Roraima	21.328

Adaptado de CASTRO, Iná Elias de. *Geografia e política.* RJ: Bertrand Brasil, 2005.

A tabela indica um aspecto da representação política brasileira; o número médio de eleitores por deputado federal. A interpretação adequada dos dados nos leva à seguinte conclusão quanto à representação política federal nos Estados:

a) os mais populosos elegem proporcionalmente menos deputados;
b) os da região Norte apresentam mais dificuldades para a eleição de seus candidatos;
c) os mais pobres enviam o mesmo número de deputados à Câmara que os mais ricos;
d) os menos povoados possuem maior número de deputados do que os mais povoados[21].

5. Observe os dados a seguir:

Candidato	Porcentagem do total de votos	Número de Votos
A	26%	
B	24%	
C	22%	
nulo ou em branco		196

O número de votos obtido pelo candidato vencedor foi:

a) 178
b) 182
c) 184
d) 188
e) 191[22]

21 alternativa A
22 alternativa B

4
CULTURA

Abertura

A cozinha brasileira é grande e variada, como o país. Do pato com tucupi[1] paraense ao churrasco gaúcho, do barreado paranaense ao vatapá e caruru baiano, da canjiquinha mineira à fritada de peixe e camarão pernambucana. Mas talvez o prato que integre e simbolize a culinária nacional seja a feijoada. A princípio, uma mistura de feijão preto e pedaços de carne e derivados (orelhas, caudas, pés de suínos, linguiças etc) que, com o tempo, foi incorporando o arroz, a farofa, o vinagrete, a laranja, a couve, entre outros.

Pode parecer estranho, mas caso coloquemos nossa imaginação para funcionar, é válido simbolizar o feijão preto à presença do negro em nosso prato mais conhecido; do vinagrete, a presença indígena; da laranja, a presença oriental. Para finalizar nossa aventura criativa, podemos aferir que o contraste do amarelo da laranja com o verde da couve identificaria um prato tipicamente brasileiro, integrante de nosso complexo cultural.

O termo *cultura* abrange um contexto mais amplo que aquele o qual as pessoas estão familiarizadas. Os seres humanos estão imersos em cultura no dia a dia. Ela forma e caracteriza os indivíduos por meio daquilo que os mesmos produzem.

Fonte: Reprodução

As culturas humanas habilitam-se a inventar símbolos e convenções. Porém, podem substituí-las, transformá-las e reinventá-las. E é a propriedade de adquirir novas formas que faz com que as sociedades se abram às diferenças e à diversidade cultural.

Cultura é o repertório da ação humana e de seus produtos que é transmitida socialmente. Nesse sentido, a cultura pode ser definida como uma criação coletiva de significados ou símbolos

Cultura definida pela Antropologia

A Antropologia é uma Ciência Social que estuda as manifestações culturais dos grupos humanos. Ela nos indica que não podemos relacionar cultura apenas a estudos formais ou a obras de arte, como quadros, peças de teatro, filmes etc. Quando se pensa desse modo, imagina-se que indivíduos que não tiveram oportunidade de desfrutar dos estudos formais (educação) ou da arte não têm cultura. Visto desta forma, corremos o risco de perpetuar uma visão ideológica que justifica a divisão entre trabalho intelectual e manual, como se a alguns coubesse pensar e a outros buscar a sobrevivência material, naturalizando as diferenças sociais entre os homens.

---

1 sumo extraído da raiz da mandioca quando descascada, ralada e espremida

O filósofo alemão Herbert Marcuse (1898-1979) afirma que a cultura não constitui uma ordem de valores distante da vida prática e cotidiana, já que não é construída solitariamente e sim coletivamente.

Em *antropologia*, cultura significa tudo o que o ser humano produz ao edificar e construir sua existência: as instituições, os valores materiais, as práticas e as teorias. Sendo o contato com o mundo intermediado pelo significado, a cultura deve ser vista como o conjunto de símbolos elaborado por um povo. Como há uma infinita possibilidade humana de simbolizar (estabelecer significados), as culturas são variadas, isso porque são inúmeras as maneiras de expressar sentimentos e anseios, de pensar, de agir, de temer. Ao se desenvolver, a Antropologia abandonou seu caráter eurocêntrico e etnocêntrico[2] e estabeleceu novas linhas teóricas mais compreensivas, abandonando o evolucionismo inicial e migrando para o *funcionalismo* (o polonês Bronislaw Malinowski desenvolveu o método chamado *funcionalista* ao apontar que todas as divisões de uma sociedade funcionam para a satisfação das necessidades biológicas dos indivíduos e que as sociedades não devem ser comparadas e hierarquizadas, mas estudadas de forma particular) e para o *estruturalismo* antropológico (o belga Claude Lévi-Strauss indicou que não basta viver entre culturas diferentes para observar o funcionamento das mesmas, devendo ser verificados os elementos que formam uma estrutura social uma vez que tais elementos respondem às necessidades fundamentais de existência e manutenção da totalidade organizada).

OS ÁRABES E A MATEMÁTICA

O sistema de numeração, tal como o utilizamos no nosso cotidiano, foi inventado na Índia. Porém, foram os árabes que o aperfeiçoaram e expandiram, daí ser denominado indo-arábico e os números serem chamados de algarismos arábicos.

Também foram matemáticos árabes que introduziram na Europa o conceito do número zero, fundamental para chegar aos números negativos. A trigonometria e a álgebra (aljbr), da mesma forma, também foram desenvolvidas por adeptos do islã.

Em 875, Muhammad al Khwarizmi (de onde veio o termo algarismo) utilizou uma letra para representar a incógnita (a utilização do "x" vem de "shay" = coisa, em árabe). O mesmo Al-Khwarizmi foi quem primeiro utilizou os algarismos indo arábicos. Assim, imagine como seria trabalhoso a realização de uma simples conta de subtrair utilizando-se os algarismos romanos: CXX (120) – XXXII (32) = LXXXVIII (88). A classificação de equações segundo seus graus, por Omar Khayyam, em 1131, é outra contribuição matemática árabe.

Observe, em práticas diárias, o quanto a cultura oriental influencia a cultura ocidental. Edward Said (1935-2003) foi um intelectual palestino que estudou questões da alteridade e da cultura em contexto de dominação. Criou o termo 'Orientalismo' para designar a construção de um estereótipo e uma atitude contra o "outro" oriental, particularmente em relação aos árabes. Said destacou que quando se produz um discurso sobre o outro, é muito provável que se esteja produzindo uma narrativa em que está vinculada uma estratégia de legitimar a dominação e a opressão sobre o outro. O Orientalismo seria, assim, uma espécie de fantasia política e ideológica sobre o mundo oriental.

Fonte: Reprodução

2 o etnocentrismo considera os valores de uma cultura superior a dos demais (julgamento de outra cultura a partir dos seus próprios valores)

Para que possamos entender os significados atuais do termo *cultura* e *civilização*, é importante que nos remetamos ao final do século XVIII e início do XIX quando a palavra alemã *kultur* passou a ser utilizada para fazer relações com os aspectos espirituais de uma comunidade. À mesma época, a palavra *civilization* era utilizada na França e na Inglaterra para indicar os feitos materiais de um povo, uma vez que tanto ingleses quanto franceses iniciavam conquistas territoriais por boa parte do mundo, em especial nos continentes africano e asiático (imperialismo), buscando atender às demandas do desenvolvimento industrial. Já o termo *civilização* - segundo a visão eurocêntrica tanto de franceses quanto de ingleses e que passou a ganhar outros territórios do continente - seria uma característica dos europeus, uma vez que os povos conquistados fora do velho continente viveriam numa condição não civilizada (bárbara[3]) por não terem acesso aos objetos e peças industriais produzidas no universo dito moderno.

O antropólogo inglês Edward Burnett Tylor (1832-1917) em seu livro *Cultura primitiva,* de 1871, sintetizou na palavra *culture* (inglês) os significados emergentes a partir do termo kultur e civilization, estabelecendo que cultura ou civilização, tomada em um sentido etnográfico[4] , *"é todo complexo que inclui conhecimento, crença, moral, lei, costume e quaisquer outras capacidades e hábitos adquiridos pelo homem na condição de membro da sociedade".* Através dessa definição, Tylor conseguiu reunir em um único termo o conjunto de padrões do comportamento humano, dando ênfase à visão de que tais padrões são adquiridos por meio das interações estabelecidas socialmente. Devemos destacar, no entanto, que Tylor instituiu uma visão evolucionista para a cultura ao determinar que a diversidade cultural observada entre os povos contemporâneos reflete a diversidade de estágios evolutivos de cada sociedade (os povos tribais, sem acesso aos produtos industriais, estariam em um estágio inferior se comparado ao dos europeus industrializados e urbanizados).

Quando há dificuldade de aceitação das diversidades culturais e um grupo ou sociedade considera-se superior e passa a desprezar culturas diversas à sua, o sociólogo William Summer (1840-1910) considera haver um *etnocentrismo*, fenômeno pelo qual se misturam elementos racionais com elementos emocionais e afetivos e que gera preconceito, menosprezo, diminuição, aversão e xenofobia.

Franz Boas (1858-1942) rejeita a visão evolucionista de Tylor. Para ele, cada cultura deve ser apreciada como única, devendo ser analisada de modo particular e estudada minuciosamente, já que existem *"culturas"* e não *"cultura"*, havendo uma *diversidade cultural*, próprio das diferentes sociedades humanas. Ou seja, para Boas, cada povo tem sua cultura, que pode ser definida como um modo de vida particular, composto de diferentes valores e formas de ver o mundo. Os indivíduos que compartilham a mesma cultura apresentam uma *identidade cultural.*

RELATIVISMO CULTURAL – estabelece que cada cultura deve ser entendida em seus próprios termos, rejeitando a visão da existência de culturas primitivas e evoluídas.

O antropólogo argentino Néstor Garcia Canclini (1939 -), por sua vez, observa que em nosso mundo atual cresce a possibilidade das trocas culturais devido ao desenvolvimento dos meios de comunicação e transporte. Para Canclini, o fenômeno permite que a percepção de mundo se torne mais ampla e menos restritiva ao local onde o indivíduo viva regularmente o que, por sua vez, passa a permitir o cruzamento dos valores e bens culturais entre os vários povos, constituindo *culturas híbridas*[5], o que diminui (mas não extermina) as expressões culturais dominantes de países tradicionais europeus e dos Estados Unidos da América. Isso não significa o desaparecimento ou desintegração das diversas culturas, mas a coexistência das mesmas com elementos culturais mesclados, próprio de intercâmbios.

ANTROPOLOGIA NO BRASIL

Para efeitos didáticos, classificamos os estudos antropológicos no Brasil em fases. A primeira, entre 1835 e 1933, reúne nomes como Barbosa Rodrigues, Roquete Pinto e Nina Rodrigues. De caráter interdisciplinar, as pesquisas concentraram-se basicamente na investigação sobre comunidades nativas brasileiras (indígenas), porém sem grande rigor científico.

---

3 bárbara = inculto; estranho; rude; selvagem.
4 etnografia = estudo e descrição dos povos (língua, religião, etnia, cerimônias etc)
5 híbrida: originário do cruzamento de espécies diferentes

A fundação da Universidade de São Paulo, em 1934, foi marco decisivo para a institucionalização da pesquisa científica no Brasil. Intelectuais foram recrutados, especialmente europeus, caso de Alfred Métraux e Roger Bastide, mas também norte –americanos como Charles Wagley e Donald Pierson, que ajudaram a promover novos métodos de investigação. Nomes como Luís da Câmara Cascudo, Eduardo Galvão e René Bibeiro merecem destaque. Vale lembrar que passava a despontar a figura de Darcy Ribeiro, consolidada, definitivamente, a partir da publicação de Culturas indígenas do Brasil (1957). A preocupação da antropologia envolvia o projeto de construção nacional e os estudos tribais, passando a ser notório o diálogo desta ciência com a Sociologia. A partir de meados da década de 1950, com a intensificação das relações antropologia-sociologia, desponta o nome do sociólogo Florestan Fernandes (1920-1995), que é reconhecido por dar excelência acadêmica às pesquisas e estudos sociais. Professor da Faculdade de Filosofia, Ciências e Letras da Universidade de São Paulo, Florestan distinguiu-se pela elaboração de uma síntese entre os métodos funcionalista, weberiano e marxista. Suas pesquisas sobre a população afrodescendente, as relações sociais raciais no Brasil e sobre os indígenas brasileiros (Florestan procurou reconstruir a organização dos índios Tupinambá a partir de fontes portuguesas e alemãs, de viajantes, jesuítas e naturalistas), inspirou várias pesquisas antropológicas a partir, em especial da década de 1960, com destaque a investigações relacionadas à ciência como manifestação de modernidade, valores culturais, contatos interétnicos, a populações rurais, urbanas, tribais e afro-brasileiras.

Na busca do conhecimento do Brasil e no Brasil, nomes da antropologia nacional contemporânea merecem destaque, tais como Darcy Ribeiro, Eunice Durham, Roberto Cardoso de Oliveira, Gilberto Velho, Manuela Carneiro da Cunha, Roque de Barros Laraia, Yonne Leite , Eduardo Viveiros de Castro e Miriam Grossi.

Pesquisadores como Paul Virillio (1932-2018) e Manuel Castells (1942 –), ao observarem a conjuntura atual, procuraram mostrar que instituições como o Estado e Igreja (além de estruturas como organizações profissionais e partidos políticos), ao conviverem com a cultura de massa (cinema, televisão, internet, entre outros) tendem a se enfraquecer. Isto se daria devido à padronização e universalização do imaginário das pessoas, dificultando a manutenção das identidades individuais e coletivas.

Etnocentrismo, termo criado por William Summer (1840-1910) = julgamento ou atitude que desvaloriza ou ignora comportamentos ou valores de culturas diferentes.

Os aspectos de uma cultura dão ao indivíduo a capacidade de interpretar o mundo; com isso, ele atribui significado à sua realidade. Apesar da origem do termo cultura vir do latim e designar a ação de "cultivar a terra", para Alfredo Bosi (1936 -), cultura se aproxima da ideia do que "deve ser trabalhado no indivíduo até que o mesmo chegue à fase adulta". *Já aculturação* é um termo utilizado em Antropologia referente aos fenômenos oriundos do contato direito e contínuo de duas ou mais culturas. Durante a colonização do Brasil, por exemplo, o contato entre a cultural europeia conquistadora (portuguesa) e as manifestações culturais nativas (indígenas) e africanas (escravos), gerou modificações em cada uma delas. Ou seja, alguns traços culturais da cultura dominadora foram absorvidos pela cultura indígena e africana. Da mesma forma, características culturais indígenas e africanas foram incorporadas pelos colonizadores.

Quando há imposição de padrões culturais pela dominação (inclusive ideológica), o processo pode resultar em conflitos psicológicos e emocionais para a estrutura social que foi submetida à descaracterização cultural.

Mas é importante que não sejam feitas generalizações a respeito do assunto; quando observamos, na atualidade, um indígena fazendo compras em um centro urbano ou utilizando meios de transporte motorizados, por exemplo, não devemos inferir que ele tenha passado a negligenciar seus hábitos, costumes e muitos de seus valores. No território brasileiro, a título de exemplo, existem indígenas que mantém suas visões de mundo e seus costumes, mesmo absorvendo padrões próprios do sistema capitalista.

Composta de elementos *materiais* e *não materiais*, a cultura dá a cada sociedade um caráter próprio e quase único. Os elementos *materiais* são aqueles que se pode tocar: roupas, utensílios, instrumentos musicais, esculturas, edifícios etc. Já os elementos não materiais são simbólicos: linguagem, crenças, histórias populares etc. Um elemento não material pode se manifestar por meio de elementos materiais: por exemplo, uma música, para ser ouvida, deve ser executada por instrumentos musicais ou por vozes.

Cultura = acúmulo de experiências que se generaliza para uma sociedade.

Os principais aspectos da cultura são os *traços culturais*, o *complexo cultural* e a área cultural.

Traços culturais são fragmentos da cultura, ou seja, seus menores componentes. Um computador, um automóvel e uma escova de dente são exemplos de traços culturais, que só têm significado quando interligados a outros traços culturais e permitem observar os valores de uma sociedade ou comunidade específica.

O *complexo cultural* é caracterizado pela combinação dos traços culturais de uma sociedade. Por exemplo, o juiz, a bola, o estádio, as regras e a torcida são traços culturais de um contexto maior: o futebol.

A área cultural, por sua vez, é o espaço geográfico onde determinada cultura se manifesta por meio de uma combinação dos traços culturais que compõem o complexo cultural.

ARQUEOLOGIA E MATEMÁTICA

Arqueologia está no rol das Ciências Sociais e Humanas e estuda as culturas e os modos de vida das diferentes sociedades humanas - tanto do passado como do presente - a partir da análise de objetos materiais. O termo é composto pelos radicais gregos Arkhé *("início/começo"; "ordem/organização"),* e logia, *que significa "estudo/ciência".*

Vasculhar escavações, iluminar paredes de cavernas no Iraque, estudar sambaquis, decifrar hieróglifos egípcios. Nada é possível sem a utilização da Matemática. Praticar a arqueologia matemática nos vestígios das civilizações chinesa, inca, hindu, maia, asteca, helênica nos ajudou-nos a descobrir o principal quesito que conduz à Matemática: o Homem é um ser social. Com a agricultura, os nossos ancestrais nômades tornaram-se sedentários, tornando fundamental planejar para que não haja falta. Aparecem, daí, conceitos de propriedade, de Estado, de cidadania e, por que não dizer, novos conceitos matemáticos.

O desenvolvimento de novas técnicas nos estudos arqueológicos são de fundamental importância para a Ciência, a partir da utilização de instrumentos de precisão que auxiliam na análise dos artefatos e nas escavações.

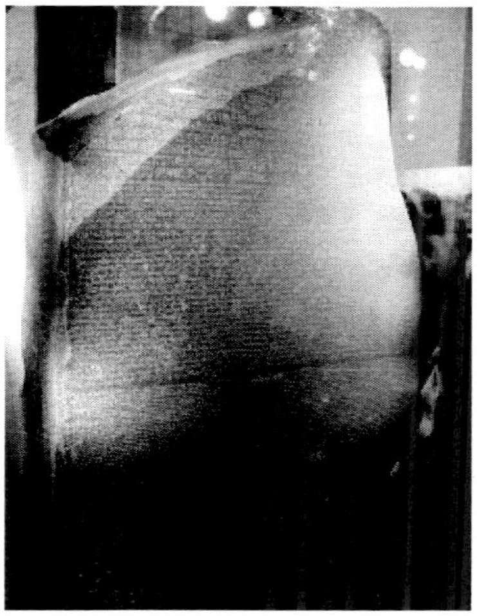

Fonte: Reprodução

No século XIX a Arqueologia consolidou-se enquanto ciência. O francês Jean-François Campollion, foi fundamental para tanto ao analisar as inscrições da Pedra de Roseta, encontrada entre ruínas no Egito por Napoleão e seus soldados em 1798. Os estudos de Campollion colaboraram para que se desvendasse os segredos de três milênios de História (identificação de que os hieróglifos eram uma escrita fonética, ou seja, os símbolos poderiam representar mais de um som).

As concepções de cultura apresentam-se em nossa vida cotidiana, estabelecendo diferenças entre os indivíduos: os que possuem uma cultura *erudita* ou *popular*, os que valorizam a cultura de consumo, os que estão inseridos em uma cultura de acesso a bens culturais ou mesmo as pessoas que se inserem em um meio cultural de massa.

A *cultura popular* faz referência às manifestações genuínas de uma sociedade, vinculando-se ao artesanato, aos contos, aos mitos, ás danças e músicas. É produzida a partir da criação e recriação do universo cultural popular. Quem a produz, normalmente a consome, ou seja, os valores tradicionais de um povo são manifestados e absorvidos pelos seus agentes produtores.

Para o historiador Robert Darnton[6] (1942 -), a cultura popular se manifesta a partir das interpretações populares. Os contos infantis do século XVIII, por exemplo, encontram raízes medievais e, para serem compreendidos, necessitam do auxílio de outras ciências. Para Darnton, os antropólogos usam, para a compreensão das tradições orais, técnicas que podem ser aplicadas ao folclore de uma nação, relacionando os contos e seus contextos à arte na narração de histórias, indicando uma visão de mundo particular.

O *folclore* (do inglês folklore = saber do povo) é uma expressão da cultura popular, porém deve-se destacar que nem toda cultura popular vincula-se ao folclore (observe que a indústria cultural faz referência aos seus produtos como populares). O folclore é a cultura aberta à transmissão oral e coletiva, modificando-se com a experiência que as massas populares adquirem.

Assim a dança folclórica é uma manifestação popular tradicional característica de uma determinada região e evolui de várias maneiras a partir de antigos rituais mágicos e religiosos, ligando-se a atividades e interesses sociais. No Brasil, as danças folclóricas resultaram da fusão das culturas portuguesa, negra e indígena. Mesmo caso da música folclórica, que foi criada e é aceita coletivamente por um grupo regional ou étnico e que se conserva pela tradição, adquirindo aspectos diferentes ao adaptar-se à vida de uma coletividade, diferencia-se da música popular por não ter autor conhecido).

Para o pensador e ativista político italiano Antônio Gramsci (1891-1937), o significado mais expressivo da cultura popular está mesmo no folclore, para ele uma concepção de mundo particular das camadas mais populares de uma sociedade, onde o modo de conceber o mundo e a vida se dá de forma genuína e mais pura, distante das formas elaboradas, intelectualizadas e sistematizadas. Gramsci aponta que a cultura popular se apropria da cultura "instruída" e extrai dela elementos que são transformados e popularizados.

Já a *cultura erudita* é caracterizada por apresentar-se fortemente relacionada à ideia de ilustração, polidez e refinamento intelectual. Seria uma cultura produzida e consumida por um pequeno grupo privilegiado, daí seu caráter oficial e institucional (diferentemente da cultura popular, ligada à visão de espontaneidade, informalidade e simplicidade). No entanto, é importante salientar que não existe uma divisão clara e rígida entre cultura erudita e a cultura popular já que ambas podem facilmente se misturar na realidade contemporânea cultural.

Exemplos das manifestações culturais eruditas: a música com maior número de modulações, longas e subdivididas em movimentos (música clássica), obras renascentistas (XIV-XVII) e obras impressionistas (XIX-XX), de farto uso de um lirismo íntimo e solitário.

A *cultura de massa* é caracterizada como uma união da cultura erudita e popular, orientada para o desenvolvimento de uma expressão cultural que possa ser vendida (consumida), tanto pelos setores mais populares quanto pelos setores mais elitizados de uma sociedade. Para distingui-la da cultura popular, Theodor Adorno (1903-1969) e Max Horkheimer (1895-1973), integrantes da Escola de Frankfurt, denominaram-na *indústria cultural.* Para tais pensadores, a industrial cultural é prejudicial tanto para a cultura popular quanto para a cultura erudita por desprezar a espontaneidade da primeira e o rigor da segunda. Já para Marshall McLuhan (1911-1980) o desenvolvimento da indústria cultural é positivo por diminuir as distâncias entre os setores sociais e reduzir a distâncias entre os diversos povos.

No mundo contemporâneo globalizado, uma das características mais marcantes da sociedade é o consumo. Através dele, configura-se o valor de atribuir à posse de bens materiais um meio de sentir-se feliz e prestigiado.

---

6 Robert Darnton. *O grande massacre dos gatos*. SP: Editora Graal, 1996.

Karl Marx (1818-1883) afirma que a produção, circunstanciada pela história e pelas relações sociais entre os indivíduos, divide-se em instâncias: a produção em si, a distribuição do produzido e o consumo. Na produção, dá-se forma aos produtos encontrados na natureza, de acordo com as necessidades humanas. A distribuição faz referência à participação dos indivíduos na repartição do que foi produzido. No consumo, os produtos tornam-se objetos de prazer pela apropriação individual. Como o trabalhador não concebe o produto que gera, para Marx o trabalho deixa de fazer parte de sua consciência e vontade, provocando o *fetichismo da mercadoria*, ou seja, a mercadoria produzida surge como um valor em si mesma e não como resultado das relações de produção. Essa qualidade perceptível resulta da cultura capitalista de atribuir valor às coisas que não são resultados da produção.

Georg Simmel (1858-1918) afirma que a sociedade capitalista atribuiu valor ás mercadorias, não pela materialidade dos produtos em si, mas no julgamento que os sujeitos fazem deles, apontando que o valor de mercado depende dos desejos e anseios de posse dos indivíduos. Ou seja, quanto mais desejamos determinado produto, mais ele se torna valioso e maior o sacrifício que deve ser despendido para obtê-lo. Desta forma, Simmel rejeita a visão de economistas clássicos como Adam Smith (1723-1790) que apontam para o valor da mercadoria a partir da relação oferta-procura. Um bom exemplo provém das joias e pedras preciosas, objetos conhecidos socialmente como adornos. O preço desses derivados não está relacionado ao valor de uso, mas a uma escala de valores, quando pessoas ostentam tais objetos buscando reconhecimento social (status)

Para o sociólogo francês Jean Baudrillard (1929-2007), no capitalismo os produtos tornaram-se abrigos de valor de troca simbólico, de prestação social, de concorrência e de discriminação de posições sociais e de classe, sendo os meios de comunicação de massa os grandes propagadores do consumo descabido.

CONTRACULTURA - qualquer movimento cultural contrário a algumas instituições enraizadas em uma sociedade e que contesta os padrões vigentes e que proponha novos valores e comportamentos. Exemplos: movimento Hippie, que emergiu na década de 1960.

Desde a primeira metade do século XX, o desenvolvimento dos meios de comunicação de massa (imprensa e rádio) abriu caminho para uma publicidade agressiva em direção do consumidor, prometendo ao indivíduo todo tipo de realização, seja pessoal, de sucesso e de status, procurando mostrar-lhe os benefícios de novos hábitos. Como resultado da ação, o valor simbólico da mercadoria começou a separar-se de seu valor de uso, ou seja, mais do que a utilidade do produto prevalece a promessa de um estilo de vida.

Fonte: Reprodução

Estímulo à venda de eletrodomésticos no Brasil e nos Estados Unidos na primeira metade do século XX revelou padrões semelhantes tanto num quanto no outro país, procurando estabelecer que a felicidade depende da satisfação pela compra de produtos industrializados e que o bem-estar familiar depende da aquisição e uso de determinados produtos, estabelecendo a cultura do consumo.

COM A PALAVRA, LÉVI-STRAUSS

> **(...) As tentativas feitas para conhecer a riqueza e a originalidade das culturas humanas e para reduzi-las ao estado de réplicas desigualmente atrasadas da civilização ocidental se chocam com outra dificuldade, muito mais profunda: em geral todas as sociedades humanas têm por trás de si um passado que é aproximadamente da mesma ordem de grandeza. Para tratar certas sociedades como 'etapas' do desenvolvimento de outras, seria preciso admitir que, enquanto para estas últimas acontecia alguma coisa, para as outras nada acontecia - ou poucas coisas. E, com efeito, fala-se facilmente dos 'povos sem história' (para dizer às vezes que são os mais felizes). Esta fórmula elíptica significa apenas que sua história é e permanecerá desconhecida, não que ela não exista. Durante dezenas e mesmo centenas de milhares de anos, lá também, houve homens que amaram, odiaram, sofreram, inventaram, combateram. Na verdade, não existem povos infantis: todos são adultos, mesmo os que não mantiveram um diário de sua infância e adolescência."**
>
> **Claude LÉVI STRAUSS. Antropologia estrutural dois. Rio de Janeiro: Tempo Brasileiro, 1976, p.340.**

A partir da globalização capitalista, empresas transnacionais invadem os países, espalhando "modismos" e oferecendo uma grande diversificação de produtos, hábitos e valores. Essa mundialização da produção e do consumo pode resultar na homogeneização das culturas e na perda das especificidades entre nações e etnias. Fato é que o consumo vertiginoso tem trazido preocupações ambientais a partir da exploração desenfreada dos recursos ambientais, como o efeito do aquecimento global e a diminuição da camada de ozônio, provocando a eclosão de movimentos sociais que procuram refrear o processo através do estímulo ao *consumo sustentável* (expressão criada pela Organização das Nações Unidas para definir o desenvolvimento econômico e industrial que não esgote os recursos naturais disponíveis) e a exigência da transparência das mensagem comerciais que desestimulem o consumo exagerado e desnecessário (consumo consciente).

Com a intensificação do uso da internet e das redes sociais, um novo modelo cultural e de relações instala-se gradativa e intensamente. A grande evolução da tecnologia permite a acessibilidade a todos (ou a quase todos) pelo preço e facilidade de aquisição dos diversos e diversificados aparatos. Porém, este fenômeno tem levado famílias a não perceberem a dimensão da exposição, inclusive de crianças, pré-adolescentes e adolescentes. Entre os adultos jovens já se percebe alguma dificuldade no relacionamento de uns com os outros. Seguir a evolução tecnológica sem questionamentos ajuda a criar uma cultura sem fundamentação moral, que se sobrepõe a processos mentais e a relações sociais. O comodismo ao processo tecnológico pode fazer esquecer a necessidade de convivência, aumentando o individualismo, além da submissão de dados pessoais à avaliação de instituições.

Mas esta nova tendência não traz apenas preocupações. No que tange ao desenvolvimento cultural, as redes sociais apresentam uma boa novidade: o financiamento de ações que envolvem algo criativo ficou mais fácil com o *Kickstarter*, site norte-americano que une idealizadores e pessoas que acreditam nestes ideais. No site, um indivíduo pode inscrever projetos (um musical, um espetáculo de dança, uma exposição de fotografias, uma invenção, um novo software, entre outros). Caso aprovada, a ideia fica aberta para investimentos. Qualquer um pode entrar e investir o quanto quiser. Em troca, o investidor ganha uma cópia autografada do cd lançado, ou um livro autografado pelo autor beneficiado, ou o acesso ao espetáculo de dança, entre outros.

REALIDADE BRASILEIRA

No Brasil, desde o processo colonizador (iniciado na década de 1530), as ordens religiosas (em particular as jesuíticas), promoveram a implantação da cultura europeia através do processo educacional e da produção artística, procurando consolidar a subordinação da colônia aos interesses da Metrópole portuguesa e da Igreja Católica.

No século XVIII, o ciclo da mineração provocou modificações na colônia através de um pequeno surto de urbanização, acelerado por um desenvolvimento comercial e exportador que promoveu significativo intercâmbio com outras manifestações culturais europeias, em especial a francesa. Nas artes plásticas, por exemplo, expressões importantes como o barroco[7] ganharam contornos originais na região mineradora.

Com a transferência da Família Real portuguesa (1808) à colônia, o Brasil ganhou novas visões e um incremento cultural significativo: a criação da Academia Real de Artes, a fundação da imprensa, da Biblioteca Real, da Faculdade do Rio de Janeiro, além da recepção às missões artísticas francesas a partir de 1816, com destaque à figura do pintor Jean Debret.

Mesmo independente (1822) o Brasil manteve suas estruturas básicas de colônia. Culturalmente, as camadas sociais privilegiadas mantinham a erudição do velho continente. Porém, em 1922, com a organização da *Semana de Arte Moderna*, realizada em São Paulo, a cultura nacional ganhou novos rumos e contornos, com o movimento modernista passando a ser visto e interpretado como um divisor de águas ao aproximar artistas de diferentes campos, renovar a arte e a cultura brasileira e combater a visão tradicional ao valorizar o desejo de se conhecer o Brasil, em repúdio aos vestígios colonialistas e à importação cultural do velho continente. Desta forma, a Semana de Arte Moderna representa uma nova direção aos valores culturais nacionais, permitindo a mescla os valores coloniais eruditos com as manifestações culturais populares.

No Brasil, as danças de roda, como o *carimbó*, a representação de personagens fantásticos na dança teatral do *bumba meu boi*, os desafios cantados no *cururu*, o *batuque*, as procissões e festas populares, o artesanato, a culinária, as manifestações musicais (caso do choro, do maxixe, baião, samba, frevo, cavalo-marinho, mangue bit, modinha, entre tantas outras) são algumas das múltiplas manifestações culturais. Algumas delas marcadamente brasileiras, porém com forte influência das hibridações e fusões culturais.

Fonte: Reprodução

O folclorista Luís da Câmara Cascudo (1898-1986) foi um dos pioneiros na pesquisa e registro de práticas folclóricas brasileiras

Para os antropólogos Gilberto Velho (1945-2012) e Eduardo Viveiros de Castro (1951 -), a cultura brasileira incorpora manifestações de grupos diversos e agrega não apenas manifestações ligadas à experiência das camadas sociais dominantes, mas também africana, indígena, operária, camponesas, entre outros. Sendo assim, a cultura nacional seria composta de elementos de origens diversas, porém ditada a partir de uma visão cultural das classes sociais dominantes. Fato é que as manifestações culturais do país são ricas e podem ser observadas em nosso dia a dia.

7 barroco = estilo que predominou nos vários setores da arte europeia e da América Latina de 1600 a 1750. Suas principais características foram a noção de espaço infinito e do movimento contínuo, além da abundância decorativa através da exuberância (riqueza de detalhes)

Fonte: Reprodução

O Festival Folclórico de Parintins é uma festa popular que acontece em junho na cidade de Parintins, no estado brasileiro do Amazonas; na imagem, o Boi Caprichoso, na cor azul. Ainda que alguns ritmos e manifestações culturais sejam considerados brasileiros, há influências recebidas de outros contextos culturais.

E EU COM ISTO?

A riqueza cultural brasileira tem as contribuições de nossos colonizadores portugueses, dos indígenas, dos negros e dos imigrantes em geral e se manifesta em um cenário que mistura modernidade e exclusão social. A diversidade cultura do Brasil é, portanto, o real resultado da herança dos vários grupos étnicos que formaram o Brasil: indígena, africano, sertanejo e europeu (não apenas os colonizadores portugueses, mas também os grupos imigrantes atraídos para o país no século XIX, como italianos, alemães, suíços, espanhóis, entre outros). Conhecer tal diversidade é ampliar nossa visão de mundo e conhecer um pouco mais de nossa terra e visão de vida.

Observe que em nossa vida cotidiana nos relacionamos com uma série de pessoas. Caso não tomemos os devidos cuidados, acabamos por elaborar um discurso homogêneo que despreza os valores históricos e culturais constituídos. São formas ideológicas que nos dão visões de felicidade através da aquisição de bens e mercadorias, estabilidade financeira e bem estar material. Ou seja, "compramos o que nos vendem" e passamos a idealizar a cultura da felicidade e desprezar todo um caminho de subculturas que possuem outros valores que não os capitalistas. Conhecer um pouco mais do nosso vasto complexo cultural permite que nos reconheçamos enquanto povo, fugindo das determinações valorizadas pelo sistema.

Lembre-se: cultura não se compra e vende, nem se julga: se respeita.

E ONDE ENTRA A MATEMÁTICA?

Os saberes matemáticos são provenientes de um longo processo de construção e interação entre os indivíduos e suas necessidades de sobrevivência, adaptação e evolução histórica e social.

Por exemplo: além de desenvolverem sua própria ciência, os indígenas possuem suas próprias maneiras de utilizar a Matemática, uma vez que seus conhecimentos são apresentados de diferentes formas, seja através das pinturas corporais, artesanatos, construções de canoas e da medição do tempo.

Devemos lembrar que a Matemática apareceu para suprir as necessidades básicas do ser humano através da construção de materiais de pedra, de osso, de barro, de metal. Tais materiais são utilizados em moradias, vasilhames, utensílios etc.

Dentro do contexto social, a Matemática é uma ferramenta para a tomada de decisões, fornecendo instrumentos para avaliar os resultados das ações implementadas para a resolução escolhida. O conhecimento que é gerado pela Matemática em todas as culturas, através de tomada de decisões e de resoluções de problemas, possui uma atitude subordinada ao social.

MATEMÁTICA E ASTRONOMIA

Na Antiguidade Clássica, os gregos tiveram um importante papel no desenvolvimento do conhecimento humano. Caso do matemático e geógrafo Eratóstenes (276 a 194 aC) que, baseando-se em conhecimentos práticos, conseguiu determinar o raio da Terra, com pequena imperfeição.

Eratóstenes sabia que no solstício de verão (a partir de 21 de junho, início do verão no Hemisfério Norte) os raios solares atingiam perpendicularmente a superfície da cidade egípcia de Siena (atual Aswan). Sabendo disso, Eratóstenes observou a inclinação dos raios solares em Alexandria (ao sul de Siena) e que em 21 de junho a inclinação era de 7,2 graus. Aplicando conhecimentos básicos de triângulos, o matemático e geógrafo percebeu que, como 7,2 graus equivale à quinquagésima parte de 360 graus, a distância entre as duas cidades (inseridas no mesmo meridiano) corresponde a 1/50 da circunferência da Terra. A distância entre Siena e Alexandria media 790 quilômetros. Desta forma, multiplicando-se 50 por 790, Eratóstenes obteve para a circunferência terrestre a medida de 39.500 quilômetros e um raio de 6.284 quilômetros para a Terra.

Atualmente, sabemos que, ao considerar o achatamento que existe nos polos, o raio polar terrestre é de aproximadamente 6.357 quilômetros. De qualquer forma, a pista dada pelo grego, mesmo não sendo exata, colaborou, em muito, para que chegássemos onde chegamos.

Mapa de Eratóstenes

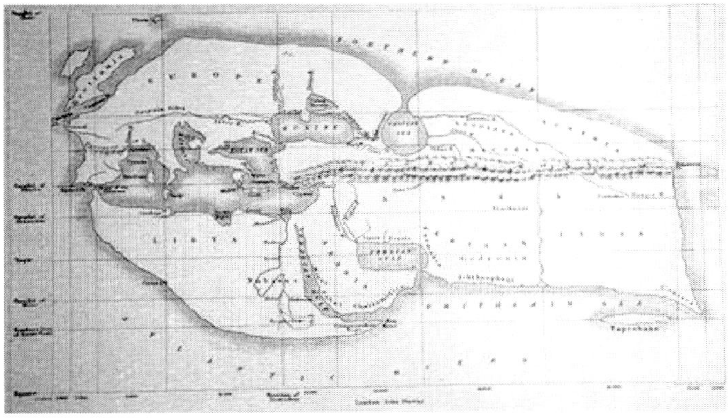

Fonte: Reprodução

Devemos lembrar, ainda, que toda a construção teórica da Matemática nos fornece os aperfeiçoamentos tecnológicos que já fazem parte de nossa cultura contemporânea: desde o telefone celular à internet.
Mas vejamos um pouco mais praticando.

Na Prática

I - Jogo de búzios

A *Etnomatemática* é o ramo de estudo que reconhece como cada povo desenvolve sua técnica matemática, levando em conta seu contexto sociocultural. Esse ramo matemático procura estudar as etnias envolvidas nos diferentes processos matemáticos. Um exemplo clássico é o sistema de numeração. Aprendemos sobre os algarismos romanos, mas usamos, em nosso dia a dia, o sistema indo-arábico originado do mundo oriental (isto é, os dígitos de 0 a 9). Os povos e suas diferentes culturas possuem múltiplas maneiras de trabalhar com o conceito matemático. A Etnomatemática privilegia o raciocínio qualitativo, vinculando-se a manifestações culturais como religião e arte. Ou seja, os conceitos matemáticos informais são desenvolvidos pelos estudantes através de conhecimentos externos à vivência escolar.

A Etnomatemática valoriza as diferenças culturais indicando que a construção do conhecimento matemático está vinculada à tradição, à sociedade e à cultura de cada povo. D' Ambrósio (2005, p.17) aponta que "(...) a Etnomatemática procura entender o saber e o fazer matemático ao longo da história da humanidade, contextualizando em diferentes grupos de interesse, comunidades, povos e nações"[8].

VERIFIQUE:

O *sistema binário* é um sistema de numeração posicional em que todas as quantidades se representam com base em dois números: "0" ou "1". No caso, os búzios seriam semelhantes por representarem duas hipóteses pré-selecionadas: "búzios fechados" (0) e "búzios abertos" (1). São considerados búzios abertos quando a parte côncava dos mesmos está quebrada; fechados quando a parte côncava dos búzios estão inteiras.

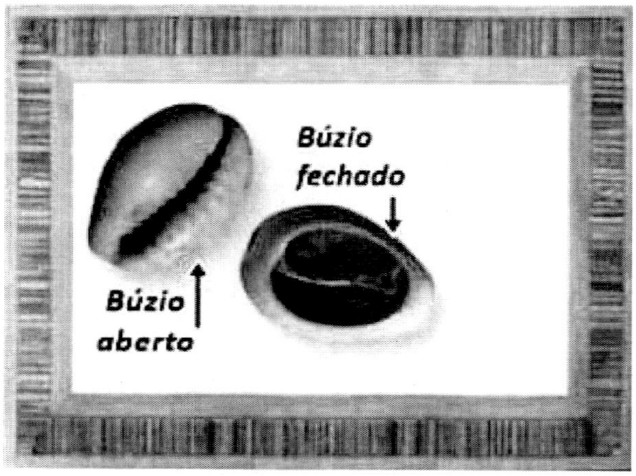

Fonte: Reprodução

Os *búzios* são pequenas conchas marinhas que em outras épocas eram usadas como dinheiro e hoje são usadas como enfeites (pulseiras, braceletes, colares, por exemplo). No *jogo de búzios* se considera a hipótese de que cada búzio admite apenas dois resultados possíveis (abertura para baixo = búzio fechado; abertura para cima = búzio aberto). Suponha que seis búzios idênticos sejam jogados simultaneamente e que a probabilidade de um búzio, ao cair e ficar aberto seja de 1/2. Qual a probabilidade de três búzios ficarem abertos e três búzios fechados, sem que nos importemos com a ordem em que eles tenham caído?[9]

Lembre-se que PROBABILIDADE é o ramo da Matemática em que as chances de ocorrência de experimentos são calculadas.

RESPOSTA:____________________________[10]

8 D´AMBRÓSIO, U. Etnomatemática: elo entre as tradições e a modernidade. Belo Horizonte: Autêntica, 2005

9 baseada em questão da Universidade Federal Fluminense, 2007, primeira fase do Vestibular

10 resolução: cada búzio tem duas opções de queda: aberto ou fechado. Assim, no total temos 2*2*2*2*2*2= 64 formas de termos seis búzios abertos e fechados. Agora, devemos criar nosso espaço desejado, com 3 abertos e 3 fechados. Chamemos abertos de A e fechados de F. Assim, devemos ter a sequência de búzios AAAFFF (3 abertos e 3 fechados). De quantas maneiras isso é possível? Ora, basta fazermos a permutação de A e F. Como há 6 elementos, com 3 A's e 3 S's, temos então P (6) (3,3) = 6!/(3! * 3!) = 720/36 = 20. Logo, a probabilidade de termos 3 abertos e 3 fechados será 20/64 = 5/16.

II – Música e Matemática

Para os gregos antigos, a música era considerada o estudo dos números em movimento.

Uma partitura musical está repleta de códigos matemáticos. As notas musicais são organizadas através das claves, que servem para indicar a um músico como deve ser lido o pentagrama (a música é escrita em um conjunto de cinco linhas paralelas chamada pauta ou pentagrama; nele são escritas as notas musicais de uma partitura), permitindo que se dê o nome e a altura de uma nota musical.

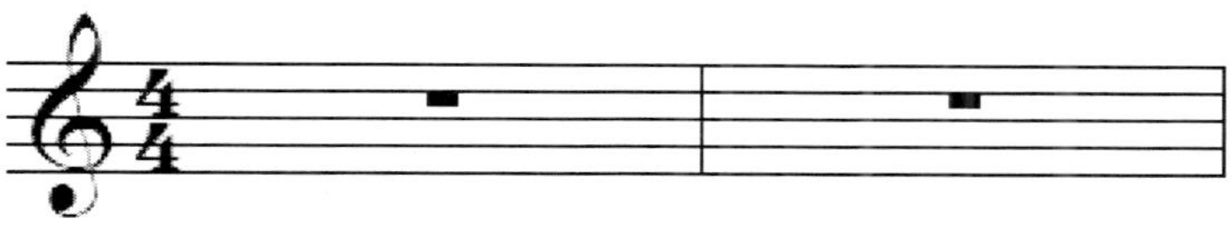

Fonte: Reprodução

A Matemática está presente na música. Na partitura, estão dispostos códigos matemáticos.

Uma orquestra tem a distribuição dos músicos em um palco em semicírculos. O número de integrantes pode chegar a cem músicos, mas cada orquestra decide qual o número ideal de componentes. Repare que os instrumentos de sopro e de percussão ficam mais ao fundo da disposição, enquanto os violinos ficam em um plano mais baixo e próximo do público. Tudo para que a música flua da forma mais harmônica possível, o que caracteriza, também, um cálculo matemático. Até mesmo um maestro ou uma maestrina deve calcular muito bem seus movimentos para a entrega de cada instrumento (segura um, libera outro, comandando o compasso da música). Ou seja, quantidade, distribuição, compensação, tamanho, escala, compasso, tempo.

Mas como estamos falando de cultura, que tal você ouvir a música do grupo *Mestre Ambrósio*, banda recifense surgida em 1992 dentro do movimento cultural *manguebeat*[11]. A base musical do grupo foi a cultura nordestina. Forró, Maracatu, Coco, Ciranda, Caboclinho, Baião, eis alguns traços culturais da música do Nordeste brasileiro. O nome do grupo foi uma homenagem ao mestre do teatro folclórico popular Cavalo Marinho, Ambrósio. Há no repertório do grupo uma mescla de jazz, rock e música árabe.

Usina (Tango no Mango)

Ajustei um casamento

Com a nêga dum bordel

Pensando que era uma moça

E era o diabo duma véia

Tombo no martelo tombador

Tombo no martelo militar

Me caso contigo véia

Deve ser em condição

D'eu dormir na minha rede

E tu véia, no fogão

Me casei com esta véia

Pra livrar da fiarada

11 movimento e contracultura surgido no Brasil a partir de 1991 em Recife, Pernambuco, que mistura ritmos regionais, como o maracatu, com rock, hip hop, funk e música eletrônica

A danada dessa véia
Teve dez numa ninhada
Desses dez que nasceram
Um deu pra ladrão de bode
Deu no tango e deu no mango
Dos dez só ficaram nove
Dos nove que ficaram
Um deu pra ladrão de porco
E deu no tango e deu no mango
Dos nove ficaram oito
Dos oito que ficaram
Um deu pra ladrão de jegue
Deu no tango e deu no mango
Dos oito ficaram sete
Dos sete que ficaram
Um deu pra ladrão de rês
Deu no tango e deu no mango
Dos sete ficaram seis
Desses seis que ficaram
Um deu pra ladrão de pinto
E deu no tango e deu no mango
Dos seis só ficaram cinco
Dos cinco que ficaram
Um deu pra ladrão de pato
E deu no tango e deu no mango
Dos cinco ficaram quatro
Dos quatro que ficaram
Um deu pra roubar outra vez
Deu no tango e deu no mango
Dos quatro ficaram três
Desses três que ficaram
Um deu pra ladrão de boi
Deu no tango e deu no mango
Dos três só ficaram dois
Desses dois que ficaram

Um deu pra roubar jerimum

Deu no tango e deu no mango

Desses dois só ficaram um

Desse um que ficaram

Um deu pra roubar ladrão

Deu no tango e deu no mango

Acabou-se a geração

Composição: Hélder Vasconcelos

SUGESTÃO DE ATIVIDADE: 1. Ouça a música, procurando baixá-la através da internet ou procure ouvi-la através do dispositivo disponível; 2. pesquise sobre o movimento *manguebeat,* procurando entender seus propósitos e alcances; 3. procure informações sobre o movimento cultural *cavalo marinho*; 4. observe a letra musical acima, afinal rima e ritmo são recursos próprios da Matemática.

III – Matemática e Culinária

O uso das frações é de extrema importância para a culinária. Repare: ½ xícara de chá de determinado produto, 1/3 de copo americano de outro, 500 gramas de um terceiro ingrediente, e assim sucessivamente. Os termos adição, divisão e até multiplicação aparecem nas receitas propostas. Ou seja, faz-se o uso de proporções.

O Acarajé é uma das mais tradicionais especiarias populares no Brasil. A palavra *acarajé* se origina da língua africana iorubá: *akará = bola de fogo e jé = comer,*. O ***ofício das baianas do acarajé* é** considerado patrimônio imaterial da cultura brasileira, com registro no Iphan (Instituto do Patrimônio Histórico e Artístico Nacional).

O produto carrega uma história e tradição cultural das mais significativas. O acarajé é vendido por todo o país, porém é ainda mais popular nas regiões baianas. Produzido principalmente por mulheres, é oferecido no tabuleiro, onde acompanha também outras iguarias baianas, como o abará, o lelê, a cocada preta, cocada branca e o pé de moleque. Difundida no candomblé e ofertada para a aiabá Iansã, a receita chegou ao Brasil vinda do Golfo do Benim, na África Ocidental.

Fonte: Reprodução

O produto é preparado com um bolinho de feijão-fradinho artesanal, temperado com cebola e sal, frito em azeite de dendê e depois recheado com vatapá (leite de coco, castanha de caju, amendoim e camarão), vinagrete e camarão seco, o acarajé é servido "quente" ou "frio" (com muita ou pouca pimenta)

Receita Tradicional de Acarajé[12]

Ingredientes

- ⇒ 1 litro de azeite de dendê
- ⇒ ½ kilo de feijão-fradinho
- ⇒ 700 gramas de camarão defumado sem casca
- ⇒ 1 cebola média picada

Recheio

- ⇒ 4 a 6 xícaras de azeite de dendê
- ⇒ 3 cebolas picadas
- ⇒ camarão defumado sem casca e moído
- ⇒ cheiro-verde e alho a gosto

Modo de Preparo

1. Para fazer o recheio, refogue a cebola, o camarão, o cheiro-verde e o alho no azeite de 10 a 15 minutos;
2. Coloque o feijão de molho até que ele fique inchado, depois retire sua pele e 'olho'. Após isso moa na pedra (pilão ou triturador);
3. Tempere a massa formada com cebola pisada, sal e camarões secos e moídos; bata a massa novamente até que fique homogênea;
4. Adicione em uma panela, o azeite de dendê, espere ficar bem aquecido e comece a fritar os bolinhos; Depois de frito, corte-o ao meio e recheie com molho de camarão, pimenta e cebola.

- **PROPOSTA DE AÇÃO: em turma, observem a receita de acarajé indicada acima. Arrecadem os ingredientes necessários. Procurem executar a receita padrão oferecida. Experimentem o produto. Após, altere as proporções indicadas, como, por exemplo, as de de azeite de dendê (a maior ou a menor). Verifiquem qual o novo resultado e comparem com a receita original. CASO NÃO SEJA POSSÍVEL A ARRECADAÇÃO DOS INGREDIENTES para a receita sugerida, busque alguma outra receita própria de sua região. Busque o processo (receita) de realização e altere as proporções sugeridas, da mesma forma que o indicado.**

IV – Lei de Incentivo à Cultura

A *Lei de Incentivo à Cultura* (antiga Lei Rouanet) procura abrigar projetos culturais em todo o Brasil. Por meio do dispositivo legal, empresas e pessoas físicas podem patrocinar exposições, shows, publicações de livros, entre várias outras manifestações culturais. O valor total ou parcial disponibilizado pode ser abatido total ou parcialmente no Imposto de Renda a pagar pelo contribuinte. Os cidadãos também são beneficiados uma vez que os projetos patrocinados tem a obrigação de oferecer como contrapartida a distribuição de ingressos gratuitamente, além da promoção de ações de formação e capacitação junto às comunidades e sociedades.

Para patrocinar um projeto cultural o contribuinte precisa calcular 6% de seu imposto devido. Apurado o valor total de imposto a pagar, o contribuinte pode fazer uma transferência para a conta do projeto que desejar contemplado (mas que deve ser aprovado pelos órgãos federais competentes), o que é informado à Receita Federal. No ano seguinte, quando o contribuinte for fazer sua declaração de imposto de renda, precisa indicar o valor que foi repassado para o projeto escolhido para que a Receita deduza do imposto a ser pago.

Levando em consideração a declaração de Imposto de Renda de um contribuinte (abaixo), atente aos números e faça você mesmo o cálculo do que pode ser abatido do imposto a pagar através da Lei de Incentivo à Cultura do Governo Federal:

12 https://comidas-tipicas.info/comidas-do-nordeste/acaraje.html (acesso em 10 de junho de 2020)

TOTAL DE RENDIMENTOS TRIBUTÁVEIS DURANTE O ANO

100.000,

DEDUÇÕES

Dependentes*	2
Valor R$*	4.550,16
INSS	7.452,56
Despesas Médicas	7.000,00
Desp. instrução**	0
Pensão judicial	0
Prev. privada e FAPI	o
TOTAL DEDUÇÕES	19.0002,
Base de cálculo	80.997,2
Valor de dedução	13.302,7
Imposto devido	11.971,2
Limite máximo para incentivo - (considerando o teto de 6% neste cálculo)	

QUAL O VALOR MÁXIMO PARA O INCENTIVO À CULTURA QUE PODERÁ SER DESTINADO PELO CONTRIBUINTE?

RESPOSTA[13]: ___________________________________

PARA LER E VER

FILMES

OS IRMÃOS GRIMM (de Terry Gilliam). Ficção produzida pelo cinema norte-americano que coloca os irmãos Grimm à frente de formas reais com a cultura popular. Filme permite debate entre a resistência da cultura popular frente à cultura erudita.

. TERRA DOS ÍNDIOS (Brasil, 1979. (Direção de Zelito Vianna).
Documentário que identifica as diferenças no modo e visão de vida em relação aos padrões europeus da Idade Moderna dos cerca de cinco milhões de indígenas que ocupavam o território brasileiro antes da chegada dos colonizadores portugueses.

13 R$ 718,29

LIVROS

. CHAUÍ, Marilena. Cidadania cultural, o direito à cultura. SP: Perseu Abramo, 2006.
A autora faz uma análise sobre a necessidade de democratização da cultura e sobre a cultura imposta pelos interesses capitalistas, apontando para as condições de produção e distribuição cultural em países como o Brasil.
. **CASCUDO, Câmara.**
Considerado por muitos o maior folclorista brasileiro, destaque a obras como Vaqueiros e Cantadores (1939), Contos Tradicionais do Brasil (1946), Dicionário do Folclore Brasileiro (1954) e Coisas que o Povo Diz (1968).

TEXTO

. CULTURA BRASILEIRA, CULTURAS BRASILEIRAS.
Texto de Alfredo Bosi caracteriza a cultura popular e erudita brasileira em estilo literário.
São textos mais aprofundados para quem tem interesse especial pelo assunto. Disponível em http://www.ufrgs.br/cdrom/bosi/bosi.pdf

SITES

www.onubrasil.org.br - Portal da ONU no Brasil permite acessar uma série de artigos relacionados à questão cultural e antropológica. Assuntos como a realidade nacional e realidade cultural de diversas áreas do mundo são abordados.
www.webartigos.com.br/articles/11723/1/A-Cultura-Popular-no-Campo-da-Historiografia/pagina1.html - Você encontra a análise da obra do historiador inglês Peter Burke e suas análises da cultura popular do século XV.
http://www.cnfcp.gov.br/ - Site do Ministério da Cultura do Brasil. Apresenta as principais manifestações da cultura popular de nosso país (arquivos zipados).
www.portaldoconsumidor.gov.br - Site do governo federal brasileiro traz informações ao consumidor, tais como legislação, direitos e deveres e relação dos órgãos de defesa do consumidor.

REFLITA SOBRE:

Homo Sapiens

Ramapitecus

Australopitecus

Homo erectus

Homo de pequim

Homo de neanderthal

Homo de cromayon

Homo sapiens

Ele nasceu homem,

Ele é um animal
Vai seguir o caminho do bem
ou vai seguir o caminho do mal (...)
Agraciando com paladar, tato, olfato,
visão e audição
O homem às vezes põe o coração
à frente da razão
Atividade inteligente,
cria o culto e a magia inventando a arte,
ele pinta e borda
Noite e dia o homem
Sofre porque sente a gostosa
necessidade de amar
O homem não voa
mas quando consegue voar
alguém corta as suas asas (...)

Jorge Benjor. Músicas para tocar em elevador.Epic/ Sony Music, l997.

A música de Benjor nos permite discutir a evolução do ser humano. Apesar de sua evolução morfológica, intelectual e tecnológica, o Homem continua sendo um animal que se manifesta, em muitas situações, de forma instintiva, mesmo sendo um animal racional que pode refletir sobre seus atos.

A partir do exposto, reflita pessoalmente: "seria o ser humano tão frágil a ponto de comparar e menosprezar culturas que se afastam da sua como forma de fortalecer-se? Não seria este tipo de ato responsável pelos preconceitos de classe ou de profissão, pela intolerância religiosa, pelo nacionalismo exagerado e pela discriminação racial?"

ATIVIDADES

1. O indiano Bunker Roy, que nasceu em uma família rica, estudou nas escolas mais caras da cidade de Burnpur e especializou-se em língua inglesa, tinha uma vida material tranquila, até o momento em que decidiu conhecer o cotidiano das pessoas mais pobres. Isso ocorreu em 1965, ano marcado pela pior crise de produção e fome no estado indiano de Bihar.
   Roy desafiou a família e foi cavar poços de água em um povoado para ajudar as pessoas. Com o tempo e a convivência com habitantes do local, ele percebeu que as pessoas mais humildes dominavam saberes preciosos, mas pouco valorizados, como as habilidades das parteiras e dos oleiros (trabalhadores que manipulam barro para produzirem louças, telhas, tijolos, manilhas, entre outros).
   Roy admitia ter uma visão etnocêntrica sobre comunidades mais pobres. A partir dessa experiência, fundou a Universidade dos Pés Descalços, em 1972, no Rajastão, desejando com a iniciativa difundir os conhecimentos até então vistos como menos importantes. Alunos de várias partes da Índia e de

outros países aprendem como melhorar a vida de suas comunidades e a conviver com as diferenças culturais dos vários grupos étnicos indianos.

Prática sugerida: inspirados na iniciativa de Bunker Roy descrita acima e com o auxílio e supervisão do(a) professor(a), dividam-se em grupos e procurem identificar em seu bairro ou cidade práticas culturais locais, sejam festividades, comidas típicas, histórias locais, entre outros. Entre os mais velhos (pais, avós, tios) , procurem identificar saberes domésticos, associando ervas/chás associados à cura ou melhora de doenças e quais. Caso haja em sua região, visitem museu(s). O objetivo é que seja feito um resgate cultural local. Exponham todo o material (fotos, depoimentos, vídeos etc) em um pequeno evento na escola para que todos compartilhem do trabalho desenvolvido.

2. Um grande número de nações indígenas brasileiras desapareceu por diversos motivos. Outras foram tão aculturadas que, atualmente, quase nem se identificam mais como indígenas (envolvimento com drogas, contrabando de madeira, mineração ilegal, consumo excessivo de álcool, proliferação de doenças etc). Mas a aculturação (aqui visto como redução da cultura original) é considerada a pior causa do desaparecimento de várias destas nações.
O Parque Nacional Indígena do Xingu (Mato Grosso) é o local onde melhor se preservam as tradições indígenas no Brasil. Foi criado em 1961, sendo seus idealizadores os irmãos Vilas Bôas (Orlando Vilas Bôas, Claúdio Vilas Bôas e Leonardo Vilas Bôas) com projeto do antropólogo Darcy Ribeiro (1922-1997). Participaram do processo de criação do Xingu o Marechal Cândido Rondon (1865-1958) e o médico sanitarista Noel Nutels (1913-1973).

Fonte: Reprodução

Parque Nacional do Xingu, reserva indígena criada em 1961, destinado à pacificação e defesa dos valores culturais dos índios, abriga diversas tribos como Aueti, Kamaiurá, Waurá, Txicão, Juruna, entre outras.

Dividida em equipes, a turma, com a orientação dos(as) professores(as) de Sociologia, História, Artes e Português, DEVE PESQUISAR tradições, costumes e valores dos nativos brasileiros. A pesquisa deve buscar saberes medicinais, tipos de dança, de construção habitacional, rituais, pinturas corporais, artesanato, culinária e uso de expressões .

O resultado da pesquisa deve ser exposto à **toda a turma. Sugere-se que sejam identificadas expressões utilizadas na língua portuguesa que nos remetam aos diversos dialetos nativo como nomes de bairros, de cidades e outras localidades brasileiras. Outra sugestão é a de trazer à sala de aula nativos de sua região (cidade) para que exponham o que mantém de sua cultura.**

Todo o resultado da pesquisa pode ser exposto em murais da escola, como fotografias do obtido na pesquisa e do evento em si.

3. Crie argumentos que rejeitem a ideia segundo a qual existem indivíduos que possuem mais cultura do que outros.
4. Um telefone celular e um automóvel são elementos sociais incorporados por algumas sociedades indígenas no Brasil. O fato de sociedades indígenas possuírem bens como um celular ou um automóvel tornam os indígenas menos indígenas? Justifique sua resposta.

5
MARCADORES SOCIAIS DAS DIFERENÇAS

Abertura

Os presentes à exposição de um teólogo estadunidense negro receberam perplexos (no auditório da Pontifícia Universidade Católica, nos anos finais do século passado) a seguinte afirmação do palestrante: *"Deus é negro!"*.

Aberta a sessão de perguntas, alguns ouvintes, em estado de fúria, o questionaram: *"que provas possui que Deus é negro?"*. Prontamente, o teólogo respondeu: *"Deus é negro porque Ele é vítima"*.

Caso sigamos a linha de raciocínio do orador, poderemos dizer que Deus pode não ser apenas negro, mas indígena, mulher ou mesmo o discriminado pelo seu posicionamento sexual.

E você diria: *"foi uma provocação do palestrante"*. Certamente. Até porque nem toda vítima é negra e nem todo negro é vítima. Mas a probabilidade é maior de sê-lo. O mesmo se estende a membros de outras minorias.

Ao fazermos uma análise das estruturas sociais, percebemos a existência de disparidades e desigualdades. Muitas das dessemelhanças entre os indivíduos são de natureza humana, tais como cor da pele, gênero, idade, entre outros. As desigualdades sociais, no entanto, são de relações estabelecidas e que apontam para conflitos de interesses entre grupos, o que gera opressão aos diminuídos nas hierarquias sociais.

Fonte: Reprodução

Fonte: Reprodução

LUCCI, E. Alabi. *Território e sociedade no mundo globalizado: geografia geral e do Brasil.*
Fonte: São Paulo: Saraiva, 2005. p. 386.

Marcadores Sociais das Diferenças

Nas Ciências Sociais, as características que distinguem grupos da sociedade como categorias são chamadas de *marcadores sociais das diferenças*. Tais marcadores podem ser geracionais (idoso, jovem, adolescente, criança), de classe social (que leva em consideração o acesso aos recursos e riquezas produzidas), de orientação sexual (homossexual, heterossexual, bissexual), de gênero (homem, mulher, transgênero[1]) e étnica (branco, negro, amarelo, indígena, pardo). Em comum, o fato de serem socialmente construídos.

Quando o elemento diferenciador é a *geração*, envolve a fase da vida do indivíduo que o coloca dentro de determinado grupo, indicando o papel social de cada fase da vida. O marcador da diferença de adolescentes, por exemplo, indica comportamentos esperados dessa fase da vida, tal como rebeldia, questionamento às regras sociais e agitação.

Importante destacar que a adolescência não é um fenômeno geral e universal, e depende da cultura estabelecida. Em nosso mundo contemporâneo ocidental, a tendência é a ampliação d a fase adolescente devido à entrada cada vez mais tardia no mercado de trabalho, não sem contradições e perdas, como a necessidade da elaboração da privação do corpo infantil e dos pais da infância, o que divide o indivíduo entre o desejo de tornar-se independente dos que o provém, porém necessitam das condições básicas para a manutenção. Da mesma forma que há um conflito interno, os pais ou responsáveis também se postam de forma contraditória ao esperarem dos filhos adolescentes um posicionamento adulto quando lhes convém e, em outros momentos, tratá-los como crianças em outros assuntos.

Fonte: Reprodução

Cresce a chamada "geração canguru", onde jovens "esticam" a permanência do convívio com os pais ou responsáveis.

Ainda em relação à questão de geração, os idosos vêm progressivamente obtendo vez e voz em países como o Brasil. Os números são animadores: vive-se cada vez mais no país (segundo dados do Instituto Brasileiro de Geografia e Estatística, 2019, a expectativa de vida brasileira é de 76,3 anos). O lado negativo está no despreparo para atender adequadamente às necessidades dessa fatia da população, já que é necessário que se invista mais, especificamente no setor público de saúde e de previdência social para o pagamento de pensões e aposentadorias. Uma das conquistas desse seguimento social são as determinações do Estatuto do Idoso[2]. No entanto, os dispositivos do documento ainda não são respeitados de forma ampla e absoluta. Por essa razão, alguns municípios passaram a implantar secretarias especiais que visam proteger e garantir conquistas a esse grupo.

Os marcadores étnico-raciais da diferença são os ligados à cor da pele dos indivíduos ou a seus grupos culturais de origem. Seus significados são atribuídos historicamente e são particulares em cada estrutura social.

1 indivíduos com identidade de gênero que difere do típico do seu sexo atribuído ao nascer

2 instituído pela Lei 10.741 em outubro de 2003, o Estatuto do Idoso visa a garantia dos direitos assegurados às pessoas com idade igual ou superior a 60 anos (art. 1º), abordando questões familiares, de saúde, discriminação e violência

Na sociedade brasileira, por exemplo, foram criados vários estereótipos[3] e preconceitos que foram construídos historicamente pelo sistema escravista, o que traz consequências como a hierarquização entre negros e brancos, conferindo aos primeiros uma visão de inferioridade e aos símbolos ligados a ele, caso não haja um amadurecimento educacional adequado.

Vale explicar que escravidão foi extinta no Brasil em 1888, mas pouco foi feito para a integração dos afrodescendentes à sociedade brasileira. Embora tenham deixado de ser um bem econômico, boa parte dos negros continua discriminada e mantida à margem da sociedade, sem meios de sustento.

Após a abolição da escravidão, em resposta á falta de uma política de inserção plena dos antigos cativos na sociedade brasileira, formaram-se as primeiras organizações para fazer frente ao preconceito e à discriminação. Em 1930, coincidindo com a busca de novos rumos para o país, foi fundada, na cidade de São Paulo, a *Frente Negra Brasileira*, com ramificações em outros Estados. Essa organização chegou a ter um jornal próprio, *A voz da raça,* e a constituir um partido político, fechado por determinação do governo Getúlio Vargas, em 1937. A iniciativa deve ser vista com normalidade pois, a partir do momento em que são vistos com diferenciação, os marcadores buscam a atuação no espaço público por meio de reivindicações ligadas às suas características distintivas e às desigualdades e diferenciações que surgem e/ou permanecem. No exemplo brasileiro, fruto das denúncias do estabelecimento de diferenças, em 1951 foi promulgada a *Lei Afonso Arinos* que proibia a discriminação racial e previa punição para quem a manifestasse. A criação dessa lei configurou o reconhecimento da existência de racismo no Brasil, o que constituiu um avanço.

RACISMO - forma de discriminação baseada nas diferenças de raça ou grupo étnico. A crença na existência de etnias superiores e inferiores justificou a escravidão, o domínio de povos e genocídios.

O racismo (sistema de relações que edifica práticas discriminatórias contra determinados grupos) é o ato de classificar grupos em raças, atribuindo-lhes valores desiguais. E devemos entender que raça não é um dado biológico, mas uma construção social e histórica que deve ser entendida em seu contexto.

As mudanças sobre as questões raciais no planeta começaram a tomar vulto no século XX, após a Segunda Guerra Mundial (1939-1945), em razão das brutalidades cometidas pelos nazistas contra judeus, ciganos, eslavos e negros, entre outros grupos.

Em 1950, vários cientistas se reuniram (entre eles médicos, biólogos, sociólogos e antropólogos) sob a direção da Unesco[4] para discutir e consolidar uma análise crítica dos argumentos dos teóricos racistas. Com base nessas discussões foi redigido, em julho daquele mesmo ano, um documento denominado *Declaração das Raças da Unesco*, que passou a pedir uma postura ética para evitar a discriminação de indivíduos e grupos, apontando para a necessidade das pessoas serem capazes de reconhecer diferenças e avaliar os efeitos e as consequências negativas das práticas discriminatórias.

As políticas de ação afirmativa são um importante passo para a redução das desigualdades históricas entre negros, indígenas e brancos, assim como os movimentos sociais que exigem a formulação de políticas públicas que reparem as desigualdades. Ao reconhecer a existência de tipos específicos de grupos que sofrem processos de estigmatização e exclusão, necessário que sejam corrigidas distorções com medidas específicas, como a busca de igualdade de oportunidades como forma de compensação de desigualdades históricas ainda vigentes.

A antropóloga Lilia Moritz Schwarcz[5], ao analisar os dados obtidos em 1998 através de uma pesquisa realizada por um grupo de estudiosos da Universidade de São Paulo por ocasião dos cem anos de abolição obtida em 1888, afirmou que *"todo brasileiro parece se sentir como uma 'ilha de democracia racial', cercado de racistas por todos os lados".* Isto porque a investigação da USP partiu de duas perguntas: *"Você tem preconceito de cor? Conhece alguém que tenha preconceito de cor? Se sua resposta foi sim, descreva seu grau de relacionamento com essa pessoa".* O que impressionou Lilia Moritz foi o resultado da pesquisa: 97% dos entrevistados responderam não ter preconceito, confirmando a concepção geral de que vivemos no país uma

3 conceito ou modelo de imagem atribuído às pessoas ou grupos sociais, muitas vezes de maneira preconceituosa e sem fundamentação teórica

4 Unesco = Organização das Nações Unidas para a Educação, Ciência e Cultura

5 Lilia Moritz Schwarcz. Racismo no Brasil. SP: Publifolha, 2001, p. 76

'democracia racial'. Porém, 99% dos pesquisados disseram conhecer pessoas que discriminavam, mencionando pessoas de sua proximidade (amigos, namorados, parentes, entre outros).

Fonte: Reprodução

No Brasil, o racismo é considerado velado, ou seja, não explicito. Porém, oprime a população discriminada, assim como o preconceito aberto.

Para o sociólogo Oracy Nogueira[6], diferentemente do racismo estadunidense, onde mestiços com aparência branca consideram-se ou são considerados negros (repare que, a partir dessa condição o racismo naquele país é mais definido e declarado, possibilitando a busca por maiores instrumentos de luta contra a prática discriminatória), no Brasil o preconceito racial é de "marca", ou seja, subjetivo.

Segundo Nogueira, diferentemente do preconceito racional de origem, a discriminação de marca acarreta consequências como o racismo mascarado ou não admitido, o que dificulta a organização dos discriminados no combate à condição e faz com que o negro procure não se identificar como tal.

Nessa linha de raciocínio, Florestan Fernandes (1920-1995) afirma que o racismo não admitido provoca situações rotineiras de constrangimento, implicando no preconceito de ter preconceito. Ou seja, o simples fato de referir-se a uma pessoa negra como negra provoca constrangimentos, passando a serem utilizadas expressões que procurem suavizar a condição, tais como moreno, mulato etc. Para Florestan, o preconceito racial está entre as grandes dificuldades enfrentadas pelos negros no Brasil, com a condição de cor atuando como elemento que impede a formação efetiva de uma sociedade de classes no país, com a discriminação racial atuando como um mecanismo de reprodução de desigualdades em meio ao processo de modernização nos dias contemporâneos. A partir dessa condição, ao negro brasileiro é negada a cidadania plena já que a discriminação de pele limita a aplicabilidade dos direitos e acentua a exclusão social sobre essa minoria.

COM A PALAVRA, FLORESTAN FERNANDES

> **Evidencia-se, aí, como a modernização tem ocorrido, na esfera das relações raciais, como um fenômeno heterogêneo, descontínuo e unilateral, engendrando um dos problemas sociais mais graves para a continuidade do desenvolvimento da ordem social competitiva na sociedade brasileira. Por conseguinte, a análise converte-se em estudo da formação, consolidação e expansão do regime de classes sociais no Brasil do ângulo das relações raciais e, em particular, da absorção do negro e do mulato.**
>
> **Florestan Fernandes. A integração do negro na sociedade de classes. SP: Ática, 1978, página 10.**

6 Oracy Nogueira. Preconceito de marca; as relações raciais em Itapetininga. SP: Edusp, 1998

O sociólogo Octávio Ianni (1926-2004) aponta que a etnia branca, em geral, procura na etnia negra os motivos que justifiquem certo afastamento social enquanto os negros procuram situar-se nas relações sociais, porém, geralmente, são afastados ou discriminados pelos brancos.

Thales de Azevedo (1904-1995), antropólogo baiano, em seu livro *As elites de cor: um estudo de ascensão social*, afirma que entre a população urbana mestiça há um preconceito étnico disfarçado de não discriminação e que há uma dificuldade de mobilidade social no Brasil dirigida pela cor do indivíduo.

RAÇA OU ETNIA?

O conceito de etnia é uso corrente na Antropologia, sendo preferido a outros que privilegiam a raça como critério para caracterizar populações humanas. Desta forma, devemos entender etnia partindo da visão de um grupo humano que tenha possibilidade de perpetuar-se biologicamente e que compartilha a mesma cultura e a mesma língua, além de identificar-se e ser identificado pelo demais como um grupo distinto.

De acordo com as teorias de Charles Darwin sobre evolução, raças surgem quando grupos diferentes se defrontam com situações diferentes de ambiente. Através de gerações, suas características físicas evoluem até que cada grupo como um todo seja bastante diferente, fisicamente, de seus ancestrais. Se o isolamento do grupo continuar por tempo suficiente e o meio ambiente for diferente o bastante, a raça divergente se transformará eventualmente em uma espécie distinta. Como com a miscigenação a convergência dessas características no homem está se acelerando e parece provável que elas tendam a diluir.

Existem discussões em torno do conceito de raça no Brasil, mas a tendência maior é a de se considerar a inexistência de diferenças raciais, o que esvazia a ideia de raça enquanto conceito. Porém, se sob o ponto de vista científico a raça é atualmente uma noção inexistente, o racismo seria um preconceito baseado em uma diferenciação que não existe.

Já as diferenças de sexo dizem respeito a diferenças anatômicas herdadas biologicamente. Ou seja, o sexo masculino é definido pela presença de pênis, enquanto o sexo feminino é definido pela presença da vagina. A noção de gênero, por sua vez, faz referência à dimensão social dada pelas diferenças sexuais, o que significa dizer que, por meio das estruturas de gênero, a diferença anatômica ganha um sentido social, uma vez que gênero não deve ser confundido com a ideia de sexo, seja ele masculino ou feminino. Em outras palavras: enquanto sexo é uma composição corporal do indivíduo, a noção de gênero é a construção social do sexo e das diferenças sexuais.

Sob o ponto de vista das Ciências Humanas e Sociais, não é suficiente apontar que homens e mulheres são diferentes ou que agem e reagem de forma diferenciada perante as mesmas situações, mas estabelecer quais as origens dessas diferenças, bem como seus significados e consequências.

Sob o ponto de vista sociológico, o conjunto de imagens, valores e ideais do que é ser homem ou mulher constituiu o que é chamado de *estruturas de gênero e de sexualidade*, formado pelas instituições que estabelecem diferenças sociais entre homens e mulheres e entre heterossexuais e não heterossexuais. Visto assim, observamos que a diferenciação entre os sexos feminino e masculino são socialmente construídas através do processo de socialização.

Na vida social contemporânea ocidental, persistem as desigualdades entre homens e mulheres em vários âmbitos da vida social, apesar dos avanços das últimas décadas. Basta que observemos que as mulheres participam de forma significativa e cada vez mais ampla do mercado de trabalho, não fazem mais apenas o papel de moças destinadas ao casamento e, em países como o Brasil, ocupam a maior parte das vagas do ensino superior. Porém, apesar das transformações relativamente recentes, ainda não possuem as mesmas condições salariais, não têm a participação plena nas decisões políticas do país e ainda não dividem de forma igualitária as vagas nos cursos de pós-graduação. Ou seja, apesar dos avanços, alguns preconceitos são mantidos e dificultam a luta pela abolição das diferenças sexuais.

Nem tudo evoluiu e evolui uniformemente. Mulheres, em várias partes do mundo, ainda são mutiladas para que não tenham prazer sexual, muitas ainda são proibidas de trabalhar fora de casa, outras não podem sentar-se em locais públicas e outras são agredidas.

Mas qual a origem das diferenças entre homens e mulheres? À primeira vista indicaríamos a composição biológica e anatômica, uma vez que, além das especificidades dos aparelhos reprodutivos, o homem adulto possui, em geral, maior massa corpórea. Mas a condição é insuficiente para que expliquemos os fenômenos de ordem social estabelecidos como a feminilidade e a masculinidade, que devem ser entendidos como dinâmicas de gênero que produzem padrões hierárquicos ao atribuírem valores a práticas e posições sociais entendidas como femininas ou masculinas. Um bom exemplo provém da maternidade, uma vez que as etapas de reprodução carregam símbolos e expectativas sociais e dão, em várias sociedades, papéis diferentes a cada uma das partes, mesmo não sendo a formação corporal biologicamente herdada que estipula comportamentos naturalmente femininos ou naturalmente masculinos.

Mesmo que certos fatores biológicos estejam relacionados às diferenças sexuais, não podemos reduzir fenômenos sociais a uma questão corporal ou de essência, tais como estabelecer que compete à mãe o papel de " cuidadora" e ao pai o papel de provedor.

Ao debatermos a questão de gênero, estamos estabelecendo questionamentos à construção social da masculinidade e da feminilidade e do masculino-feminino, ainda com claro desprestígio às mulheres.

Devemos entender por sexualidade o conjunto de práticas e significados relacionado ao prazer e ao corpo, incluindo o desejo, o afeto, a reprodução, a saúde e poder. Porém, por mais natural que possa parecer, também é uma atividade regulada socialmente.

A sexualidade contém dimensões familiares, econômicas, religiosas e políticas e não se resume á relação sexual em si.

As dimensões familiares são responsáveis pela regulação do que pode ou não ser praticado, determinando quais são as relações sexuais legítimas e ilegítimas (o *tabu do incesto*[7], por exemplo, estabelece que não pode haver interação sexual entre irmãos e irmãs ou entre pais e filhos ou entre primos e primas, entre outros) e procurando definir quais os objetos de desejo apropriados para cada indivíduo.

As dimensões econômicas dimensionam a sexualidade em si ao facilitar ou dificultar o encontro entre os indivíduos, segundo a condição de cada um. Repare que é mais fácil o encontro entre indivíduos que possuem a mesma estratificação social (não que isso se dê de forma obrigatória).

As dimensões religiosas da sexualidade referem-se ao que é permitido ou não, agindo também como agente regulador das relações. Ou seja, as interpretações religiosas concedem ou não ao indivíduo a relação sexual provida ou desprovida de preceitos.

A sexualidade torna-se um tema político por implicar no controle da reprodução humana (crescimento demográfico e estimativas sobre distribuição geográfica e econômica da população) e na adoção de políticas públicas (planejamento familiar, controle sobre doenças sexualmente transmissíveis como AIDS e campanhas de prevenção contra enfermidades).

A regulação da sexualidade humana nasceu sob o advento da interdição, ao estabelecer regras que controlam o sexo e a agressividade, como forma de tornar possível a vida em comum.

Para Sigmund Freud (1856-1939), fundador da psicanálise[8], forças pessoais precisam ser controladas e canalizadas para serem aceitos socialmente uma vez que cada indivíduo possui uma força primária que se encontra na instância da personalidade denominada *id* (libido; do latim "vontade" ou "desejo"), uma energia de natureza sexual orientada pelo prazer. O contato com as normas sociais determinam a formação do *superego,* que interioriza as forças inibidoras do mundo exterior. Segundo Freud, o conflito entre as duas forças antagônicas (a busca do prazer e a exigência social que estabelecem limites), é resolvido pelo *ego,* que controla o desejo ao levar em conta as condições impostas pelo mundo exterior. Uma das maneiras de controle do desejo seria a *sublimação* pela qual a libido é desviada para um alvo não sexual, ou seja, para atividades valorizadas socialmente, como o trabalho, a pesquisa intelectual, as produções artísticas, o jogo, entre outros. Quando o controle da sexualidade é feito por intermédio da *repressão,* a autonomia do indivíduo é ferida.

Freud afirma que o processo de repressão se dá quando o ego, sob o domínio e comando do superego, não consegue tomar conhecimento das exigências do *id*, por serem conflitivas e inconciliáveis com a moral estabelecidas. Já o erotismo deve ser entendido como a expressão da alegria e desejo e seu domínio estaria no desejo de triunfar sobre as proibições impostas pelos valores sociais.

Segundo Herbert Marcuse (1898-1979), no século XX a repressão sexual passou a ser substituída pela valorização da sexualidade, o que teria conduzido a uma suposta liberação das forças inibidoras dos desejos sexuais. Porém, seria essa uma liberação ilusória já que formas mais sutis de repressão teriam ganhado forças. Marcuse explica que a sexualidade liberada seria a genital, ou seja, a que se centraliza no ato sexual,

7 incesto = união sexual entre parentes
8 psicanálise = exploração do subconsciente por meio de análise psicológica

impedindo que haja uma erotismo desordenado e improdutivo que prejudique a ordem do trabalho e extravase os limites permitidos pela sociedade.

Para Michel Foucault (1926 -1984), na obra *História da Sexualidade*, falar sobre sexo passou a ser uma maneira de fazê-lo, já que o discurso da normalidade teria reduzido a sexualidade aos aspectos meramente biológicos

COM A PALAVRA, MERLEAU-PONTY

> **(...) É a sexualidade que faz com que um homem tenha uma história. Se a história sexual de um homem oferece a chave de sua vida, é porque na sexualidade do homem projeta-se sua maneira de ser a respeito do mundo, quer dizer, a respeito do tempo e a respeito dos outros homens. Existem sintomas sexuais na origem de todas as neuroses, mas esses sintomas, se os lemos bem, simbolizam toda uma atitude, seja por exemplo uma atitude de conquista, seja uma atitude de fuga. Na história sexual, concebida como a elaboração de uma forma geral de vida, podem introduzir-se todos os motivos psicológicos, porque não há mais interferência de duas causalidades e porque a vida genital está engrenada na vida total do sujeito.**
>
> **Maurice Merleau-Ponty. Fenomenologia da percepção. SP: Martins Fontes, 1999, p. 219.**

Anthony Giddens (1938 -) afirma que as principais mudanças no modo de se encarar a sexualidade no mundo contemporâneo envolvem as ligações em matrimônio (casamentos), uma vez que a sociedade ocidental ganhou, nas últimas décadas, a visão de liberdade individual, ou seja, a visão que cada um tem liberdade para a escolha de seu(s) parceiro(s), assim como fortaleceu-se o movimento feminista, que dá, gradativamente e cada vez com mais força, a visão de que a vida da mulher independe da figura masculina. Giddens aponta ainda que o desenvolvimento dos métodos contraceptivos (pílula anticoncepcional, dispositivo intra uterino, camisinha, entre outros) desvinculou a prática sexual da ideia de reprodução.

Fonte: Reprodução

O movimento LGBT (Lésbicas, Gays, Bissexuais, Travestis, Transexuais e Transgêneros) luta contra a discriminação, pelo reconhecimento da diversidade sexual e por direitos civis, políticos e sociais. Na imagem, Parada Gay na cidade de São Paulo, 2018. Fonte: Acervo pessoal

E EU COM ISTO?

Talcott Parsons (1902-1979) e Robert King Merton (1910-2003), direcionaram boa parte de seus estudos às determinações estruturais da ação humana. Para ambos, o comportamento do indivíduo que não leva em consideração os padrões da sociedade na qual está inserido acaba contribuindo para o funcionamento dela.

A opressão sobre os jovens é manifestada na sociedade através das oportunidades ou falta delas. A um iniciante no mercado de trabalho, em normalidade, são impostos menores salários e dificuldades de acesso. É por essa razão que políticas públicas procuram incentivar o ingresso do jovem no mercado de trabalho através do primeiro emprego ou do estímulo aos estágios.

Caso o jovem tenha uma opção sexual que vá na contramão da esperada heterossexualidade, mais difícil ainda, até porque a discriminação pode fazê-lo optar pela manutenção de certa clandestinidade em sua orientação sexual. Para um jovem de etnia negra, da mesma forma: menores oportunidades, racismo, aversão. Idem ainda para as mulheres, embora o cenário, gradualmente, venha sendo modificado.

Os marcadores sociais das diferenças refletem sobre o acesso a bens e serviços, até porque aprofundam as desigualdades sociais. Apesar da luta por direitos e pela liberdade, ainda há muito a ser feito e obtido. Discutir os posicionamentos de uma sociedade torna-se fundamental para que as diferenças diminuam ou sejam erradicadas por completo.

Sendo você ou não uma vítima direta dos marcadores sociais das diferenças, saiba que discutir o assunto colabora para as aceitações do outro e para a efetivação de uma sociedade mais democrática e justa.

REALIDADE BRASILEIRA

Em 2019, as mulheres ganharam, em média, 22% menos que os homens.

Enquanto os homens ganharam, em média, R$ 2.495 no último trimestre de 2019, as mulheres receberam, também em média, R$ 1.958, Os dados são da Pesquisa Nacional por Amostra de Domicílios (*Pnad*) Contínua, do IBGE, e inclui o trabalho formal e também informal. Entre os trabalhadores com ensino superior, a diferença chegou a 38%. E mais: as mulheres são mais afetadas pelo desemprego, são as maiores responsáveis pelos serviços domésticos e se aposentam com benefícios, em geral, menores em comparação com os homens.

A desigualdade salarial também persiste entre brancos e pretos e não há indicativos de mudanças substanciais nesse cenário do mercado de trabalho. Em 2018, segundo dados da Pesquisa Nacional por Amostra de Domicílio Contínuo (Pnadc) do IBGE, os trabalhadores brancos receberam em média 75% a mais do que pretos e pardos. Ou seja, os brancos receberam em média, em 2018, R$ 2.897, enquanto pretos e pardos tiveram rendimentos de R$ 1636 e RS$ 1659, respectivamente.

Outro dado que deve nos levar a reflexões: segundo revelou o *Informativo Desigualdades Sociais por Cor ou Raça no Brasil* - a partir de dados coletados pelo Instituto de Geografia e Estatística (IBGE) - a população negra tem 2,7 mais chances de ser vítima de assassinato do que a branca, já que a taxa de homicídio de pretos e pardos aumentou significativamente entre os anos 2012 e 2017, período analisado pelo estudo. No intervalo de seis anos, em cada cem mil habitantes brasileiros, 43,4 de negros e pardos foram vitimados, enquanto entre a população branca o índice se manteve constante: 16.

Em relação às pessoas LGBTQI+ os dados também são alarmantes: registro de 8.027 assassinados em 2018, segundo o Ministério dos Direitos Humanos. Os motivos apontados são de orientação sexual ou identidade de gênero.

Fonte: Reprodução

A Lei Maria da Penha é uma lei federal brasileira, cujo objetivo principal é estipular punição adequada e coibir atos de violência doméstica contra a mulher. Foi promulgada em 2006. Mas as agressões continuam. Maria da Penha Maia Fernandes lutou para que seu agressor viesse a ser condenado e é líder da defesa dos direitos das mulheres, vítima emblemática da violência doméstica. Fonte: Reprodução

No caso específico dos marcadores sociais das diferenças geracionais, as reflexões sobre a adolescência e juventude são de interesse de diversos campos de estudo. Problemas enfrentados pela geração jovem envolvem condições sociais, culturais, trabalho, desemprego e violência.

O termo juventude é frequentemente associado a problemas sociais. As questões que envolvem a juventude assumem uma conotação assistencialista por parte dos Governos que são induzidos a criar políticas públicas de caráter compensatório, sem que, na maioria dos casos, sejam criados espaços de debate e autonomia dos próprios jovens na construção coletiva da sociedade.

E numa sociedade cada vez mais competitiva e desigual, a educação formal, por meio de instituições de ensino e preparo técnico-profissional, torna-se evolutivamente mais necessária. A universalização da escola sob a forma de acesso ao ensino, com consequente aumento dos níveis de escolaridade, tornou a escolarização um fator indispensável nas sociedades modernas. Mas nem sempre o acesso a níveis satisfatórios de educação escolar é possível, até porque há, para a grande maioria, a necessidade de conciliar estudo e trabalho. Sem falar dos obstáculos para que seja obtida uma vaga em uma faculdade ou universidade pública.

E onde entra a Matemática?

Nossa vida está envolta a algoritmos, que funcionam como receitas criadas por computadores para analisar dados que direcionem nossas tomadas de decisões: qual filme assistir, como proteger um computador de um vírus, quanto devemos por determinada mercadoria. Mas não só. De acordo com a Matemática, tais modelos comandam nossas vidas e estão presentes em infinitos aspectos da vida social, profissional e social. Controlam resultados acadêmicos dos estudantes, classificam currículos, concedem ou não bolsas de estudo, avaliam trabalhadores e até nos vigiam. Muitas vezes é um algoritmo que decide se você merece ou não uma oportunidade de trabalho.

Esses códigos matemáticos, cada vez mais poderosos pelo uso da inteligência artificial, se tornaram ferramentas para a tomada de decisão automática, mas não são raros os casos em que as respostas são discriminadas.

Caso telefonemos para um serviço de atendimento ao consumidor de uma empresa, por exemplo, um atendente pode pontuar através de nosso número de telefone o perfil que têm registrado sobre nosso histórico. Caso o cliente tenha um perfil valorizado, até o atendimento pode ser mais rápido, cuidadoso e eficiente.

Para alguns segmentos sociais (tal qual as inequações matemáticas), a desigualdade. E medi-las colabora para que políticas públicas sejam implantadas e consciências sejam estabelecidas.

No caso da juventude, os cálculos não são apenas os diários, mas de fases: como conciliar trabalho e estudo, como conseguir um bom preparo para o vestibular ou Enem, como entrar no mercado de trabalho e obter um primeiro emprego. Para o jovem marcado pelas diferenças étnicas, o caminho é, normalmente, mais árduo.

NA PRÁTICA

I. Cotas no ensino superior

O sistema de cotas ganhou grande visibilidade no Brasil a partir da sanção da Lei 12.711 de 2012. Porém, o sistema existe desde o ano 2000, quando a Universidade de Brasília (UNB) aprovou a reserva de vagas para alguns grupos no seu processo seletivo.

A *Lei de Cotas* prevê a destinação de vagas para estudantes de escolas de públicas e, dentro dessa reserva, algumas das vagas são destinadas para pretos, pardos e indígena (Cotas Sociais e Cotas Raciais). Atualmente, boa parte das universidades federais realiza a seleção de novos alunos através do Sistema de Seleção Unificada (SISU). No entanto, as universidades estaduais e outras instituições de ensino adotam ações afirmativas que procuram beneficiar estudantes de baixa renda (lembre-se que caso haja aprovação, as informações prestadas devem ser comprovadas).

Mas como é calculada a destinação das vagas no Sistema de Cotas? Para concorrer a uma vaga pela Lei de Cotas Raciais, é necessário que o estudante tenha cursado os três anos do Ensino Médio em escolas públicas e se autodeclarar preto, pardo ou indígena (caso haja denúncia de fraude, o Ministério da Educação pode realizar investigação de falsificação).

Do total de vagas oferecidas por curso e turno, metade (50%) são destinadas a pessoas que estudaram em escolas públicas durante o Ensino Médio e, dentro dessa porcentagem, as vagas são divididas entre os que possuam renda familiar bruta inferior ou igual a um salário mínio e meio per capita (por pessoa).

Para facilitar, o Ministério da Educação do Brasil estruturou uma tabela para que seja melhor entendida a Lei de Cotas em uma Universidade Federal (abaixo). Você vai perceber que dentro dos 50% das vagas destinadas para estudantes de escola pública, há outra divisão para aqueles que possuem renda per capita abaixo de um salário mínimo e meio. Outra observação: em cada uma das subdivisões, determinada porcentagem das vagas será destinada apenas para candidatos pardos, pretos e indígenas. Para calcular qual será o número de vagas para cada etnia, a Instituição de Ensino precisa utilizar como base os números divulgados pelo Instituto Brasileiro de Geografia e Estatística (IBGE) da região em que se encontra a Instituição.

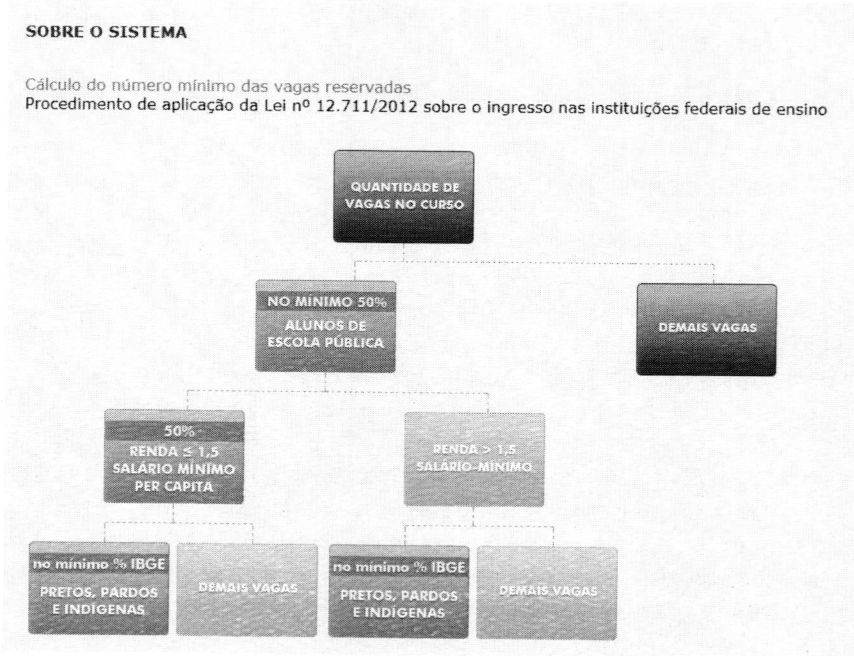

Fonte: Reprodução

CÁLCULO PRONTO: para saber quantas vagas são totalmente reservadas para pretos, pardos e indígenas estudantes de escola pública (com renda familiar acima ou abaixo do permitido) de determinado Estado brasileiro, é necessário considerar a porcentagem de pessoas com essas características daquela unidade federativa. Caso o IBGE, através de seus recenseamentos, indicar que 48,2% da população daquele Estado são autodeclarados pretos, pardos ou indígenas, 48,2% das vagas dentro das subdivisões serão destinas a cotistas raciais.

II. Como é feito o cálculo do ENEM

Uma das fases mais difíceis dentro da questão geracional é a de um(a) jovem vestibulando(a). Também o momento de submissão ao Enem (Exame Nacional do Ensino Médio). Não que uma pessoa não jovem não possa se submeter a tais provas, mas é mais comum nessa faixa etária. Para muitos, um drama e um rito de passagem.

Quando o Instituto Nacional de Pesquisas Educacionais Anísio Teixeira (INEP) divulga o resultado das notas do Exame Nacional do Ensino Médio (Enem), elas são dadas separadamente. Ou seja, você não vê uma única nota, mas quanto tirou na redação e em cada área do conhecimento: Ciências Humanas, Ciências da Natureza, Linguagens e Matemática. São cinco valores e as instituições de ensino superior adotam pesos para considerar a média final do postulante a uma vaga.

Para calcular a nota do Enem, some as notas das cinco áreas de conhecimento e divida por cinco. Dessa forma, você obterá a média simples da nota do Enem.

Para o ingresso do estudante pelo *Sisu* (Sistema de Seleção Unificada) ou pelo *Prouni* (Programa Universidade Para Todos), as médias obtidas pelo estudante são observadas em separado. A menor nota que ingressa em um curso torna-se a "nota de corte" (menor média para se obter uma vaga). Da mesma forma, a maior nota é a maior média simples. Mas ainda há a presença de pesos, o que faz com que o cálculo da média do Enem não seja tão simples de ser obtida.

Vale lembrar que a nota em cada área de conhecimento não é apenas a soma das questões que o estudante acertou, já que há diferenças de valores entre acertar questões consideradas difíceis e errar questões consideradas fáceis, uma vez que o nível de dificuldade de cada questão é levado em consideração na pontuação total (caso o estudante acerte uma questão considerada difícil e erra uma questão considerada fácil, o TRI, ou seja, Teoria de Resposta ao Item considera *não lógico* (característica do que vulgarmente denominamos "chute").

Em relação aos chamados *pesos*, importante salientar que o valor vai influenciar no curso que você está pleiteando em uma instituição de ensino superior e que cada área do conhecimento possui um peso. Assim, a nota que você obteve em uma área pode valer mais em um tipo de curso (peso 2 ou 3) e menos (peso 1), em outro.

Suponha que um estudante pleiteie uma vaga no curso de Agronomia em determinada instituição de ensino superior e que seus resultados foram os abaixo indicados:

Caderno	Nota	Peso	Peso X Nota
Ciências Humanas e Tecnologias	684,7	1	684,7
Matemática e Suas Tecnologias	724,1	1	724,1
Linguagens, Cód. e Tecnologias	634,1	2	1268,2
Redação	900,0.	3	2700
Ciências da Natureza e Tecnologias	568,3	3	1704,9

Total: 7081,9 dividido por 10 = 708,1

Caso a nota exigida pelo curso esteja dentro da média obtida, a vaga é possível de ser obtida (por exemplo, 700).

Calcule você mesmo a média obtida por um estudante que prestou o ENEM.Suas notas foram:

. Ciências Humanas e Suas Tecnologias (peso 2) 582,7; Matemática e Suas Tecnologias (peso 1) 568,1; Linguagens Códigos e Suas Tecnologias (peso 2) 534,1; Redação (peso 2) 850,0; Ciências da Natureza e Suas Tecnologias (peso 2) 513,3.

Se a nota de curso do curso escolhido em determinada instituição de ensino foi de 640 pontos, qual o resultado para o estudante em questão?

CÁLCULO E RESPOSTA: ____________________[9]

III. Cálculos de índices de violência

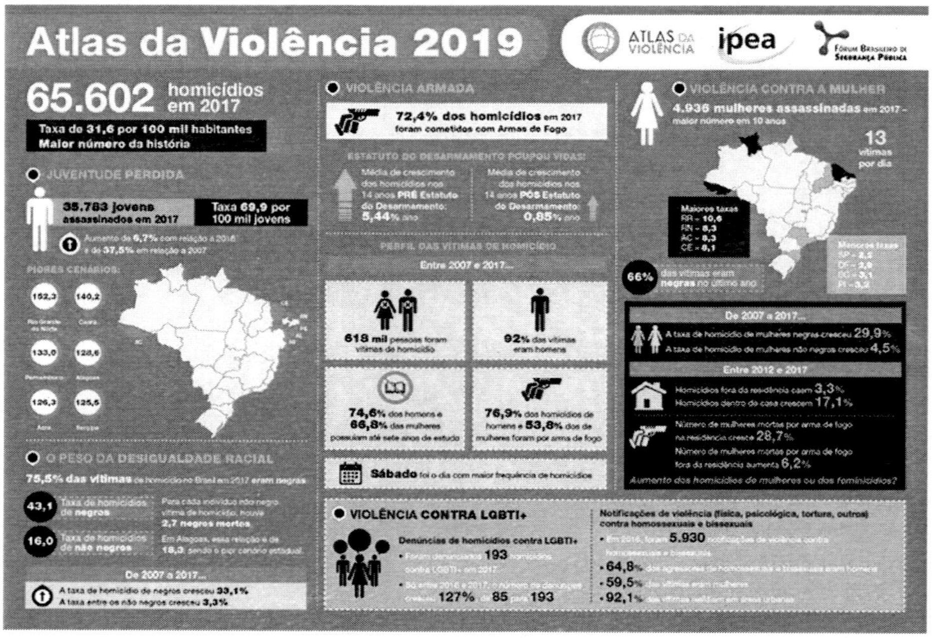

Fonte: Instituto de Pesquisa Econômica Aplicada (IPEA, 2019)

Números sobre a violência continuam a apresentar a diferença entre negros e brancos no Brasil. Segundo a edição do Atlas da Violência de 2019, 75,5% das vítimas de assassinato em 2017 eram indivíduos negros. A taxa de homicídios de negros (pretos e pardos) por grupo de 100 mil habitantes foi de 43,1, ao passo que a de não negros (brancos, amarelos e indígenas) foi de 16,0. Ou seja, para cada indivíduo não negro que sofreu homicídio em 2017, cerca de 2,7 negros foram mortos.

O *Atlas da Violência*, exposto em infográfico, também aponta que, no período de uma década (2007 a 2017), a taxa de letalidade de negros cresceu 33,1%, enquanto a de não negros apresentou um aumento de 3,3%. Analisando apenas a variação no último ano (2016 para 2017), enquanto o índice de mortes de não negros demonstrou relativa estabilidade, com redução de 0,3%, o de negros cresceu 7,2%.

Entre 2016 e 2017, o Brasil experimentou aumento de 6,7% na média de homicídios de jovens. Na última década, esse número passou de 50,8 pessoas entre 15 e 29 anos executadas por grupo de 100 mil jovens em 2007, para 69,9 em 2017.

CALCULE: se em 2007 50,8% pessoas entre 15 e 29 anos foram executadas por grupo de 100 mil jovens e em 2017 o percentual subiu para 69,9 homicídios nesta mesma faixa etária, qual o aumento em porcentagem?

---

9 a pontuação total do estudante foi de 5.528,3 que, dividida por 9 (peso total), resultou em 614,25, o que não lhe permitiu uma vaga na instituição de ensino superior em questão

. A **porcentagem** é uma área da Matemática utilizada para comparar grandezas, estimar o crescimento de algo e expressar quantidades de aumento ou diminuição. A porcentagem é uma razão de denominador igual a 100.

RESPOSTA: ______________________[10]

AGORA, REFLITA: analisando os resultados apontados pelo IPEA em 2019 indica como vítimas da violência majoritariamente a população jovem negra?[11]

IV. O peso como marcador social das diferenças

O tema obesidade assume centralidade no contexto mundial das políticas de saúde. Para a Organização Mundial de Saúde (OMS), a obesidade é o acúmulo excessivo de gordura corporal que afeta e prejudica a saúde por ser fatos de risco para doenças como diabetes, câncer, problemas cardiovasculares e hipertensão.

Certo que a obesidade é um importante problema de saúde pública, não apenas devido ao risco aumentado para doenças, mas também problemas psicossociais, tais como transtornos alimentares, estigma, insatisfação corporal, discriminação e preconceito. Muitos observam a pessoa obesa como preguiçosa e relapsa, o que pode torná-la motivo de piadas. Ações discriminatórias do tipo faz com que o indivíduo obeso se sinta culpado por sua condição e, por vezes, adota para si o preconceito que sofre de outros.

Em países como o Brasil, enquanto a injúria racial e a violência contra a mulher são atos considerados criminosos, o preconceito contra obesos chega até mesmo a ser encorajado (mesmo sem intenção) pelas campanhas publicitárias e de saúde pública.

Enquanto injúria racial e violência contra a mulher são consideradas crime no Brasil, **o preconceito com pessoas gordas não apenas passa batido como é até encorajado por órgãos de saúde pública e campanhas de publicidade,**

Para o cálculo do peso ideal de cada pessoa, a Organização Mundial de Saúde adota o parâmetro do IMC (Índice de Massa Corpóreo).

O índice é calculado da seguinte maneira: divide-se o peso do paciente pela sua altura elevada ao quadrado. Diz-se que o indivíduo tem peso normal quando o resultado do IMC está entre 18,5 e 24,9. Observe os dados a seguir:

IMC	CLASSIFICAÇÃO	OBESIDADE(GRAU)
MENOR QUE 18,5	MAGREZA	0
ENTRE 18,5 E 24,9	NORMAL	0
ENTRE 25,0 E 29,9	SOBREPESO	I
ENTRE 30,0 E 39,9	OBESIDADE	II
MAIOR QUE 40,0	OBESIDADE GRAVE	III

Exemplo: cálculo do IMC de uma pessoa que tem "peso" de 90 Kg e altura igual a 1,70m.

---

10 resposta: 37,5%

11 reflexão Esperada: que seja indicado que no Brasil a convivência com o racismo e os preconceitos sobre a minoria negra mantém-se, indicando, também, menores oportunidades para a etnia em questão

$$IMC = \frac{90}{1{,}70^2}$$

$$IMC = \frac{90}{2{,}89}$$

$$IMC \cong 31{,}14$$

Fonte: Reprodução

Portanto, o sujeito se classifica entre as pessoas com obesidade de grau II.

CALCULE SEU IMC: ___________________

PARA LER E VER

LIVROS

. **FERNANDES, Florestan, A integração do negro na sociedade de classes,** SP: Ática, 1978, 3° edição.
Um dos maiores sociólogos do Brasil, Fernandes nos dá nesta obra uma visão da constituição, desenvolvimento e decadência da escravidão no Brasil, além de analisar a difícil integração do negro e do mulato na sociedade moderna brasileira.

. **RIBEIRO, Darcy, Diários índios,** SP: Cia das Letras, 1996
O antropólogo Darcy Ribeiro apresenta, em forma de diário, suas expedições às aldeias dos Urubu-Kaapor, situadas entre o Maranhão e o Pará. Obra contém fotos, desenhos, mapas, mitos e anotações de parentescos dos Kaapor, refletindo sobre as diferenças entre o modo de ser do indígena e do homem branco.

FILMES

. **AVAETÉ – SEMENTE DA VINGANÇA (BRASIL, 1985) (Direção de Zelito Viana).**
Baseado em fatos reais, o filme narra a história do único sobrevivente (Avá) do massacre que exterminou os índios Avaeté. Vários temas são abordados na obra de Zelito Viana, como o interesse comercial e exploratório pelas terras indígenas e o papel da Igreja Católica nos conflitos de terra.

SITES

http://ler.vc/3u87bh - Site do Instituto Socioambiental (ISA) que fornece dados atuais sobre a situação dos indígenas no Brasil e narra histórias de várias das etnias dos nativos (acesso em 22 de maio 2014).
www.funai.gov.br/ - Site da Fundação Nacional do índio (FUNAI) que traz informações sobre a origem dos povos indígenas do Brasil, o choque cultural com a chegada dos portugueses e a situação indígena atual.

REFLITA SOBRE

Fonte: Reprodução

Os desvios são prontamente rejeitados quando são transgredidas as regras e normas sociais. Uma resposta ríspida aos mais velhos, cuspir em local inadequado, não respeitar os pais, são ações prontamente repelidas enquanto atos. Numa inserção maior, furtar, roubar e matar são consideradas ações passíveis de sanções mais duras, como a reclusão. Nesse sentido, devemos entender como controle social o conjunto de dispositivos impostos por uma sociedade com vistas a assegurar o respeito às regras e o convívio social. Para tanto, o controle social faz uso da regulação, relacionada à harmonização e padronização dos comportamentos do indivíduo junto aos grupos sociais dos quais participa.

. SOBRE QUAIS GRUPOS RECAEM AS MAIORES PREOCUPAÇÕES DE VIGILÂNCIA NO BRASIL?

ATIVIDADES

1. Observe as frases a seguir e discuta com a turma e sob a mediação do(a) professor(a) sobre as fatias da população que concordam com as mesmas:

. *"Negro bom é negro de alma branca"* – concordância de 26% dos brasileiros;

. *" As únicas coisas que os negros sabem fazer bem são música e esporte"*

- concordância de 20% dos brasileiros;

. *" Negro, quando não faz besteira na entrada, faz na saída"* – concordância de 10% dos brasileiros;

. *"Se Deus fez raças diferentes é para que elas não se misturem"* – concordância de 9% dos brasileiros.

Fonte: Instituto Datafolha, 2008 (dados divulgados no jornal Folha de S. Paulo em 23 de novembro de 2008, caderno Racismo Especial).

Com a mediação do(a) professor(a), a turma deve listar os papéis sociais atribuídos à mulher e ao homem. Após o trabalho, debatam as implicações sociais das atribuições mais citadas.

2. Um dos temas mais debatidos na atualidade é a união estável entre homossexuais. A discussão é complexa ao envolver posicionamentos morais, religiosos e políticos. O reconhecimento da união estável e de entidade familiar é prevista em algumas unidades da federação brasileira, como Rio Grande do Sul e Goiás. Algumas decisões favoráveis ocorreram recentemente em Minas Gerais. O direito à partilha de bens é previsto no Rio de Janeiro, Distrito Federal, Paraná e Rio Grande do Sul. Já o reconhecimento da parceria homoafetiva para fins previdenciários é previsto no Acre, Rio de Janeiro e Rio Grande do Sul. O direito à pensão por morte é aceito no Espírito Santo, Acre, Santa Catarina, Rio Grande do Sul e Minas Gerais.

   Faça uma redação em prosa, de caráter expositivo-argumentativo – dissertação; para tanto, procure levar em conta seus conhecimentos de mundo, leituras e os estudos realizados neste capítulo. Selecione, organize e inter-relacione ideias, conhecimento e aprendizados:

   a) seu texto deve ser escrito na modalidade padrão da Língua Portuguesa;

   b) não deixe de dar título à sua redação;

   c) faça um texto de aproximadamente vinte e cinco linhas.

   <u>O tema da redação é o seguinte:</u>

   "Como reagiria o brasileiro médio, instruído e reconhecidamente democrata, diante do casamento e adoção de crianças por homossexuais de ambos os sexos? Você acredita que, mesmo com o apoio do STJ, tal união seria aceita?"

   Para responder a tais questões e ampliar os conceitos de seu texto, leve em conta a dignidade da pessoa humana, suas escolhas pessoais e os direitos previstos na Constituição Federal. Você pode comparar nosso tempo a outros, citar fatos históricos, acontecimentos sociais, religiosos ou políticos. Evitar repetições. Conte com seus professores da área.

3. **UDESC**

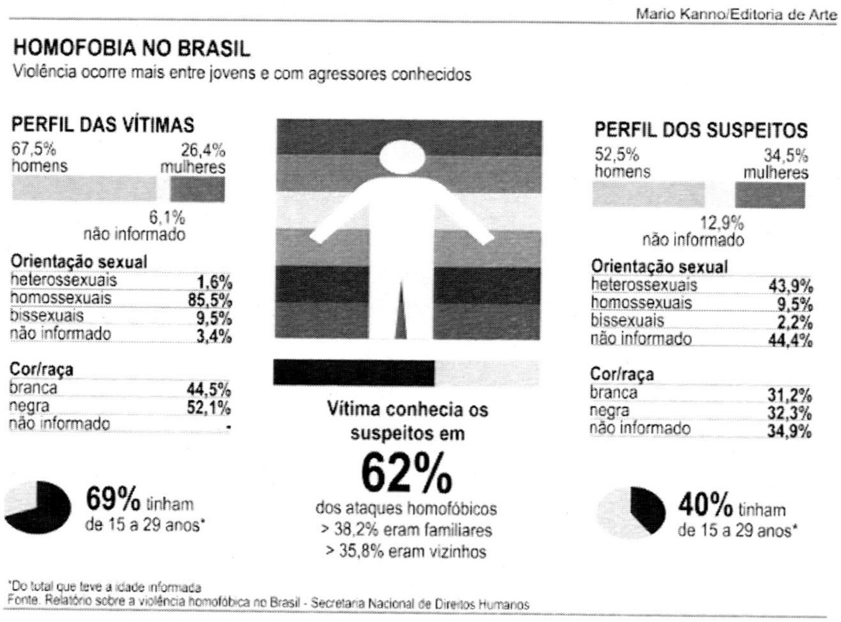

Disponível em: http://blog.newtonpaiva.br/pos/educacao-sem-homofobia-um-olhar-para-a-diversidade/ Acessado em: 30/03/2015. Adaptado.

Com base nos dados apresentados acima, assinale a alternativa correta.

a) A maior parte dos homofóbicos é do sexo masculino, jovem, branco e desconhecido da vítima.
b) Os dados apontam a correlação entre homofobia, faixa etária e questões raciais.
c) Os casos de homofobia são predominantemente vinculados ao tipo de vida dos próprios homossexuais, uma vez que se relacionam com pessoas contatadas em chats ou em locais de pouca segurança, como parques e boates gays.
d) A maior parte dos suspeitos prefere não informar sua orientação sexual, o que também se aplica ao perfil das vítimas.
e) Embora porcentagem considerável de mulheres tenham sido vítimas de violência, não se constata índice relevante de mulheres suspeitas de homofobia.[12]

12 alternativa B

6
TRABALHO E SOCIEDADE

Abertura

Normalmente a expectativa colocada sobre um estudante é que se prepare para ingressar no mercado de trabalho. Mas será que você, ao estudar, não está trabalhando? E qual o cenário que você encontrará no mundo do mercado ocupacional trabalhista?

A primeira resposta é simples: sim, está, mesmo que sem uma remuneração econômica (pelo menos na atual fase de estudos em que se encontra). Já a segunda resposta é de difícil previsão, mesmo porque o ramo de atividades trabalhistas altera-se em grande velocidade e reformas trabalhistas estão constantemente em curso em nome da economia e do pleno emprego.

Quando falamos em trabalho logo nos vem à mente remuneração monetária. Mas não há a necessidade de pagamento em espécie para que um indivíduo seja considerado um trabalhador. Um agricultor, por exemplo, pode plantar para sua subsistência e da família, ou seja, mesmo não sendo gratificado em espécie, trabalha.

Dessa forma, partamos do princípio que todo esforço físico ou intelectual realizado por um ser humano é visto como trabalho.

A concepção de trabalho adquire configurações distintas nas Ciências Humanas e Sociais de acordo com o sistema de divisão dessa atividade, das relações e dos modos de produção. No sistema capitalista, o indivíduo sofre coerção, principalmente econômica e social. Ou seja, a pessoa é juridicamente livre para vender sua força de trabalho; caso não o faça, seu prestígio social é colocado em xeque uma vez que o labor adquiriu um valor moral e é um elemento de legitimidade e distinção entre os membros de diversas sociedades.

Na relação com o tema, vamos aplicar princípios da **matemática comercial e financeira,** que envolve conceitos com porcentagem, valor, moeda, juro etc., ou seja, vinculações entre tempo, trabalho e dinheiro.

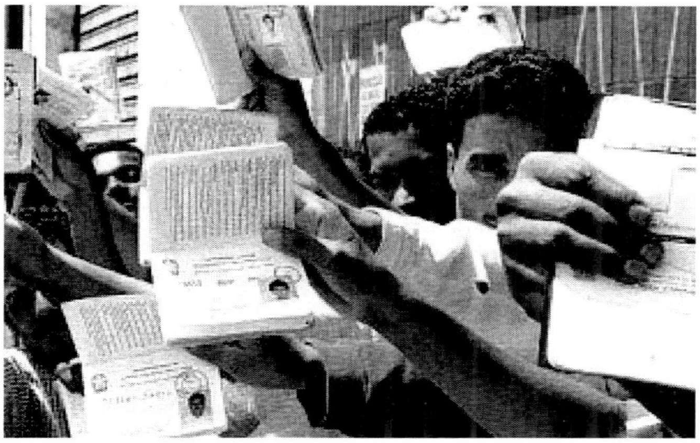

Fonte: Reprodução

O trabalho assumiu, ao longo da história das sociedades ocidentais, formas variadas. Nos dias contemporâneos a atividade ganha novos contornos e tendências.

Análise do Trabalho segundo as Ciências Humanas e Sociais

O trabalho humano é uma ação transformadora da realidade. Por constituir-se em uma ação deliberada e intencional, o trabalho, enquanto atividade, é próprio do ser humano.

A palavra trabalho provém do substantivo latino *tripalium*, aparelho de tortura utilizado para ferrar animais ou torturar condenados sociais na Roma antiga. Daí a associação de trabalho com sofrimento, desgaste, pena. De qualquer forma, não podemos desconsiderar que trabalhar significa esforço.

Para as várias sociedades edificadas ao longo da história, trabalhar significa constituir atividades (manuais e intelectuais) em que os bens fornecidos pela natureza são modificados com o objetivo de manutenção dos indivíduos e da própria estrutura social da qual fazem parte.

De acordo com o *Dicionário de Ciências Sociais*[1], o ser humano se colocou acima do reino animal pela sua capacidade criadora, transformando-se em um *"animal que produz"*. Porém, a atividade não é para o Homem apenas uma necessidade inevitável, "é também o seu libertador em relação à natureza, seu criador como ser social e independente, *já que através do trabalho o ser humano molda a natureza exterior a ele e modifica-se a si mesmo"*. Ou seja, através do trabalho o indivíduo se autoproduz, reconhecendo suas forças pessoais e suas limitações.

O crescente desemprego

> **[...] Hoje a população mundial é doze vezes maior que na época de Isaac Newton. A nossa vida média (700 000 horas) é seis vezes mais longa que a do homem de Neanderthal e mais que o dobro da dos nossos avós (300 000 horas). Estes trabalhavam 120 000 horas no curso de suas vidas, enquanto nós trabalhamos 80 000 horas. Os nossos filhos, por sua vez, viverão em média 900.000 horas e trabalharão não mais que 50.000 horas.**
>
> **[...] A consequência mais imediata e visível dessa trajetória que servirá de teste para a administração de nosso futuro, é o desemprego crescente.**
>
> **John Maynard Keynes já ensinava que o índice tolerável de desemprego numa economia saudável é de 2%. Hoje os Estados Unidos têm 8% de desempregados e os países industrializados da Comunidade Europeia superam os 10%. Tudo leva a crer que o processo tecnológico eliminará cada vez mais trabalho humano, que todo o esforço físico e parte do esforço intelectual poderão ser delegados a máquinas e que ao homem restará só o monopólio das atividades criativas. [...]**
>
> **Domenico de Masi. Reflexões para o Futuro. SP: Ed. Abril, 1993.**

O trabalho já foi visto de maneira coletivista nas sociedades tribais e chegou adquirir as formas de escravidão, da servidão e de assalariamento. Enquanto no escravismo e no sistema feudal o trabalho sofreu uma coerção extraeconômica, no sistema capitalista o trabalhador sofre uma coerção puramente econômica uma vez que é juridicamente livre para contratar com um empresário a venda de sua força de trabalho por um prazo determinado.

TRABALHO – atividade de caráter físico ou intelectual necessária à realização de uma tarefa ou empreendimento. A realização de um trabalho implica alguma transformação do mundo que nos cerca.

A partir do século XIX, próprio da expansão capitalista industrial, as análises sobre o trabalho ganharam novas dimensões.

1 Dicionário de Ciências Sociais. Rio de Janeiro: Editora MEC/FGV, páginas 1248-1249.

O alemão Friedrich Hegel (1770-1831), por exemplo, aponta ser o trabalho uma atividade que resgata e expressa a liberdade humana. Tal visão otimista é criticada por Karl Marx (1818-1883) que, ao levar os pensamentos hegelianos em consideração, aponta para a ideia de *alienação*. Isto não significa que Marx não valorize o trabalho enquanto atividade. Muito ao contrário. Afinal, pela visão de Marx, o Homem deve trabalhar para si (o que não significa que não tenha responsabilidade com os outros) para estruturar-se enquanto ser humano dotado de plenitude. Porém, Marx critica a exploração dos trabalhadores pelos capitalistas. Na busca de lucro no sistema, Marx afirmou estar o operário confinado à fábrica e a possibilidade de possuir o produto de seu trabalho não existe. No processo, segundo Marx, o proletário não pode determinar o ritmo da produção, seu ganho e o horário em que desempenha as atividades (que são indicados pelo empregador). Desse modo, a mercadoria assume maior importância do que o trabalhador, conduzindo à sua desumanização e transformando-o em fonte de lucro para o proprietário dos meios de produção (*coisificação* ou *reificação*).

Max Weber (1864-1920), ao analisar as influências da Reforma Protestante (XVI) na transformação do trabalho e do capitalismo, faz alusão aos efeitos do protestantismo na valorização religiosa do trabalho, ou seja, na ascensão da atividade laboral como atividade incorporadora de valores relacionados ao calvinismo e sua intervenção no mundo.

COM A PALAVRA, MARAVALL

> **Entre as definições do conteúdo mais amplo cabe apontar a seguinte: o homem se colocou acima do reino animal pelo fato mesmo de sua capacidade criadora: foi definido com muito acerto como "o animal que produz".**
>
> **Mas o trabalho não é para o homem apenas uma necessidade inevitável. É também o seu libertador em relação à natureza, seu criador como ser social e independente. No processo do trabalho, no processo de moldar a natureza exterior a ele, o homem molda e modifica a si mesmo. O trabalho aparece como o confronto do homem com a natureza, numa relação de progressivo conhecimento e controle dela, cujo estímulo são as diversas e sucessivas necessidades humanas nas diferentes etapas dessa relação e desse processo, etapas nas quais o homem se transforma.**
>
> **José Maria MARAVALL. Trabalho. In: Dicionário de Ciências Sociais. RJ: MEC/FGV, 1986, p. 1248-1249.**

Para o sociólogo Harry Braverman[2], a grande inovação do modo capitalista de produção foi a divisão do trabalho, muito diferente da concepção de distribuição de tarefas, ofícios ou especialidades produtivas, já que a produção capitalista subdividiu (e só ela o fez) sistematicamente o trabalho de cada especialidade produtiva em operações limitadas.

Para as Ciências Sociais, importante que se diferencie trabalho, ocupação e emprego. Trabalho deve ser visto como uma atividade social por meio da qual os indivíduos obtém os recursos para a manutenção e subsistência; já o emprego é um fenômeno relativamente recente, entendido como o trabalho realizado nas agências governamentais ou nas fábricas, onde o indivíduo efetua uma conjunto de tarefas produtivas e pelas quais recebe rendimentos pré-estabelecidos e formalizados em contrato; já a ocupação corresponde a uma situação em que o indivíduo tem algum emprego, negócio ou mesmo trabalho autônomo.

2 Harry Braverman. *Trabalho e capital monopolista*. RJ: Editora Guanabara Koogan, 1987, p.70

TOYOTISMO E JUST IN TIME

Da década de 1950 até o início do século XXI ocorreram transformações na forma de se produzir e de se organizar o trabalho (em especial no Japão, EUA e Alemanha). Essas novas formas de organização do trabalho são conhecidas como pós-fordistas (expressão utilizada pelo inglês David Harvey (1935 -).

Apesar de haver no mundo atual muita diversificação das formas de organização do trabalho, em geral, os novos formatos de produção estão vinculados à automação, ou seja, ao uso de máquinas automáticas que dispensam a utilização de grande contingente de trabalhadores.

A especialização flexível é fundamentada na produção diferenciada de produtos (bem diferente da produção em massa de produtos padronizados como fora no fordismo), buscando atender às necessidades e exigências pessoais do consumidor. Repare, a título de exemplo, quantos modelos de telefones celulares existem no mercado. Na especialização flexível, a ação produtiva atende a demandas de públicos específicos de consumidores.

O toyotismo foi desenvolvido no Japão e implantado na fábrica Toyota Motor Company, na década de 1950. Esse sistema busca uma produção rápida, com produtos finais de qualidade, além de diversificada, incorporando o conhecimento práticos dos trabalhadores. Outro ponto importante: foi introduzida a divisão de produção entre a empresa principal e as terceirizadas ou subcontratadas para o fornecimento de matérias-primas e peças específicas. Ou seja, o toyotismo intensificou processos de terceirização e subcontratação de serviços, os quais são muito difundidos hoje em dia. Outras inovações introduzidas pelo toyotismo foram o controle de estoques, a automação, o controle de produção baseado em indicadores do material necessário à produção, flexibilização da mão de obra, trabalho em equipe, controle do estresse entre funcionários trabalhadores e a introdução de prêmios aos setores mais produtivos da linha de montagem (adicionais de salário).

O processo do just in time (tempo justo), um a das inovações introduzidas pelo toyotismo, procura produzir e fornecer mercadorias sob encomenda, padronizadas mas com características personalizadas, segundo as necessidades do mercado e da procura. Através desta racionalização, é possível reduzir estoques, abundantes no regime fordista. Desta forma, economiza-se com controle de qualidade, já que o trabalho é supervisionado e fiscalizado. Mais: a grande maioria dos trabalhadores passou a ser contratada em regime temporário ou terceirizado, sem os benefícios obrigatórios aos trabalhadores permanentes.

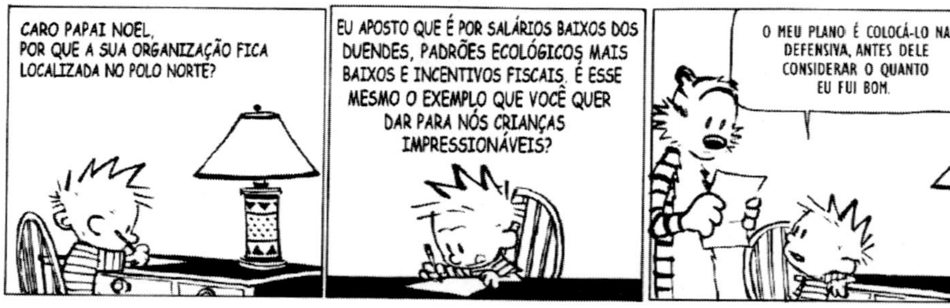

Fonte: Bill Walterson. Universal Press/Best News, 1996. Adaptado.

A expansão do capitalismo monopolista, a partir da II Guerra Mundial, passou a buscar condições mais vantajosas para a produção industrial.

O Trabalho no Brasil

A apropriação e colonização do território brasileiro pelos portugueses a partir do século XV atendeu à lógica da empresa mercantil e teve como finalidade primordial proporcionar novos recursos à economia lusitana. Assim, a produção colonial se estruturou como uma atividade agregada às necessidades da Metrópole, cujo controle seria efetuado por um sistema de monopólios comerciais e regulamentos políticos estabelecidos unilateralmente pelo Estado português (pacto colonial). Dessa forma o Brasil, como colônia de exploração, passou a ser visto como uma grande empresa comercial. Sua função passou a ser fornecer produtos primários para Portugal (pau-brasil, madeiras de lei, açúcar, tabaco, algodão, pedras preciosas, ouro, entre outros) para comercialização na Europa.

Sedimentado na grande propriedade territorial e no emprego do trabalho escravo, o sistema de exploração colonial transporto para o Brasil se revelaria altamente predatório, com os recursos naturais e humanos sendo usados até a exaustão. A expansão da monocultura açucareira *(plantation)* foi acompanhada de intensa utilização da mão de obra escrava, já na fase de exploração, a partir de 1531. Vale lembrar que mão de obra escrava negra foi utilizada não apenas no Brasil colonial, mas também durante boa parte do Brasil país. Precisamente, até 1888.

A transição para o trabalho livre e assalariado no Brasil teve caminho definitivo a partir da segunda metade do século XIX com a abolição do tráfico negreiro (Lei Eusébio de Queirós, de 1850). Já antes da abolição do tráfico, alguns contingentes de imigrantes europeus desembarcaram no Brasil, num processo bastante complexo. Anos mais tarde, mais especificamente nas primeiras décadas do século XX, já no Brasil República, o desenvolvimento industrial do país trouxe a tiracolo a diversificação da sociedade nacional com um novo componente social significativo: a classe operária. Outras categorias de trabalhadores também se desenvolveram com o crescimento das cidades brasileiras: funileiros, marceneiros, barbeiros, pedreiros, sapateiros etc. Aumentou, ainda, o número de empregados em serviços, sobretudo em casas comerciais.

As condições de trabalho nas fábricas brasileiras eram semelhantes às da fase da Revolução Industrial do velho continente: ambientes inadequados, insalubridade, jornadas exaustivas, acidentes de trabalho, exploração da mão de obra feminina e infantil. Não havia possibilidade de aposentadoria, não havia férias, descanso remunerado ou qualquer regulamentação do contrato de trabalho, o que provocou a organização de associações de classe. A princípio, tais agregações caracterizaram-se como entidades beneficentes de ajuda mútua para casos de invalidez, doença e óbito. Posteriormente, emergiram as primeiras organizações que lutaram por melhoria salarial, diminuição da jornada de trabalho e defesa do emprego (sindicatos e ligas operárias).

Na década de 1930, cerca de três semanas após assumir o governo brasileiro, Getúlio Vargas iniciou sua política de aproximação com os trabalhadores brasileiros ao criar o Ministério do Trabalho, Indústria e Comércio. Logo após, decretou a Lei dos Dois Terços, segunda a qual as empresas deveriam ter em seu quadro funcionários de maioria brasileira nata. No ano seguinte foi decretada por Vargas a Lei de Sindicalização, ou seja, os estatutos dos sindicatos deveriam controlar o movimento sindical no país.

Getúlio Vargas passou, também, a atender a antigas reivindicações dos operários, tal como regulamentação do trabalho de menores e de mulheres, jornada de oito horas, descanso semanal remunerado e férias anuais de quinze dias. A partir de 1932 foi instituída a Carteira Profissional de Trabalho para maiores de dezesseis anos, com valor idêntico ao da carteira de identidade. Já a Lei do Salário Mínimo entrou em vigor no país em 1940.

Para Ítalo Tronca[3], Getúlio Vargas, ao conceder as Leis Trabalhistas e regulamentar a atividade sindical, objetivou transformar o sindicato em agência colaboradora do Estado, disciplinar o trabalho como mero fator de produção, evitar a emergência da luta de classes e utilizar o sindicato como "para-choque" entre o capital e o trabalho.

A autonomia sindical deixou de existir a partir da criação do *Imposto Sindical.* Através dele, o Governo de Getúlio passou a controlar as atividades dos sindicatos, subvencionando serviços sociais e fazendo com que o Ministério do Trabalho remunerasse os administradores sindicais. A principal consequência dessa política foi o surgimento dos "pelegos", que não representavam os interesses dos trabalhadores, mas, sim, do Governo.

Em 1943, Getúlio Vargas em sua fase *estado-novista* (1930-1937), instituiu a Consolidação das Leis do Trabalho pelo Decreto-lei 5452. Tal instrumento de regulamentação das relações individuais e coletivas analisa todas as necessidades de proteção do trabalhador, procurando defender os direitos adquiridos.

---

3 Ítalo Tronca. *Revolução de 1930: a dominação oculta.* SP: Brasiliense, 1983, p.94

Fonte: Disponível em: <http:// www.cgtb.org.br >.

Trabalhadores homenageiam Vargas na Esplanada do Castelo, 1940. Rio de Janeiro (RJ). (CPDOC/ CDA Vargas)

O *peleguismo* foi instrumento do controle do Estado sobre a força de trabalho urbana do Brasil, com os sindicatos passando a ter função meramente recreativa e social. O sindicalismo combativo se desvincularia do Estado apenas no regime militar (a partir de maio de 1978) com a reorganização sindical do ABC paulista, quando trabalhadores paralisaram suas atividades por aumentos salariais e direitos trabalhistas, impulsionando uma série de greves pelo país

Outra conquista para os trabalhadores foi obtida por meio da Lei 4.090 de julho de 1962 (governo João Goulart) e regulamentada pelo Decreto 57.155 de 1965: a instituição do décimo terceiro salário. Já durante o Governo Militar (1964-1985) foi criado o Fundo de Garantia do Tempo de Serviço, em 1966. Seu objetivo é o de proteger o trabalhador demitido sem justa causa mediante uma conta vinculada ao contrato de trabalho. Por ela, os empregadores depositam em contas abertas na Caixa Econômica Federal, em nome dos empregados, o valor correspondente a 8% do salário bruto de cada um deles.

Ainda durante o Regime Militar, foi criado o PIS (Plano de Integração social), um fundo para dar aos trabalhadores participação nos lucros das empresas.

No retorno ao regime democrático, a Constituição de 1988 estabeleceu conquistas ainda mais significativas para os trabalhadores tais como o direito de greve, pagamento das férias acrescidas de um abono equivalente a um terço do salário, indenização de 40% do saldo do FGTS do empregado em caso de demissão, horas extras acrescidas de, no mínimo, 50%, jornada de 44 horas semanais e máximo de seis horas diárias ininterruptas, direito ao décimo terceiro salário aos aposentados, licença maternidade, licença paternidade, fim da intervenção do Estado nos sindicatos e o seguro desemprego.

REALIDADE BRASILEIRA

Nas últimas cinco décadas, a urbanização crescente, associada à expansão da mecanização agrícola no meio rural, trouxe a reboque um grave problema a ser enfrentado pelo Brasil: a questão do emprego. Ou melhor, do desemprego.

Segundo dados do Instituto Brasileiro de Geografia e Estatística (IBGE) obtidos através da *Pesquisa Nacional de Domicílios – Contínua* (Pnad-C), a taxa de desemprego no Brasil chegou a 12,2% em 2003. Caiu progressivamente até chegar ao patamar de 6,8% em 2010. Porém, no primeiro trimestre de 2021, a taxa média de desemprego atingiu 14,7%. Verifique:

. Em Abril de 2021: o Instituto Brasileiro de Geografia e Estatística (IBGE) apontou que:

14,4 milhões estavam desempregados no país;

5,6 milhões de desalentados (desistiram de procurar emprego);

28,6 % trabalhavam menos horas do que gostariam (subutilização).

Como comparação, verifiquemos os dados do IBGE em 2019, que indicou uma taxa de desemprego no país de 11,8%, atingindo 12,5 milhões de pessoas; em setembro desse mesmo ano, o Instituto concluiu que existiam 38.806 milhões de trabalhadores informais no Brasil (41% do total de ocupados) , sendo:

11,838 milhões de empregados no setor privado sem carteira assinada;

4,536 milhões de trabalhadores domésticos sem carteira assinada;

19,504 milhões de trabalhadores por conta própria sem CNPJ;
801 mil empregadores sem CNPJ;
2.127 mil trabalhadores familiares.

Os dados mostram que o desemprego no Brasil segue persistente, e que as vagas criadas são precárias, ou seja, sem consistência ou perspectivas de durabilidade. Em 2020, como efeito da pandemia do *novo Coronavírus*, a situação ficou ainda mais grave, uma vez que empresas fecharam portas devido ao longo tempo de impossibilidade de atuação.

E EU COM ISTO?

Dentro dos novos cenários e contornos adquiridos pelo trabalho, a qualificação profissional e o espírito inovador e empreendedor tornam-se fundamentais.

Ouvimos o tempo todo, através dos meios de comunicação ou mesmo informalmente, que há uma íntima relação entre emprego e qualificação. Porém, o nível de escolaridade não garante emprego no mesmo nível, ou seja, muitas empresas, por exemplo, exigem formação no ensino médio para empregar indivíduos em serviços de limpeza ou jovens doutores que não são admitidos em faculdades e universidades particulares porque terão direito a receber maiores ganhos do que professores ou pesquisadores de menor graduação.

Ao não conseguir preencher requisitos básicos exigidos pelas empresas (ou tê-los em suposto excesso), o trabalhador marginaliza-se e é marginalizado, fato que vem ocorrendo com frequência nas últimas décadas. Mesmo a expectativa de aposentadoria, lentamente, vem perdendo perspectivas, em especial com as reformas no sistema previdenciário que ocorrem não apenas no Brasil, mas em boa parte do mundo.

Robert Castel (1933-2013), sociólogo francês, em sua obra *A metamorfose da questão social: uma crônica do salário*, aponta que o trabalho e a previdência não significam segurança ao trabalhador, devido, especialmente, à elevada exigência de qualificação e à competitividade pelas vagas no mercado de trabalho. Para Luciano Vasapollo[4], o trabalhador contemporâneo está em uma fronteira incerta entre ocupação e não ocupação e está perdendo garantias com a desregulamentação da relação de trabalho, ausência de direitos e com a flexibilização do trabalho que, para o pensador, não é solução para aumentar os índices de ocupação, mas uma imposição para que os trabalhadores aceitem salários menores e condições de trabalho precárias.

As dificuldades de obtenção de colocação no mercado de trabalho levam muitos trabalhadores a desenvolverem atividades no setor informal, ou seja, trabalharem sem carteira de trabalho assinada ou qualquer registro jurídico. Um dos argumentos dos empregadores é o alto custo da formalização ou regularização oficial do trabalhador. Para tanto, os últimos defendem contínuas reformas trabalhistas que facilitem e tornem viáveis contratações com registro formais.

No Brasil, as *Reformas Trabalhistas* procuram modernizar as relações de trabalho através de constantes atualizações das leis da CLT, argumentando que tais remodelações trarão mais empregos e estímulo à economia do país. A última Reforma Trabalhista foi sancionada em 13 de julho de 2017 pelo presidente da República Michel Temer (Lei 13467). Através dela procura-se estimular as negociações entre patrões e empregados e diminuir a insegurança jurídica que cerca as relações de trabalho no Brasil. Vejamos seus principais pontos:

1. <u>Jornada de Trabalho</u> – poderá ser de doze horas diárias com 36 horas de descanso, respeitando-se a fixação de 44 horas semanais e 220 horas mensais (antes da Reforma, só era aceita tal escala quando convencionada em acordos coletivos das categorias);
2. <u>Intervalo de Trabalho</u> – o intervalo para descanso e alimentação durante a jornada de trabalho pode ser de, no mínimo, trinta minutos (antes, a Lei exigia ao menos uma hora). A vantagem para os trabalhadores é poderem encerrar o expediente e voltar para casa mais cedo; para as empresas, o benefício é poderem evitar horas extras;
3. <u>Férias</u> – poderão ser parcelas em até três vezes, desde que um dos períodos seja de pelo menos quatorze dias e os demais de pelo menos cinco. Antes, em casos excepcionais, as férias dos trabalhadores podiam ser divididas em até duas vezes. A vantagem para trabalhadores e empresas é uma maior flexibilidade;

---

4 Luciano Vasapollo. *O trabalho atípico e a precariedade.* SP: Expressão Popular, 2005. Apud ANTUNES, Ricardo. O trabalho, sua nova morfologia e a era da precarização estrutural. Reveista Tehomai, n. 19,2009

4. Contribuição Sindical – com a Reforma, o imposto sindical passa a ser recolhido apenas de quem autorizar o desconto no salário, o que proporciona liberdade de escolha para trabalhadores e empresas, que poderão deixar de recolher contribuições não autorizadas (antes, a contribuição sindical dos empregados era compulsória, através de desconto equivalente a um dia de salário do trabalhador no ano trabalhado);
5. Demissão em comum acordo – empregadores e empregados poderão rescindir o contrato de trabalho em comum acordo, com os trabalhadores tendo direito a 50% do aviso prévio e da multa do FGTS, podendo sacar 80% do saldo do FGTS depositado pela empresa durante o período do contrato; porém, o trabalhador não tem direito ao seguro desemprego (antes da Reforma, o trabalhador, ao pedir demissão ou ser demitido por justa causa, não tinha direito à multa de 40% sobre o saldo do FGTS e nem tinha acesso ao fundo; em relação ao aviso prévio, a empresa comunicava o trabalhador sobre a demissão com trinta dias de antecedência, podendo optar em pagar o salário referente ao mês sem que o trabalhador precisasse trabalhar);
6. Homologação da Rescisão – em caso de demissão, a rescisão do contrato de trabalho não precisa mais ser homologada pelos sindicatos. A vantagem: menos burocracia para patrões e empregados, dando agilidade ao recebimento da indenização. Antes, contratos de trabalho extintos quando o empregado possuía mais de um ano de atividades na empresa, necessitam validar a rescisão no sindicato da categoria ou no Ministério do Trabalho;
7. Teletrabalho – a nova lei criou regras para o teletrabalho, regime em que o empregado exerce suas obrigações fora da empresa e se conecta com ela pela internet ou por telefone. A vantagem é a flexibilidade para patrões e empregados e economia para empresas, que deixam de pagar horas extras;
8. Trabalho Intermitente – a Lei passou a permitir a prestação de serviços por horas, dias ou meses, sem continuidade, em que o empregado é chamado (convocado) para trabalhar com pelo menos três dias de antecedência. A vantagem é a flexibilidade, com regularização de "bicos"e outras situações que há muito ocorrem na informalidade (antes da Reforma, a legislação não contemplava a possibilidade);
9. Horas de Trajeto – o tempo gasto nos deslocamentos do empregado (ida para o emprego e retorno para casa) deixa de ser contado como parte da jornada quando a empresa fornece transporte ao empregado, diminuindo o custo para os empregadores;
10. Banco de Horas – trabalhadores podem negociar individualmente com as empresas seu banco de horas, desde que a compensação das horas ocorra no mesmo mês;
11. Terceirização – a Reforma deixa clara a possibilidade de terceirização de atividade-fim sem necessidade de isonomia salarial (antes, apenas podiam ser terceirizadas atividades meio[5]).

   Com as reformas nas relações de trabalho, boa parte das conquistas obtidas históricas dos trabalhadores paulatinamente se perde. Porém, as transformações são inegáveis e difíceis de serem impedidas, até porque o mundo do trabalho ganha novos contornos de forma progressiva..

ONDE ENTRA A MATEMÁTICA?

A educação financeira tem por finalidade auxiliar a população na administração dos seus rendimentos, nas decisões de poupança e investimento, no consumo consciente e na ajuda à prevenção de situações de fraude.

A *matemática financeira* tem extrema importância para a tomada de decisões de uma empresa e mesmo de sua vida pessoal. Sua aplicação, se bem utilizada, pode trazer rentabilidade, maximização de resultados e planejamento de vidas. Ou seja, é o ramo da Matemática que possui como objeto de estudo o comportamento do dinheiro ao longo do tempo de vida, buscando quantificar transações que levam em consideração o valor monetário do tempo. Estão envolvidos o capital, o salário, as taxas de juros e os investimentos pessoais e de empresas, o que permite a avaliação de como o dinheiro e as aplicações estão sendo empregadas e

5 atividade-fim é aquela que compreende as atividades essenciais e normais para as quais a empresa se constituiu. Atividade meio é aquela não relacionada diretamente com a atividade-fim. Exemplo: em uma indústria de automóveis, a atividade fim é a industrialização; as atividades meio são o serviço de limpeza, vigilância, manutenção de máquinas e equipamentos, entre outras

dirigidas. As decisões, com o auxílio da matemática financeira, podem ser tomadas mediante a apresentação de custos, evitando-se o risco de perdas.

Nas relações trabalhistas, a matemática financeira é essencial, até porque o mundo do trabalho exige investimentos, assim como o pagamento de uma série de encargos. Veja na prática.

A Importância da Contabilidade

A Contabilidade é uma ciência que controla e interpreta os acontecimentos no patrimônio de empresas e entidades, registrando e demonstrando a relação entre os fatos ocorridos nas mesmas com a finalidade de oferecer dados e informações sobre a composição do patrimônio, suas variações e resultados. Permite, assim, o controle da movimentação de tudo que acontece numa empresa: pagamentos, recebimentos, compras, vendas, entre outros. Tudo que ocorre em uma entidade ou empresa é, portanto, registrado, organizado, demonstrado, analisado e acompanhado. Isto porque é fundamental para o bom andamento do mundo dos negócios a apuração dos resultados obtidos, indicando caminhos para a manutenção ou não de uma proposta. Isto significa que a Contabilidade faz o registro metódico e ordenado dos negócios realizados e verifica sistematicamente os resultados obtidos.

Outra tarefa da Contabilidade e dos contadores é realizar o planejamento tributário de uma empresa, entidade ou mesmo de um indivíduo, procurando (no caso das empresas) uma maneira legal de pagar menos tributos a partir da opção pelo regime tributário mais vantajoso.

Fonte: Reprodução

A Contabilidade é fundamental para medir os resultados das empresas e entidades, já que avalia o desempenho e fornece diretrizes para a tomada de decisões

NA PRÁTICA

I. Quanto custa um empregado para o empregador

Quando se fala em **custo de um empregado** para a empresa, é comum achar que o gasto limita-se apenas ao salário pago ao contratado todo mês. Mas não é assim. A instituição empregadora não desembolsa apenas o valor do salário, mas também deve arcar com encargos e obrigações (exigidos por lei) e benefícios (que variam de acordo com a categoria de trabalho, tais como vale-transporte, vale alimentação, seguro de vida, plano de saúde e contribuição ao plano de qualificação), o que aumenta o investimento em até 183%. O salário corresponde a aproximadamente 32% do custo do empregado no caso de vínculo de pelo menos um ano.

. FAÇA VOCÊ MESMO O CÁLCULO DO CUSTO DE EMPREGAR, utilizando como dados:

. trabalhador recebe R$ 1.000,00/mês (lembre-se que é apenas um exemplo, já que no **Brasil o salário mínimo é de R$ 1.045,00**). O primeiro gasto da companhia para além do salário está no vale-transporte, que é usado para o funcionário chegar ao local de trabalho. Utilizando o preço médio da passagem nas capitais brasileiras como R$ 4,50 e imaginando que ele precisa de dois transportes diferentes para ir e mais dois para voltar nos 22 dias do mês, soma-se ao salário um total de R$ 391,60. O funcionário arca com 6% da remuneração, ou seja, R$ 60 são descontados na folha de pagamento; os outros R$ 331,60 quem paga é a empresa contratante. Já o auxílio-alimentação é determinado pelo sindicato em convenção coletiva (dependendo das negociações). No exemplo que usamos, o ticket diário é de R$ 16,44. Multiplicado por 22 dias, o valor chega a R$ 361,68. O trabalhador paga por 20% desse valor, restando para a empresa o total de R$ 289,34. Mais: quando a empresa contrata um funcionário deve pagar 37% do valor do salário líquido com os chamados encargos sociais: 29% correspondem à contribuição ao INSS. Para um salário de R$ 1.000, isso significa R$ 290. Outros 8% são destinados ao FGTS. Ou seja, R$ 80 somados ao rendimento que usamos como base. Também é necessário pensar em gastos periódicos, mas que não acontecem todo mês: os principais deles são os pagamentos de férias e 13º salário. Na prática, é como se você tivesse que arcar com 8,33% mensalmente para chegar a 100% no final de 12 meses. O pagamento do 13º salário acrescenta mais R$ 83,30. Já as férias correspondem ao mesmo valor, com o adicional de 1/3, ou seja, mais R$ 110,10.Supondo que a empresa custeie os uniformes dos funcionários, podemos acrescentar cerca de R$ 80 para cada trabalhador. Outras estimativas devem ser levadas em conta, como afastamento por licença-maternidade ou licença-paternidade, que correspondem a 1% — ou a ausência por doença ou acidente de trabalho, que também soma 1% no custo. Também deve ser acrescentado 3,5% de encargos em cima dessas cobranças.

Então, quanto custa um empregado para a empresa em tais condições (lembre-se que reformas trabalhistas têm procurado diminuir os encargos para o empregador)?

R$_________________[6].

II. As deduções que incidem sobre o trabalho assalariado no Brasil

O trabalhador brasileiro pode ter descontado em seu holerite o imposto de renda retido na fonte. Tal imposto varia de acordo com o salário recebido.

O cálculo desse imposto é feito com base numa tabela disponibilizada pela Receita Federal: é a chamada tabela progressiva. A tabela progressiva mensal para a incidência do imposto sobre a renda das pessoas físicas para fatos geradores que ocorrerem **a partir de 1º de janeiro de 2019** é a seguir reproduzida (a parcela a deduzir da base de cálculo do imposto a título de dependente, **a partir de 1º de janeiro de 2019, é de R$ 189,59, por dependente**, conforme artigo 4º, inciso III, alínea "i", da Lei nº 9.250, de 1995, também na redação dada pela Lei nº 13.149, de 2015):

Rendimentos pagos a pessoas físicas - Tabela progressiva mensal a ser utilizada em 2019:

Base de cálculo (em R$)	Alíquota (%)	Parcela a deduzir (em R$)
Até 1.903,98	-	-
De 1.903,99 até 2.826,65	7,5	142,80
De 2.826,66 até 3.751,05	15	354,80
De 3.751,06 até 4.664,68	22,5	636,13

6 somando todos os benefícios obrigatórios e encargos sociais, além do especificado no exercício proposto, o custo de um funcionário que recebe um salário de R$ 1.000 seria de R$ 2.514 para a empresa

Acima de 4.664,68	27,5	869,36
Dedução por dependente: R$ 189,59		

Fonte: Receita Federal (Brasil)

- **Verifique a porcentagem de desconto e contribuição do INSS, que vai de 8% a 11% (a partir de março de 2020, para quem recebe salário mínimo, ou seja, R% 1.045,00, desconto de 7,5%; acima de um salário mínimo e até R% 2.089,60, desconto de 9%; de R% 2.089,61 a R% 3.134,40, desconto de 12%; para quem recebe de R$ 3.134,41 até o teto, que é de R% 6.101,06, 14%);**
- **Outra dedução que deve ser feita é em relação ao número de dependentes do contribuinte, que está atualmente fixado em R$189,59 (por dependente);**
- **Ciente dessas informações, realize o cálculo abaixo:**

. Se um trabalhador percebe R$ 3.500,00 mensais, qual será seu salário líquido ao final do mês:________________________

III. Depósito de FGTS

Como já observado, o Fundo de Garantia por Tempo de Serviço (FGTS) foi criado nos anos 1960 com o objetivo de garantir certa segurança aos trabalhadores demitidos sem justa causa, além de estimular a construção de habitações populares através de financiamentos. O FGTS deve ser pago pelo empregador: 8% sobre o salário pago ao empregado. O valor fica depositado em uma conta vinculada ao trabalhador em uma agência da Caixa Econômica Federal. Caso o trabalhador seja demitido sem justa causa (ou em alguma situação específica) poderá sacar o valor integral depositado pelo empregador, valor este corrigido monetariamente. O FGTS também pode ser utilizado para abatimento em financiamentos e aquisição da primeira casa própria do empregado, mesmo que ele não tenha sido demitido sem justa causa. O cálculo de contribuição do FGTS é simples de ser realizado e segue uma alíquota padrão definida pelo Governo. **Atualmente, a alíquota padrão é de 8%** que deve ser aplicada ao valor total recebido pelo empregado.

. Calcule você mesmo: caso um trabalhador receba mensalmente R$ 1.830,00 + comissão de vendas no valor de 20% de seu salário, qual deve ser o valor depositado na conta do trabalhador pelo empregador? R$__________________

IV. Buscando soluções para a manutenção empresarial

Uma empresa possui 200 funcionários. Destes, 60% são técnicos e 40% operacionais. Caso a empresa conceda um aumento de 20% no salário dos funcionários operacionais e de 25% no salário dos técnicos no mês de maio. Considerando que no mês anterior, ou seja, abril, os funcionários operacionais recebiam R$ 1.500,00 e os técnicos R$ 1.200,00, quanto a empresa terá que dispor com os salários dos seus funcionários após o aumento estabelecido?

CALCULE VOCÊ MESMO:______________________[7]

***importante que você tenha em mente que o desenvolvimento da matemática comercial e financeira envolve conceitos com porcentagem (caso da questão), valor, moeda, juro etc. A Matemática Financeira** tem extrema **importância** para a tomada de decisões na empresa e, sua aplicação quando bem desenvolvida, traz maior rentabilidade possibilitando o processo de maximização nos resultados.

7 resposta: R$ 324.000,00

V – Cálculo do décimo terceiro salário

Conhecida como décimo terceiro salário, a gratificação de Natal foi instituída no Brasil pela Lei 4.090, de 13/07/1962, e garante que o trabalhador receba o correspondente a 1/12 (um doze avos) da remuneração por mês trabalhado. É um salário extra pago ao trabalhador formal. Tem direito à gratificação todo trabalhador com carteira assinada, sejam trabalhadores domésticos, rurais, urbanos ou avulsos. A partir de quinze dias de serviço, o trabalhador já passa ter direito a receber o décimo terceiro salário. Também recebem a gratificação os aposentados. O cálculo do décimo terceiro salário é feito da seguinte forma: divide-se o salário integral do trabalhador por doze e multiplica-se o resultado pelo número de meses trabalhados. As horas extras e comissões adicionais também entram no cálculo da gratificação.

. Tendo como base o salário mínimo vigente a partir do dia 1 de Janeiro de 2013, que tinha o valor de R$ 678,00, quanto em dinheiro o trabalhador receberia referente ao cálculo do décimo terceiro salário proporcional, pois foi demitido depois de UM mês.

RESULTADO: ___________________[8]

VI - Quanto tempo você vive e precisaria trabalhar para se aposentar?

Regra geral- Pela Reforma de Previdência, aprovada em 2019, os trabalhadores urbanos se aposentarão apenas a partir dos 62 anos para mulheres e 65 anos para homens. As mulheres terão 15 anos mínimos de contribuição. Os homens que já contribuem para o Instituto Nacional do Seguro Social (INSS) também terão 15 anos de contribuição, mas os que ainda não entraram no mercado de trabalho terão de contribuir por pelo menos 20 anos para conquistar a aposentadoria.

Para calcular o valor da aposentadoria do INSS é preciso, em primeiro lugar, descobrir qual é o salário de benefício do segurado. Esse valor será encontrado após a realização de um cálculo base. Tanto o cálculo do benefício como o do salário de benefício sofreram modificações com as novas regras da *Nova Previdência.* De acordo com as novas regras, sobre a média do salário de benefício, será aplicado o coeficiente de 60% mais 2% para cada ano que ultrapassar 20 de contribuição para os homens e 15 anos para as mulheres.

Por exemplo, o homem que tiver 21 anos de contribuição o coeficiente será de 62%. Ou seja, após descobrir o valor do salário de benefício, o segurado irá receber 62% desse valor. A mulher que tiver 18 anos de contribuição receberá 66% do valor do salário de benefício. É importante reforçar que, por mais que exista uma regra geral, existem exceções como Aposentadoria Especial, regras de transição e aposentadoria por invalidez.

No caso da **aposentadoria** por idade, o **cálculo** é bem simples. O valor do benefício equivale a um percentual do salário de benefício. Esse percentual é igual à soma de 70% mais 1% para cada ano de contribuição, até o limite de 100%.

. O jeito mais fácil de fazer o cálculo sozinho é com o simulador do INSS **(disponível no site MEU INSS). ENTÃO, DEIXE COM O SIMULADOR.**

VII - Observe o texto a seguir.

Apesar de algumas modificações, a lei do Salário Mínimo se mantém na Constituição Federal brasileira:
"Repare nas disposições sobre salário-mínimo (Capítulo III, Seção I):

Art. 76 – Salário-mínimo é a contraprestação mínima devida e paga diretamente pelo empregador a todo trabalhador, inclusive ao trabalhador rural, sem distinção de sexo, por dia normal de serviço, e capaz de satisfazer, em determinada época e região do País, as suas necessidades normais de alimentação, habitação, vestuário, higiene e transporte (...).

* com a colaboração de seus professores de História e Matemática, pesquise como foi calculado o salário

---

8 resposta: R$ 56,50

mínimo quando de sua instituição por Vargas (despesas com aluguel, alimentação , vestuário, entre outros, para uma família). A partir daí, e divididos em grupos, façam uma pesquisa de preços no mercado imobiliário, supermercados, consumo energético etc. , chegando ao que deveria corresponder o salário mínimo no Brasil atual, já que atualmente o SM é basicamente referencial (importante lembrar que, dependendo da unidade da federação, o salário mínimo sofre alterações: salário mínimo regional). Para colaborar com a pesquisa, seria interessante atentar para os dados do DIEESE.

A QUAL VALOR SE CHEGOU?__________________________[9]

PARA LER E VER

TEXTO

. A PRÉ-HISTÓRIA DO DIREITO DO TRABALHO NO BRASIL – analisa a situação do trabalho no Brasil desde sua introdução até os dias atuais. Disponível em **http://jus.uol.com.br/revista/texto/12946/a-pre-historia-do-direito-do-trabalho-no-brasil**

FILMES

. O CORTE (Costa Gravas)
Comédia francesa que atesta trajetória de cidadão desempregado que vê como solução assassinar seus potenciais concorrentes por uma vaga no mercado de trabalho.
. A CLASSE OPERÁRIA VAI AO PARAÍSO (Itália, 1971) (Direção Elio Petri)
Clássico do cinema apresenta a trajetória de um operário que, após perder um dedo em acidente de trabalho, descobre a vida sindical. O filme relata a vida cotidiana dos trabalhadores e seus conflitos diante dos apelos da sociedade de consumo.
. GETÚLIO VARGAS (Brasil, 1974)
Direção de Ana Carolina. Documentário que auxilia na compreensão da trajetória política de Getúlio Vargas e de como recebeu o título de "pai dos trabalhadores".

SITES

http://www.youtube.com/watch?v=Pdq325Bm3BQ – curta-metragem produzido em Portugal que trilha as dificuldades de casal recém formado em busca do primeiro emprego.

REFLITA SOBRE:

Observe a letra musical a seguir:

Título: Cidadão

Tá vendo aquele edifício moço?

Ajudei a levantar (...)

9 aproximadamente R$ 4.600,00

Hoje depois dele pronto
olho pra cima e fico tonto
Mas me chega um cidadão
e me diz desconfiado, tu ta aí admirado
ou ta querendo roubar? (...)
Tá vendo aquele colégio moço? (...)
Lá eu quase me arrebento
Pus a massa fiz cimento
Ajudei a rebocar
Minha filha inocente
vem pra mim toda contente
Pai vou me matricular
Mas me diz um cidadão
Criança de pé no chão
aqui não pode estudar
Esta dor doeu mais forte
por que que eu deixei o Norte
eu me pus a me dizer
Lá a seca castigava mas o pouco que eu
plantava tinha direito a comer (...)

Zé Geraldo. Terceiro mundo. CBs,1979.

Segundo Karl Marx (1818-1883), a sociedade capitalista se desenvolve de forma contraditória, ou seja, a produção é socializada, isto é, é fruto do trabalho coletivo, mas a apropriação da produção ou o consumo é privado, o que gera conflitos.

Juntamente com seus colegas de turma, investigue a procedência dos trabalhadores da construção civil que atuam nos arredores de sua instituição escolar. Indague junto a tais trabalhadores seu local de origem e qual a razão de atuarem neste ramo. Traga os dados obtidos para a sala de aula e, com a mediação do(a) professor(a), discuta-os, refletindo sobre tal realidade.

ATIVIDADES

Fonte: Reprodução

1. Banksy é o pseudônimo de um artista pintor de grafite, pintor de telas, ativista político e diretor de cinema britânico. Sabendo-se que o Brasil possui o maior contingente de empregados domésticos do mundo, com cerca de dez milhões de pessoas na condição (IBGE, 2019), a maioria formada por mulheres e que os direitos trabalhistas para esses profissionais só se deu em 2013, procure identificar as razões históricas e sociais para a demora da regulamentação da atividade.
2. A terceirização é um dos elementos constitutivos do capitalismo contemporâneo. A partir da charge apresentada, identifique quais elementos envolvidos aparecem no processo.

Fonte: cafecomsociologia.com (acesso em 15 de maio de 2020)

3. O trabalho, enquanto atividade, é exclusiva dos seres humanos, de acordo com teorias defendidas por filósofos e sociólogos. Justifique a afirmação.
4. Qual sua visão sobre a importância do trabalho na sociedade contemporânea brasileira: Justifique sua resposta.
5. Uma empresa, encontrando-se em dificuldades financeiras, negociou com seus operários uma redução de 10% no valor dos salários em troca da manutenção do emprego, com a condição de que aumentaria os salários em 10% assim que começasse a não mais apresentar déficit financeiro. Com o empenho dos funcionários e da diretoria, a empresa pôde ser salva da falência e os salários puderam ser aumentados em 11%. Em comparação com os salários anteriores ao acordo, os salários atuais são:
   a) 0,01% superiores
   b) 1% superiores
   c) 1% inferiores
   d) 0,1% inferiores
   e) 0,1% superiores[10].

10 alternativa D

7
CIDADANIA E MOVIMENTOS SOCIAIS

Abertura

O que significa exercer um direito? Quais as formas de atuação dos indivíduos no cenário político? Qual a relação entre a população e o Estado em determinado território?

Pois bem, neste capítulo veremos como as Ciências Humanas e Sociais entendem o conceito de *cidadania*. E quando falamos em cidadania não estamos fazendo referência às noções de boas maneiras tal como não cuspir no chão ou espirrar sem os devidos cuidados para não afetar o próximo. A cidadania tal qual procuraremos analisar trabalha a relação entre indivíduo e o Estado, analisando os direitos e deveres dos cidadãos e como são criadas políticas públicas que garantam o bem-estar da sociedade. Mas é importante salientar que cidadania não é uma dádiva do Estado. Precisa ser continuamente conquistada e, para tanto, por vezes, os indivíduos fazem uso de *movimentos sociais*, momentâneos ou regulares.

Você já deve ter visto manifestantes reivindicando melhores condições de trabalho, atendimento médico ou qualidade no ensino público. Já deve ter visto, também, moradores bloqueando ruas ou avenidas para exigir melhorias nas vias públicas. Com certeza já tomou conhecimento e viu imagens de uma marcha de trabalhadores rurais pleiteando ações em favor de uma reforma agrária no Brasil.

Historicamente, os indivíduos sempre reclamaram de algumas situações. Por vezes, juntam-se a outros com o objetivo de alterar ou manter alguma condição, constituindo movimentos em prol do que se deseja atendido. Tais movimentos podem ganhar status de social e podem ser pacíficos, moderados ou até mesmo violentos.

O avanço dos movimentos sociais contribui para o aperfeiçoamento das democracias. Da mesma forma, a luta pela manutenção de privilégios ou obtenção de reconhecimentos e direitos, amplia a visão de cidadania, em permanente construção.

Fonte: Reprodução

Protesto convocado pelo Movimento Passe Livre em 2013, São Paulo. Inicialmente organizado contra o aumento da tarifa de ônibus, estendeu-se e incentivou protestos por diversas outras motivações em todo o Brasil.

Cidadania: o que é?

O conceito de cidadania possui inúmeros significados. Pode fazer referência a uma ação esperada e desejada em relação à conduta de um governo ou ao conjunto de direitos e deveres de indivíduos que vivem em coletividade. As Ciências Sociais trabalham a segunda abordagem.

O termo *cidadania* provém do latim *civitas* (cidade), mas o conceito de cidadania remete- nos à antiga Grécia, onde cidadão era aquele que podia determinar como uma cidade seria governada. Porém, na antiguidade clássica a cidadania não se estendia às mulheres, aos escravos e aos estrangeiros. Apenas homens livres e nativos eram considerados cidadãos. Estes tinham direito à participação política, à propriedade e à exploração das riquezas naturais.

A cidadania moderna apresenta como característica a tendência à inclusão de grupos antes excluídos de direitos, ou seja, a elevação à condição de cidadãos de pessoas marginalizadas, o que nem sempre ocorre sem conflitos.

Nas últimas décadas do século anterior e no início do século atual, novos direitos passaram a ser incorporados a alguns segmentos específicos das sociedades apontados como *minorias*[1]: idosos, jovens, homossexuais, consumidores, mulheres, condenados pelo sistema judiciário e algumas minorias étnicas. Mas ainda há muito a ser conquistado.

Próprio de regiões democráticas, organizações não governamentais, associações e outros grupos unem--se para atuar contra preconceitos de todos os tipos (raciais, de gênero, físicos, religiosos, estéticos, entre outros) e lutam pela aplicação dos direitos estabelecidos pela instituição de mecanismos jurídicos e políticos que garantam a proteção e defesa de indivíduos e grupos.

Importante destacar que o processo de construção da cidadania se inscreve na História e em função das condições políticas e socioculturais nas quais se estabelece e desenvolve.

Desta forma, devemos entender que a cidadania não é uma concessão do Estado, tampouco um dom natural. Deve ser conquistada, exercida e permanentemente construída. O exercício da cidadania consiste fundamentalmente em transformar o direito formal em realidades concretas e efetivas. Da mesma forma, o exercício da cidadania nos tempos modernos e pós-modernos não se entende sem o reconhecimento das diferenças, singularidades e especificidades.

O sociólogo britânico Thomas Humphrey Marshall (1893-1981), ao abordar e analisar a temática da cidadania na Inglaterra, indicou que a plena cidadania se estrutura com a admissão legítima de *direitos civis* (liberdades individuais como o direito à livre associação, à segurança, à justiça, à livre circulação etc), *direitos políticos* (garantia de participação dos indivíduos no jogo político, tal como direito a votar e ser votado, participação em conselhos e conferências de direitos de saúde, educação, segurança pública etc) e *direitos sociais* (caracterizados como a garantia do Estado à proteção de seus cidadãos contra riscos sociais e à participação do indivíduo na riqueza socialmente produzida, tal como direito a aposentadoria, habitação, saúde e educação fornecidas pelo Estado através de *políticas públicas*).

Algumas críticas são feitas ao viés evolucionista da concepção de cidadania em Marshall por esta parecer desconsiderar as mobilizações de indivíduos e grupos no processo de constituição dos direitos, uma vez que a mobilização popular decorre da difusão das ideias de igualdade entre todos os indivíduos.

COM A PALAVRA, T. H. MARSHALL

> **Estarei fazendo o papel de um sociólogo típico se começar dizendo que pretendo dividir o conceito de cidadania em três partes. Chamarei estas três partes, ou elementos, de civil, política e social. O elemento civil é composto dos direitos necessários à liberdade individual – liberdade de ir e vir, liberdade de imprensa, pensamento e fé, o direito à justiça. Este último difere dos outros porque é o direito de fender e afirmar todos os direitos em termos de igualdade com os outros e pelo devido encaminhamento proces-**

1 o conceito de *minoria* não envolve números, mas leva em consideração indivíduos de uma estrutura social que não têm seus direitos plenamente reconhecidos ou respeitados

sual. Isto nos mostra que as instituições mais intimamente associadas com os direitos civis são os tribunais de justiça. Por elemento político se deve entender o direto de participar no exercício do poder político, como um membro de um organismo investido da autoridade política ou como um eleitor dos membros de tal organismo. As instituições correspondentes são o parlamento e conselhos de Governo local. O elemento social se refere a tudo o que vai desde o direito a um mínimo de bem-estar econômico e segurança ao direito de participar, por completo, na herança social e levar a vida de um ser civilizado de acordo com os padrões que prevalecem na sociedade. As instituições mais intimamente ligadas com ele são o sistema educacional e os serviços sociais.

Marshall, Thomas H. Cidadania, classe social e status. RJ: Zahar, 1967, p. 64-4.

O sociólogo português Boaventura de Sousa Santos (1940 -) questiona a condição dos direitos das pessoas que sofreram diretamente as consequências das guerras ocorridas a partir de 1945 (início do período intitulado Guerra Fria e que se estendeu até 1989). Boaventura faz um questionamento aos direitos humanos universais tão propalados por nações democráticas como França, Inglaterra e Estados Unidos da América, mas que foram desconsiderados quando da defesa dos interesses desses territórios.

Émile Durkheim (1858-1917), ao atribuir aos fatos sociais a característica de generalidade, contribuiu para a criação do conceito de minoria, já que deu caráter anormal àquilo que foge ao consenso social. No entanto, essa concepção está defasada em relação aos padrões democráticos participativos atingidos na atualidade e lutam pela cidadania plena.

Fonte: Reprodução

Mulheres vão às urnas pela primeira vez no Brasil, em 1933. (Reprodução/internet). Em 1932, o sufrágio feminino foi garantido pelo primeiro Código Eleitoral brasileiro, uma vitória da luta das mulheres que, desde a Constituinte de 1891, pleiteavam o direito ao voto. No entanto, essa conquista só seria possível após a organização de movimentos feministas no início do século XX, que empreenderam intenso movimento sufragista.

Movimentos Sociais

Os movimentos sociais devem ser entendidos como ações coletivas e organizadas por indivíduos e que ocorrem fora das instituições políticas e têm como objetivo alterar algum aspecto do que está estabelecido nos âmbitos social, político e econômico. Um movimento também pretende influenciar processos decisórios na busca da satisfação de interesses e demandas.

Movimento Social – ação coletiva cujos componentes comungam dos mesmos interesses e pretensões. Evidencia conflito(s) e reivindica alterações ou manutenção na ordem estabelecida.

Para o sociólogo estadunidense Charles Tilly (1929-2008), os movimentos sociais se desenvolvem no mundo ocidental desde meados do século XVIII e dependem de uma *campanha*, de um *repertório* e de uma *representação pública coletiva*. Para Tilly, a campanha deve relacionar um grupo de militantes, o objeto da(s) reivindicação(ões) e um público a que se quer atingir. Já o repertório do movimento social relaciona-se com a reivindicação de mudança propriamente dita e a representação pública coletiva diz respeito à seriedade, comprometimento dos participantes e da relevância da proposta de mudança.

O sociólogo espanhol Manuel Castells (1942 -) considera que o conflito relaciona-se às contradições sociais, ou seja, à incapacidade do Estado em atender às reivindicações daqueles que produzem mas não são contemplados pelo produzido, gerando uma condição de carência e de necessidades não satisfeitas, trazendo à tona uma situação de conflito natural.

Para o sociólogo alemão Axel Honneth (1949 -), as lutas sociais possuem como alvo, além da defesa de necessidades, o reconhecimento individual e social já que, ao se engajar em um movimento social, a pessoa também coloca em ação seus sentimentos pessoais de injustiça e desrespeito, procurando incitar indivíduos com a mesma visão para que haja um envolvimento ampliado e coletivo.

Dentro de uma abordagem culturalista[2], baseada na teoria de Max Weber, o sociólogo francês Alain Touraine (1925 -) critica o marxismo, achando-o insuficiente para explicar as motivações que levam grupos de indivíduos a agirem em defesa de alguma mudança ou manutenção de uma situação por subordinar as ações à estrutura econômica de uma sociedade, não levando em consideração o caráter criativo das ações pessoais. Desta forma, Touraine defende a visão de que são relevantes os aspectos subjetivos dos fatos, devendo ser decodificados os discursos e visões de vida dos indivíduos para que sejam entendidas as ações que deflagram um movimento social. Em obras como *Um novo paradigma* (2006) e *Crítica da Modernidade* (2007), Touraine criou a expressão *"sociedade pós-industrial" ao* discutir as modificações e transformações da sociedade moderna nas últimas décadas, argumentando que os conflitos emergentes nos últimos anos não são exclusivamente de cunho econômico, mas também de cunho cultural. O francês não quer dizer com isso que os conflitos de classe desapareceram, e sim que perderam espaço para outros confrontos. Nesse sentido, os movimentos sociais ganharam importância e emergiram com características diferentes das dos movimentos organizados até a década de 1960. Ou seja, de acordo com Touraine, os movimentos sociais contemporâneos não atuam sob a tutela do Estado; pelo contrário, reivindicam autonomia em relação a ele e dele independem (ou não desejam depender).

Touraine faz referência a movimentos sociais que se desenvolvem por conta das contradições do capitalismo atual e das transformações trazidas pela globalização. Para ele, tais contradições são cada dia mais aparentes: de um lado está a produção tecnológica e de riquezas inimagináveis; de outro, a exclusão social.

Pode-se dizer que da década de 1970 para cá proliferaram movimentos sociais com as mais diversas reivindicações. Alguns buscam a melhora do ensino público, outros a efetivação da reforma agrária, por exemplo. Há também os que se manifestam contra a violência, enquanto outros atuam em defesa do meio ambiente. No âmbito internacional, ganham destaque o movimento ecológico, o movimento feminista, os movimentos de defesa dos direitos humanos, os movimentos contra as segregações (caso do movimento negro), movimentos de defesa dos homossexuais, entre outros. Tais movimentos eclodem, normalmente, em países onde há maior respeito às práticas democráticas.

É fato que os movimentos sociais propiciam o exercício da cidadania e contribuem para a conquista de novos direitos ou a efetivação de direitos já adquiridos, agregando os mais diversos setores da sociedade.

2 culturalismo = escola da Antropologia segundo a qual cada cultura é uma fórmula específica, criada por um povo determinado, como resposta a seu meio

Movimento contra o racismo (*Black Lives Matter*) nos EUA em Junho de 2020 após morte por asfixia de George Floyd, de 46 anos, que morreu no dia 25 de maio de 2020 depois de ter o pescoço prensado contra o chão pelo joelho de um policial em Minnesota.

REALIDADE BRASILEIRA

Em países como o Brasil, a Constituição "Cidadã" (como é conhecida o dispositivo de leis que vigora no país desde 1988) aponta para uma *cidadania formal*. Porém, a *cidadania real* revela que, apesar das leis fundamentadas, não há igualdade plena entre todos os indivíduos (entre brancos e negros, entre mulheres e homens, entre crianças e jovens, por exemplo).

José Murilo de Carvalho[3] aponta-nos que a sequência de direitos descrita por Thomas Humphrey Marshall faz referência à Inglaterra, apontando que no Brasil a evolução foi bem diferente: em uma *"pirâmide de direitos colocada de cabeça para baixo"*. Para Carvalho, no Brasil vieram primeiramente os direitos sociais, depois os políticos e, finalmente, os direitos civis, que ainda continuam inacessíveis para boa parte da população do país na atualidade. Já Wanderley Santos[4] construiu o conceito de *cidadania regulada,* indicando que este conceito emerge não a partir de um código de valores políticos, mas em *"um sistema de estratificação ocupacional definido por norma legal"*. Ou seja, Santos afirma que são cidadãos no Brasil todos aqueles que se encontram em ocupações reconhecidas e definidas através de uma legislação.

A concentração de renda existente em países como o Brasil é um dos fatores responsáveis pela dificuldade do exercício pleno da cidadania. Da mesma forma, a dificuldade de inserção plena de grupos minoritários (que não possuem o reconhecimento social esperado) e a incapacidade do cidadão em se reconhecer como parte do Estado e da sociedade em que se insere, são obstáculos para que consigamos atingir a plenitude efetiva da cidadania.

Um dos mecanismos que permite a superação das diferenças e o fortalecimento da sociedade civil como um todo é o estabelecimento de políticas públicas e de movimentos sociais.

Devemos entender como **políticas públicas** ações planejadas e implementadas pelo Estado com o objetivo de atender e consolidar direitos explicitados na Constituição e por outras leis. Para muitos pesquisadores, o surgimento das políticas sociais está vinculado ao desenvolvimento econômico das sociedades; porém, boa parte dos problemas que as políticas sociais procuram atender é causada pelas consequências do próprio desenvolvimento econômico, tal qual desemprego e êxodo rural.

---

3 José Murilo de Carvalho. *Cidadania no Brasil: o longo caminho*. RJ: Civilização Brasileira, 2001

4 Wanderley Guilherme Santos. *A práxis liberal e a cidadania regulada. In: Décadas de espanto e uma apologia democrática*. RJ: Rocco, 1998, p. 63-114

JOVENS NA BUSCA DE CONTROLE DE SEU MUNDO

Algumas semanas atrás, ouvi de um educador algo que me fez não apenas voltar aos meus bons tempos de criança, mas também refletir sobre a condição de nossos jovens. Na ocasião, o educador argumentava que há algumas décadas, quando éramos crianças e caíamos e nos machucávamos nas brincadeiras de rua, nosso maior temor era levar uma bronca pelo ocorrido. Após a reprimenda, o machucado (normalmente um belo arranhão) recebia uma boa dose de mertiolate (ou "cuspe do diabo", como intitulávamos a receita milagrosa). A haste do produto era dura. E o pior: ardia. Atualmente, caso a criança se machuque ou sofra um pequeno acidente, a tendência é que os pais procurem um culpado. Não há bronca. A haste do mertiolate agora é flexível. Pior: a substância não arde mais. Em outras palavras: estamos querendo criar crianças e adolescentes sem cicatrizes.

Sim, admito que em um passado remoto, calcado nas décadas de 1960, 1970 e parte da de 80, os indivíduos, em geral, estavam mais fortemente engajados em alguma estrutura de apoio, fosse ela política ativista ou artística ou mesmo um investimento de existência. No ar, um clima de entusiasmo, calcado em bandeiras políticas e sociais.

Muita coisa mudou nos últimos anos, sem que muitos de nossos jovens tenham percebido. Os mais velhos perceberam, mas parece que não se dão conta. Já houve uma época em que um jovem adolescente tinha como plano sair de casa, buscando vida própria e independente. Afinal de contas o lar propicia, dentro de uma sociedade competitiva e com uma formação familiar individualista, proteção e refúgio certo. Para os pais, a sensação de que o tempo não passa. Para os filhos, a comodidade do lugar seguro e do conforto. Ou seja, a família deixou de ser uma instituição para converter-se em uma associação. Mas talvez esta proteção demasiada esteja tirando de boa parte de nossa juventude a percepção de mundo que deveria ser mais real e realista.

Da mesma forma os jovens são testemunhas da expansão dos meios técnicos de comunicação e informação que possibilitam contatos, ligações nunca antes imaginadas com o mundo, de forma rápida e eficiente, com os aparelhos técnicos invadindo cada um dos espaços das atividades de rotina. No entanto, tal conquista tecnológica trouxe dissabores. Um deles em especial: a máquina e os objetos assumiram importância decisiva, substituindo o convívio mais pleno e verdadeiro e transformando um mundo real em um mundo aparente. Ou seja, o cenário técnico apodera-se do real. A culpa sendo deletada. Desta forma, a possibilidade de frustrações aumenta. Ao mesmo tempo, os sentimentos de insegurança, de perda de sentido e orientação e vazio político e de valores, passam a prevalecer. A sensação e aparência é a de que não se tem pelo que lutar, a não ser por uma estrutura material que permita usufruir da melhor maneira uma vida confortável.

Ao que parece, muitos jovens cansaram e estão fartos de boa parte disso tudo, querendo ser parte atuante de um mundo mais real, o que pode ser demonstrado pela reação à medida do governo paulista que pretendia o remanejamento de mais de trezentos mil alunos e o fechamento de noventa e duas escolas, não discutida de forma satisfatória (a tal da reorganização escolar). Nossos jovens ocuparam vias e escolas, talvez cansados da falta de cicatrizes, de não poderem trabalhar suas próprias vidas, de não se apoderarem do mundo que os envolve. E não é de agora. Tampouco a reação dos estudantes (como no caso recente de São Paulo) parece tratar-se de mais um espasmo de participação, pois demonstram, em suas últimas atitudes, serem mais articulados e informados do que se imagina. Desta forma, unem-se em perspectivas e lutas.

No final da década de 1980 – em uma oportunidade rara para mim – indaguei Antônio Cândido de Melo se o jovem não lhe parecia, àquela altura, despolitizado e desmobilizado. Cândido, em sua sapiência, disse-me: "tudo é cíclico". Ao que parece, tinha razão.

in in EcoDebate, ISSN 2446-9394, 21/12/2015,

Fonte: https://www.ecodebate.com.br/2015/12/21/jovens-na-busca-do-controle-de-seu-mundo-artigo-de-agnaldo-kupper/.

Principais Movimentos Sociais Regulares

São exemplos de movimentos sociais em nosso cotidiano as ações organizadas que pleiteiam melhores condições de vida em um centro urbano (habitação, saúde, transporte etc) e no meio rural (pelo acesso à uma reestruturação agrária), os movimentos feministas, os ambientalistas, os estudantes, os raciais e os trabalhistas (por melhores condições de trabalho e maiores salários). Também existem movimentos sociais denominados conjunturais, que são aqueles que eclodem, desaparecem e ressurgem. Existem também movimentos que buscam o reconhecimento do diferente e que procuram proporcionar a diminuição das discriminações que afetam as relações entre os indivíduos de um corpo social.

Podemos apontar como movimentos regulares, ou seja, contínuos, em nossa vida moderna:

.movimento operário - nos primórdios do capitalismo industrial, a luta pela redução da jornada de trabalho, por melhores salários, pela salubridade nas fábricas e por formas de proteção em casos de invalidez, acidente e morte, levou trabalhadores a movimentos reivindicatórios como greves, passeatas, boicotes e manifestações. Em um primeiro momento, patrões, com apoio do Estado, buscaram reprimir os protestos e as lutas operárias em vários países. Com o passar do tempo, o mesmo Estado passou a impor limites à exploração da força de trabalho por meio da criação de leis trabalhistas.

.movimento ecológico – o esgotamento das reservas naturais do planeta, conduzem a diversos movimentos exigindo ações mais efetivas para a conservação ambiental.

Fonte: Reprodução

Na atualidade, *Greta* Thunberg, uma jovem sueca de 16 anos, lidera um movimento internacional de greves de estudantes contra as mudanças climáticas. O ato, inicialmente solitário, inspirou jovens de todo o mundo a aderirem ao *movimento.*

.movimento feminista - movimentos que denunciam as desigualdades persistentes entre homens e mulheres são antigos. O dia 8 de março é marcado como o *Dia Internacional da Mulher* devido à organização de uma greve de operários em uma indústria têxtil de Nova Iorque (EUA) ocorrida no século XIX, onde as mulheres reivindicavam melhores salários e melhores condições de trabalho. Entre o fim do século XIX e início do século XX, a luta passou a ser pelo direito de participação política (inclusive direito ao voto). Nos Estados Unidos da América e na Inglaterra, o direito do voto à mulher foi obtido na década de 1920. No Brasil, a luta feminista teve expressões como Nísia Floresta (1810-1895) e Bertha Lutz (1894-1976), que ousaram enfrentar as forças conservadoras masculinas. Simone de Beauvoir (1908-1986), na obra *O Segundo Sexo* (1949) expressou a negação ao determinismo biológico, indicando que as mulheres não nascem passivas, mas são educadas para agirem com inércia. Nos Estados Unidos, Betty Friedan (1921-2006) denunciou o papel social dado à mulher na ideologia norte-americana, denunciando o sentimento de "vazio" em relação ao domínio masculino, denunciando que estereótipos limitavam a participação da mulher à vida doméstica. Na década de 1960, dentro do contexto de reivindicações culturais e políticas próprias do período, a onda feminista ganhou força, preparando terreno para o fortalecimento do movimento nas décadas seguintes, quando organismos internacionais elevaram o feminismo como assunto de política pública, o que nos trouxe a noção de gênero.

Os *novos movimentos sociais* apresentam diferenças em relação aos movimentos sociais tradicionais. Normalmente, os novos movimentos sociais são articulados através de redes constituindo pautas reivindicatórias coletivas e convergem interesses. Outra de suas características é a não exigência de uma estrutura político-partidária na sua organização. São exemplos de novos movimentos sociais as lutas por reconhecimento de condições de gênero, como o *LGBTQIA+* (lésbicas, gays, bissexuais, travestis, transexuais, queer, intersexo, assexual e outras variações), que luta pela conquista de direitos e contra a discriminação e intolerância por parte dos que não toleram a opção sexual contrária às convenções. Vale lembrar que a homofobia tem provocado inúmeras agressões e homicídios. As vítimas normalmente são gays e travestis. Assim, entre as reivindicações do movimento está a criminalização das agressões motivadas pela intolerância à homossexualidade, o direito ao casamento civil e à união estável entre indivíduos do mesmo sexo e a assistência médica pública para a realização de cirurgias ou mudanças hormonais que atendam à opção sexual.

E EU COM ISTO?

Repare que há uma tendência entre os brasileiros de recorrer e responsabilizar o Estado pelos problemas do país, demonstrando que ainda persiste, nos dias atuais, a visão de que o Estado se sobrepõe à sociedade.

Ao fim dos oito anos do governo Luiz Inácio Lula da Silva (2003-2010), os efeitos desse assistencialismo ainda são controversos: de um lado, críticas por gerar um clientelismo com decorrências políticas (a eleição e reeleição de Dilma Rousseff em 2010 e 2014 é apenas um exemplo); de outro, a redução de uma significativa redução da miséria que contribuiu para a incorporação de considerável parcela da população ao consumo.

Clientelismo, nepotismo (emprego e favorecimento de parentes em cargos públicos) e denúncias de corrupção são marcas da República brasileira. Em tese, os atos de corrupção e nepotismo são extensões de uma política clientelista, ou seja, de dependência de alguém que se considere em condições superiores de poder. O cenário favorece o interesse de pelas discussões e participações políticas, o que pode provocar a despolitização contínua de grande parte da população brasileira.

Neste sentido, há um longo caminho a ser percorrido pelos brasileiros na busca do fortalecimento da democracia e, por consequência, da cidadania no país. Ou seja, mesmo que tenhamos como garantia uma Constituição democrática que traz em seu interior direitos estabelecidos, muito há por fazer para que os mesmos se tornem realidade efetiva, caso da educação de qualidade, direitos trabalhistas permanentes e de um sistema de saúde eficiente.

Fonte: Reprodução

Preâmbulo da Constituição Brasileira: "Nós, representantes do povo brasileiro, reunidos em Assembleia Nacional Constituinte, para instituir um Estado Democrático, destinado a assegurar o exercício dos direitos sociais e individuais, a liberdade, a segurança, o bem-estar, o desenvolvimento, a igualdade e a justiça como valores supremos de uma sociedade fraterna, pluralista e sem preconceitos, fundada na harmonia social e comprometida, na ordem interna e internacional, com a solução pacífica das controvérsias, promulgamos, sob a proteção de Deus, a seguinte Constituição da República Federativa do Brasil".

E ONDE ENTRA A MATEMÁTICA?

A Matemática não é uma ciência que deve ser tratada como ferramenta para o desenvolvimento isolado do raciocínio e das habilidades cognitivas. A Matemática contribuiu para a formação de indivíduos críticos e formadores de opinião, ou seja, é de fundamental importância para a construção de uma formação de qualidade ao desenvolver padrões de comportamento e preparo para que se lide com as mudanças sociais. Autonomia, criticidade, criatividade e capacidade de argumentação são fatores essenciais para a formação cidadã. Testes estatísticos e intervalos de confianças, independência ou dependência entre variáveis, princípio multiplicativo, projeção de estimativas, planejamento de experimentos, lógica e análise financeira não são assuntos relacionados apenas aos matemáticos, mas a todos os cidadãos que se desejam plenos.

Em uma sociedade cada vez mais envolvida com a tecnologia, a Matemática tem se constituído em uma ferramenta importante e decisivo no processo produtivo e mesmo nas atividades da vida cotidiana. Sem ela, não há consciência plena de direitos e deveres.

Assim, a Educação Matemática, como forma de se constituir a cidadania, deve considerar que a compreensão e a tomada de decisões diante de questões políticas e sociais dependem da leitura crítica e interpretação de informações complexas, muitas vezes contraditórias, que incluem dados estatísticos e índices divulgados pelos meios de comunicação. Ou seja, para exercer a cidadania é necessário saber calcular, medir, raciocinar, argumentar, tratar informações estatisticamente. Para isso todos devem ter acesso aos conhecimentos e instrumentos matemáticos presentes em qualquer codificação da realidade. Só assim o indivíduo poderá agir sobre a sua realidade particular e sobre a realidade coletiva.

Desejoso de transformações ou manutenções, um movimento social necessita de números, cálculos e estimativas para poder ser planejado: quantos indivíduos estão numa mesma situação, como arrebanhar simpatizantes a uma causa, como atingir em números os fundamentos para uma proposta, como observar cenários para a implementação de políticas públicas? A Matemática projeta e indica caminhos.

NA PRÁTICA

I. Política de bem estar social. CÁLCULO DO 13° BOLSA FAMÍLIA

Os principais objetivos desse programa social, criado em 2003, são a redução da pobreza, a promoção da segurança alimentar, o fim do ciclo de miséria entre gerações, o controle e proteção do sistema capitalista e o respeito à cidadania. O Governo Federal propaga o *Bolsa Família* como um programa social de inclusão através de transferência de renda diretamente às famílias cadastradas. O valor que cada família recebe é um combinado de vários benefícios oferecidos pelo programa. Essa composição depende do número de pessoas, das idades, da presença ou não de gestantes na família, entre outras particularidades. Também depende da real renda da família cadastrada. Para que *o Bolsa Família* se torne viável, cálculos estatísticos, projeções matemáticas e análises econômicas e financeiras são realizadas continuamente. Mas quanto recebe uma família do programa?

Para receber o benefício básico, o contemplado deve se enquadrar à renda concedida às famílias em situação de extrema pobreza (com renda mensal de até R$ 89,00 por pessoa). Em que o auxílio é de R$ 89,00 mensais. Ou famílias com renda por pessoa entre R$ 89,01 e R$ 178,00 mensais, desde que tenham crianças ou adolescentes de 0 a 17 anos.

O programa contempla, ainda, a partir da Medida Provisória do Governo Federal 898 de outubro de 2019, um décimo terceiro recebimento para as famílias cadastradas.

CALCULE VOCÊ MESMO o 13° Bolsa Família. Para tanto, você deve considerar que nem todos recebem quantia integral do benefício, pois o valor do 13° Bolsa Família é proporcional aos meses de cadastro. Para saber qual será o valor pago pelo benefício:

- **Dividida o valor integral do benefício recebido mensalmente por doze;**
- **multiplique o resultado pela quantidade de meses cadastrados no programa Bolsa Família**

Assim, calcule qual será o valor do 13° salário de uma família que recebe R$180 por mês e está cadastrada no programa há oito meses.

RESULTADO:________________[5]

II. Cálculo de aglomeração de pessoas num movimento social

O cálculo e projeção de quantas pessoas participam de determinada aglomeração ou movimento social é bastante polêmico. Você pode observar que enquanto os organizadores de um movimento social normalmente superestimam o número de participantes, a Polícia subestima o número. Para um cálculo correto, melhor recorrer a um Instituto neutro. De qualquer forma, medir o número de participantes é fundamental para que seja estabelecido certo controle ou mesmo proteção aos envolvidos (como deslocamento de forças de segurança).

Há diversos métodos para se medir uma multidão: uso de drones, de programas de computador, de imagens de televisão, entre outros. No entanto, o mais conhecido foi elaborado por Herbert Jacobs na década de 1960 (*Método de Jacobs*): 1. calcule a área total de concentração de pessoas; 2. estime o número de indivíduos por metro quadrado (como há obstáculos como bancas de jornal, lixeiras etc, além de concentração irregular de participantes, o número varia de 3 a 5 pessoas); 3. Multiplique os dois números.

CALCULE: em uma avenida de extensão de 2,9 quilômetros e quarenta metros de largura, qual a área estimada em metros quadrados? Obtida a área estimada e levando em consideração uma média de 3 a 5 pessoas por metro quadrado, qual o número de participantes da concentração?

RESULTADO_____________[6].

III. Inclusão social

A chamada *inclusão social* é o conjunto de meios e ações que combatem a exclusão aos benefícios da vida em sociedade, provocada pelas diferenças de classe social, educação, idade, deficiência, gênero, preconceito social ou preconceitos raciais, procurando oferecer oportunidades para os que as tem com dificuldades. Ou seja, a inclusão social procura resgatar e estabelecer cidadania. A educação inclusiva para deficientes visuais é feita através do Sistema Braille, sendo este um sistema universal de códigos que permite a leitura e a escrita de pessoas cegas. O sistema Braille é um método inventado pelo francês Louis Braille. O método consiste em um alfabeto de pontos em relevo que são organizados em uma tabela com três linhas e duas colunas formando um retângulo, onde pelo menos um se destaca em relação aos demais. As combinações desses pontos dispostos estão relacionadas a símbolos que representam letras simples e acentuadas, pontuações, notas musicais, sinais algébricos entre outros, propiciando ao deficiente visual a leitura e escrita de qualquer texto. No sistema Braille, 64 combinações representam todas as letras do alfabeto, além de acentuações, pontuações e sinais matemáticos.

*** A *escrita braile* para cegos é um sistema de símbolos no qual cada caráter é um conjunto de seis pontos dispostos em forma retangular, dos quais pelo menos um se destaca em relação aos demais.**

PESQUISE E, APÓS, CALCULE o número total de caracteres que podem ser representados no sistema braile. Para tanto, observe que a **análise combinatória é** a área da Matemática responsável pela análise das possibilidades das combinações; seu conjunto de procedimentos possibilita a construção de grupos formados por um número finito de elementos de um conjunto sob certas circunstâncias.

---

5 resultado: R$180,00 (valor integral do benefício) ÷ 12 (quantidade de meses do ano) =15 / 15 x 8 (meses cadastrados no programa) = R$120,00 / 180 + 120 (valor proporcional do 13° Bolsa Família) = R$300,00 (valor total a receber pelo Bolsa Família em dezembro)

6 resposta: multiplicando-se 2.900 metros de extensão por 40 metros de largura, a área estimada é de cento e dezesseis metros quadrados. Multiplicando-se por 3 e, após, por 5, a estimativa fica entre 348 e 580 mil participantes.

a) 12.
b) 31.
c) 36.
d) 63.
e) 720.[7]

IV - CPF (Cadastro de pessoas físicas)

Em 29 de novembro de 1965 foi instituído o Registro das Pessoas Físicas (Lei 4.862) com o objetivo de coletar informações das pessoas físicas obrigadas à declaração de bens e de rendimentos. Três anos após, especificamente em 30 de dezembro de 1968, um Decreto-Lei (401), o Registro de Pessoas Físicas foi transformado em Cadastro de Pessoas Físicas (CPF).

Atualmente, o CPF supera suas intenções iniciais e é um documento que contém outras informações do cidadão, a ponto de, a partir de 2015, passar a ser emitido juntamente com a certidão de nascimento de uma pessoa.

O número de inscrição no CPF é composto de onze dígitos decimais, sendo os oito primeiros aleatoriamente designados no momento da inscrição. Já o nono (antepenúltimo) dígito indica a região fiscal responsável pela inscrição. Por fim, o décimo e o décimo primeiro são *dígitos verificadores* calculados de acordo com um algoritmo definido pela Receita Federal e publicamente conhecido. Ou seja, os dígitos verificadores são calculados através de um algoritmo[8] que soma o produto de cada dígito que compõe o CPF por um peso e calcula o resto da divisão dessa soma por 11. Pela característica, esse algoritmo é conhecido como "módulo 11". Por 11 ser um *número primo*, o dígito de verificação produzido por esse algoritmo tem a capacidade de identificar erros tanto na substituição de dígitos, quanto na transposição deles. Porém, como resultado, o dígito verificador calculado pode eventualmente ser igual a 10 (dez). Embora usualmente opte-se por considerar o número que produziu o 10 como inválido ou substituir o 10 pela letra "X" na representação do dígito verificador, por determinação da Receita Federal, estabeleceu-se que o número 10 fosse substituído pelo dígito 0 (zero), o que, a princípio, introduz uma falha na verificação do algoritmo. Contudo, para minimizar o erro gerado por essa substituição, dois dígitos verificadores são necessários para compor um CPF, sendo que o segundo dígito utiliza o primeiro como parte de seu cálculo.

Particularmente, no caso do CPF, os dois Dígitos Verificadores são calculados, a partir da esquerda, da seguinte maneira:

► Os nove primeiros algarismos são ordenadamente multiplicados pela sequência 10, 9, 8, 7, 6, 5, 4, 3, 2 (o primeiro por 10, o segundo por99, e assim sucessivamente). Em seguida, calcula-se o resto r da divisão da soma dos resultados das multiplicações por 11; se esse resto for 0 ou 1, o primeiro dígito verificador é zero (d1=0); caso contrário, d1=11−r.

► O segundo Dígito Verificador (d2) é calculado pela mesma regra, na qual os números a serem multiplicados pela sequência 110, 9, 8, 7, 6, 5, 4,3, 2 são contados a partir do segundo algarismo, sendo d1 o último algarismo. Se s é o resto da divisão por 11 das somas das multiplicações, então: d2 é zero, se s for 0 ou 1; caso contrário, d2=11−s.

---

7 resolução: n = C(6, 1) + C(6, 2) + C(6, 3) + C(6, 4) + C(6, 5) + C(6, 6)
n = 6 + 15 + 20 15 + 6 + 1
n = 63
Outro modo, levando em conta pelo menos uma bola grande: C(6, 0) = 1 não pode
$n = (1 + 1)^6 - 1 = 64 - 1 = 63$

8 algoritmo é uma sequência lógica, finita e definida de instruções que devem ser seguidas para resolver um problema ou executar uma tarefa.

CALCULE VOCÊ OS DÍGITOS VERIFICADORES DO CPF número 280.012.389–XY.

RESPOSTA________________[9]

PARA REFLETIR

A cidadania pode ser definida, entre outras formas, tomando-se como referência a relação entre direitos civis, políticos e sociais. Ao longo de nossa história, os movimentos sociais brasileiros acompanharam a incorporação desses direitos como reivindicações.

Como podemos avaliar as conquistas por cidadania no Brasil a partir da década de 1980? (para uma boa reflexão, sugere-se levar em consideração a abertura democrática do país a partir dos anos 1980, os dispositivos da chamada Constituição Cidadã (1988) - em vigor no país -, além de movimentos sociais estudantis, feministas, étnico-raciais, de trabalhadores e de gênero. Procure pesquisar, também, políticas públicas implementadas no país a partir da data. Uma busca na internet vai ajudar).

PARA LER E VER

LIVROS

. CARVALHO, José Murilo de. Cidadania no Brasil: o longo caminho. RJ: Civilização Brasileira, 2001.
Carvalho reconstitui a história da cidadania no Brasil, as lutas, os movimentos sociais mais importantes e a distância a ser percorrida para a plena cidadania em nosso país.

. GOHN, Maria da Glória. História dos movimentos e lutas sociais: a construção da cidadania dos brasileiros. São Paulo: Loyola, 1995.
Gohn descreve os principais momentos das lutas sociais no Brasil e a luta por reconhecimento e cidadania, desde o período colonial até o Brasil moderno.

FILME

. OS LIBERTÁRIOS. (Brasil: CDI:Dinafilme, 1976 (27 min.) (Direção de Lauro Escorel Filho).
Documentário que narra a trajetória da formação dos movimentos organizados pela classe operária brasileira do final do século XIX até a década de 1920.

TEXTOS

. OS MOVIMENTOS SOCIAIS NO BRASIL – apresenta e contextualiza os movimentos sociais brasileiros. Disponível em http://www.geomundo.com.br/geografia-30197.htm
A nova cidadania, de Fábio Konder Comparato. Caracteriza a cidadania desde suas origens na Grécia Antiga aos problemas enfrentados na atualidade pelas sociedades democráticas. Disponível em **http:www.scielo.br/scielo.php?**

---

9 resultado: cálculo do primeiro dígito verificador: 162 dividido por 11 = 14 e sobram 8; então, X= 11=8 = 3 (primeiro dígito verificador: 3); segundo dígito verificador: 179 dividido por 11 = 16 e sobram 3;então o dígito é X= 11-3 = 8. Então CPF será 280.012.389–38

SITE

. **http://pessoas.hsw.uol.com.br/movimentos-sociais.htm** - discute a organização dos movimentos sociais.

ATIVIDADES

1. Observe a imagem abaixo:

Fonte: Reprodução

Junho de 2013 entrou para a História do Brasil como um momento de ebulição da insatisfação popular. Diversas manifestações eclodiram e tomaram as ruas do país.

Quais são os efeitos decorrentes da relação entre democracia e cidadania x Estado e população?

2. Observe a letra musicada a seguir:
   Os presos fogem do presídio,
   Imagens na televisão.
   Mais uma briga de torcidas,
   Acaba tudo em confusão.
   A multidão enfurecida
   Queimou os carros da polícia.
   Os presos fogem do controle,
   Mas que loucura esta nação!
   Não é tentar o suicídio
   Querer andar na contramão?
   Quem quer manter a ordem?
   Quem quer criar desordem?
   Não sei se existe mais justiça,
   Nem quando é pelas próprias mãos.
   População enlouquecida,
   Começa então o linchamento.
   Não sei se tudo vai arder
   Como algum líquido inflamável,

O que mais pode acontecer
Num país pobre e miserável?
E ainda pode se encontrar
Quem acredite no futuro...
Quem quer manter a ordem?
Quem quer criar desordem?
É seu dever manter a ordem?
É seu dever de cidadão?
Mas o que é criar desordem,
Quem é que diz o que é ou não?
São sempre os mesmos governantes,
Os mesmos que lucraram antes.
Os sindicatos fazem greve
Porque ninguém é consultado,
Pois tudo tem que virar óleo
Pra por na máquina do estado.
Quem quer manter a ordem?
Quem quer criar desordem?

***Desordem**. Titãs.*

A música acima, lançada nos anos 1990, revela um sentimento contemporâneo da sociedade brasileira: a descrença da população brasileira em seus representantes e em suas instituições, que se mantém após recorrentes escândalos como o do "Mensalão" e os investigados na operação " *Lava Jato*". Juntamente com seus colegas de turma e com a mediação do(a) professor(a), discuta: *"a quem pode interessar a despolitização da população brasileira"?*

8
O processo de Urbanização

Abertura

Caso pudéssemos retornar no tempo e visitar a cidade do Rio de Janeiro nos primeiros anos do século XIX, certamente nos assustaríamos: muito barulho, grande diversidade étnica, pouco mais de setenta ruas, duas dezenas de becos, sete travessas, cinco ladeiras, doze largos. Até 1808 (ano em que a cidade recebeu a Família Real Portuguesa, transformando-se em sede da Metrópole), não havia qualquer regulamentação sobre o uso das águas, tampouco rede de coleta de esgotos. Os restos da casa (do banheiro à cozinha) eram jogados na praia para que as marés os lavassem; os que moravam próximo a rios, lagoas, pântanos ou mangue, faziam ali suas descargas de detritos. Mesmo dejetos corporais eram depositados nas ruas, gerando desconforto, como mau cheiro e ondas de mosquitos. Não havia calçamento nas vias, tampouco transporte público adequado. A iluminação era feita à base de velas ou candeeiros. Na escuridão e sujeira, proliferavam germes e epidemias.

Caso comparemos a cidade do Rio de Janeiro de hoje com a das primeiras décadas do século XIX (quando se tornou a capital imperial do Brasil independente) concluiremos que a cidade maravilhosa se projetou internacionalmente. Ganhou novos contornos (em especial a partir dos primeiros anos do século XX, quando foi reurbanizada). Porém, perceberemos que algo não mudou: os menos favorecidos, os explorados, os donos das ruas, insistem na liberdade e na autonomia. Na contemporaneidade, tomam conta dos morros e muitos associam-se ao tráfico de drogas como meio de sobrevivência enquanto os senhores queixam-se das balas perdidas, da insegurança e de estarem perdendo a condição de donos teóricos da bela cidade.

A cidade do Rio de Janeiro deixou de ser capital do Brasil em 1960 com a inauguração de Brasília e mantém os efeitos de uma urbanização desequilibrada, assim como muitos outros municípios do país.

Neste capítulo, faremos análises sobre problemas das cidades, assim como daremos enfoque aos efeitos da urbanização sobre os indivíduos e sobre o meio ambiente, em especial no Brasil. Claro, não sem a Matemática.

Fonte: Reprodução

À esquerda, bairro de Copacabana em 1893, chamado de Sacopenapã (Caminhos de Socós1) pelos indígenas, com imagem da Pedra do Inhangá, removida para dar lugar ao Copacabana Palace Hotel. Na segunda imagem, Copacabana hoje, do mesmo ângulo.

1 socós = aves ribeirinhas

Cidades e Urbanização

O conceito de cidade está vinculado à concentração de indivíduos em um espaço geográfico de alta densidade demográfica (relação entre população absoluta e área territorial por ela ocupada), com predomínio de atividades dos setores industriais e de serviços. De acordo com a Organização das Nações Unidas (ONU), são necessários pelo menos vinte mil habitantes para que um aglomerado de indivíduos seja considerado cidade. No Brasil, o critério é político-administrativo, sendo considerada cidade toda aglomeração populacional com sede administrativa (prefeitura).

Já o processo de urbanização caracteriza-se pela transferência de indivíduos do meio rural para o meio urbano. Na Europa, esse processo se intensificou com a Primeira Revolução Industrial, iniciada na segunda metade do século XVIII na Inglaterra. No entanto, a urbanização acelerada ocorreu a partir da internacionalização industrial do século XIX, na chamada Segunda Revolução Industrial. Em países periféricos da economia mundial, caso do Brasil, as taxas de urbanização ganharam volume e agilidade mais tardiamente, principalmente no início do século XX.

No entanto, sociólogos urbanos dão outro sentido ao termo urbanização, tratando-o como a difusão de um sistema de valores, atitudes e comportamentos, ao qual tratamos como *cultura urbana*, onde o modo de vida, de trabalho e de consumo de mercadorias são influenciados pelas condições de vida nos centros urbanos.

George Simmel (1858-1918) descreve a urbanização como um movimento de desagregação dos indivíduos, que deixam de ter relações afetivas primárias (espontâneas, emocionais e pessoais) tornando-se menos naturais e mais funcionais, com os interesses racionais regulados por normas impessoais, já que passam a prevalecer os valores monetários na luta pela sobrevivência e manutenção. O ritmo de vida, acompanhado pela intensificação das relações comerciais e de trocas, implicaria na proliferação de contatos artificiais numa espécie de reserva social que combina indiferença e aversão.

URBANIZAÇÃO = processo de transferência de populações para centros urbanos, desenvolvendo cultura própria (modo de vida, de trabalho e de consumo)

Integrantes da chamada *Escola de Chicago*, fundada em 1890 nos Estados Unidos da América, procuraram estudar, por meio da observação direta, a dinâmica das relações sociais promovida pela urbanização. Membros da agremiação como Ernest Burgess (1886-1966), Louis Wirth (1897-1952), George Herbert Mead (1863-1931), John Dewey (1858-1942) e Robert Ezra Park (1864-1944) dedicaram-se a estudar os problemas advindos com a urbanização crescente da cidade de Chicago, tais como a marginalidade social, a abundância do uso de bebidas alcoólicas e drogas, a delinquência, a imigração, a pobreza e a segregação[2] racial. Robert Park, por exemplo, incentivava seus alunos a "praticar estudos sociais" por meio da realização de pesquisas em bairros periféricos, incentivando-os a visitar cortiços, frequentar ambientes de prostituição e locais de elevado índice de criminalidade. Seu objetivo foi conhecer essa realidade por meio de um método de observação participante, para que, ao compreender melhor as causas de alguns problemas sociais, indicar ao poder público a tomada de ações preventivas.

As iniciativas da Universidade de Chicago fizeram emergir a *Sociologia Urbana* (embora a Escola de Chicago tenha perdido espaço quando sociólogos estadunidenses começaram a desenvolver pesquisas quantitativas com o objetivo de apontar as tendências eleitorais e as preferências da população aos programas televisivos e radiofônicos, adotando uma postura positivista). Como na atualidade a proporção da população urbana supera em muito a população rural, dá para imaginar a importância desta linha sociológica no mundo como um todo.

---

2 segregação = marginalização; afastamento

COM A PALAVRA, LOUIS WIRTH

> **O fato dos indivíduos que não têm laços sentimentais entre si viverem amontoados e trabalharem juntos incentiva um espírito de competição, exagero e exploração mútua. (...) O relógio e o sinal de trânsito são símbolos da base da nossa ordem social no mundo urbano. Contatos físicos próximos e frequentes, associados a uma grande distância social, acentuam a reserva de indivíduos distantes entre si que, a menos que seja compensada por outras oportunidades de entrosamento, leva à solidão.**
>
> **A necessária e frequente movimentação de um grande número de indivíduos num habitat congestionado causa irritação. Tensões nervosas que derivam de tais frustrações pessoais são aumentadas pelo ritmo frenético e a tecnologia complexa que caracteriza a vida em áreas densamente povoadas.**
>
> **Louis Wirth. Urbanismo e o caminho da vida. Revista americana de Sociologia, n. 40, 1938, p. 15-6, tradução de Bruno Comparato.**

Segundo dados da Organização das Nações Unidas (ONU), em 2000 mais da metade da população mundial vivia em cidades. Em 2015, o processo mais intenso de urbanização ocorreu nos países periféricos da economia: das trinta e seis cidades com mais de oito milhões de habitantes, somente quatro delas pertencem aos chamados países centrais (mais ricos) da economia mundial: Nova York, Los Angeles, Osaka e Tóquio. Entre as trinta e duas restantes, duas dessas aglomerações estão no Brasil: São Paulo e Rio de Janeiro.

Historicamente, nos países centrais da economia mundial o processo de migração para as cidades foi mais lento e integrado com as áreas rurais. Ou seja, as cidades acompanharam melhor a evolução dos deslocamentos de populações das áreas rurais para as áreas urbanas, abastecendo-se de novos equipamentos urbanos tais como rede de esgotos, saneamento, iluminação pública, alargamento e criação de ruas, sistemas de transporte e da verticalização (construção de prédios de moradias que otimizam espaços e terrenos). Não é o caso de países subdesenvolvidos industrializados ou dos mercados emergentes, onde o processo de urbanização foi explosivo e anômalo[3], carente de um planejamento adequado. Como as cidades (principalmente as dos países periféricos da economia mundial) não conseguiram absorver os contingentes que migraram (e ainda migram) das áreas rurais, a condição de pobreza e de exclusão social é acentuada.

Levando-se em consideração que a *urbanização moderna* é um processo que relaciona industrialização-urbanização, países da Europa Ocidental, da América Anglo-Saxônica e o Japão chegaram a índices extremos e máximos em termos de capacidade de vida urbana. Em países como a Bélgica, por exemplo, o índice de urbanização alcançou 98%, enquanto que em Mônaco 100%.

Perante o quadro, espera-se que em poucos anos haja uma estabilização no processo de urbanização, o que não significa que estes países deixem de crescer economicamente.

Nas últimas décadas inovações tecnológicas nos setores de comunicação e transporte permitem uma dispersão das atividades de produção industrial: enquanto as unidades produtivas das grandes indústrias são deslocadas para países periféricos da economia mundial, o gerenciamento e coordenação de suas atividades concentram-se nas *cidades globais*[4], que operam o mercado financeiro internacional, caso das cidades de Nova York, Paris, Londres, Frankfurt e Tóquio e, em escala menos intensa do que estas, Hong Kong, Cingapura, Cidade do México e São Paulo.

Em países como o Brasil, uma das soluções encontradas para gerenciar o crescimento urbano foi criar e regulamentar as regiões metropolitanas (implantação através de lei federal de 1973), quando problemas de infraestrutura (como transportes e saneamento), antes vistos isoladamente, passaram a ser estudados em conjunto, tornando-se objeto de um planejamento central.

---

3 anômalo = irregular; anormal

4 cidades globais = polos de globalização que sediam as principais empresas do mundo

ÁREA METROPOLITANA – conjunto de municípios integrados a uma cidade central, com serviços públicos de infraestrutura comum.

As grandes cidades do mundo apresentam aspectos comuns, tais como o avanço do espaço de consumo em detrimento dos espaços de confraternização e de lazer (praças, bosques e largos) , o uso do solo segundo as normas ou princípios ditados pelos interesses do capitalismo, a especulação[5] imobiliária (devido à valorização e disputa pelos terrenos por falta de espaço físico adequado), a transformação das áreas verdes preservadas em produto de consumo, a internalização da vida urbana (o indivíduo fechando-se em seu domicílio), o aumento da violência criminal, problemas de circulação interna e a deterioração[6] ambiental.

RUÍDOS E SONS URBANOS

Sons perturbadores e desagradáveis que chamamos de ruídos tornaram-se comuns a partir da Revolução Industrial (a partir da segunda metade do século XVIII).

A concentração humana em cidades trouxe benefícios econômicos, tecnológicos e industriais, mas também desequilíbrios; entre eles, a progressiva perda auditiva que se dá de forma cumulativa no tempo. Ou seja, o ruído é um inimigo invisível.

Automóveis, motocicletas, aviões, indústrias em funcionamento, caminhões, ônibus, anúncios diversos, entre outros, fazem com que o problema de ruído se torne um problema ambiental. Nas últimas décadas o ruído urbano deixou de ser apenas um incômodo para se transformar em um problema generalizado, global.

Um indivíduo com audição normal possui a capacidade de ouvir uma grande faixa de sons de intensidades diferentes. O som pode ser classificado como fraco, moderado ou forte, de acordo com sua intensidade (I = intensidade; no Sistema In ternacional, I é expressa em W/m2, ou seja, watts/metro quadrado).

Com base nos valores de intensidade de som, o nível de intensidade é medido em decibéis (dB). De acordo com a Organização Mundial de Saúde (OMS), sons e ruídos de até 55 dB são aceitáveis. A partir daí, passam a ser prejudiciais à saúde dos seres vivos.

De acordo com a Organização Mundial da Saúde (OMS), qualquer som ou ruído acima de 50 decibéis, durante um tempo prolongado, torna-se incômodo e, dependendo da sensibilidade do indivíduo, até pode gerar tonturas, dores de cabeça e zumbidos.

5 especulação = procura que gera exploração por parte de quem domina o bem
6 deterioração = estrago ou dano

Nível de Ruído em dB (Decibéis)

Ensurdecedor	140 130 – Armas de fogo
Muito alto	120 – Descolagem de avião a jato 110 – Concerto de música rock
Alto	
Moderado Alto	80 – Despertar de campainha 70 – Aspirador
Moderado	60 – Conversação alta 50 – Conversação normal
Baixo	40 – Conversação silenciosa 30 – Biblioteca
Muito Baixo (limiar do som)	20 – Sussurrar 10

85	8 Horas
86	7 Horas
87	6 Horas
88	5 Horas
89	4 Horas
100	1 Hora
110	15 Minutos
115	7 Minutos

A industrialização e o crescimento urbano brasileiro

Há uma tendência na diminuição das taxas de crescimento da população brasileira nas últimas décadas. Estimativa do Instituto Brasileiro de Geografia e Estatística divulgada em 2012 apontou que, entre os censos de 2000 e 2010, a população brasileira cresceu 1,17% ao ano; em 2014, o índice foi de 0,86%, o mais baixo da história do país, com a população absoluta atingindo a marca de 202, 7 milhões de habitantes. No entanto, a urbanização do Brasil atingiu um elevado índice em 2014 (84%). Em dados preliminares, o IBGE aponta para 85% o grau de urbanização no país em 2019. Porém, o índice tende a diminuir, uma vez que a população rural já é diminuta e o contingente de população migrando para os centros urbanos escasseia. A proporção de pessoas que vive em cidades no Brasil, no entanto, supera a observada nos Estados Unidos da América, que é de 82%, China, que é de 49,7%, e Índia, que é de 30%.

BRASIL – *População nas Cidades*

ANO	% da POPULAÇÃO URBANIZADA
1910.	10,5
1960	44,7
1970.	55,9
1980	67,5
1991	75,5
2000	81,2
2010	84,4

Fonte: IBGE, Anuários Estatísticos do Brasil, censo de 2010

De acordo com os dados do último censo oficial demográfico brasileiro de 2010, as cidades médias, de 100 mil a 500 mil habitantes, têm maior participação na população do país. Já as pequenas cidades, com até 80 mil habitantes, e as grandes, com mais de cinco milhões, vêm reduzindo sua participação.

MUNICÍPIOS BRASILEIROS – 2015

. 202,77 milhões de habitantes foi a população absoluta estimada do Brasil no ano (em 2020, 210 milhões)

ESTADOS MAIS POPULOSOS (MILHÕES DE HABITANTES)	
SÃO PAULO	44,03
MINAS GERAIS	20,73
RIO DE JANEIRO	16,46
BAHIA	15,13
RIO GRANDE DO SUL	11,21
PARANÁ	11,08

MUNICÍPIOS MAIS POPULOSOS (MILHÕES DE HABITANTES)	
SÃO PAULO	11,89
RIO DE JANEIRO	6,45
SALVADOR	2,9
BRASÍLIA	2,85
FORTALEZA	2,57
BELO HORIZONTE	2,49
MANAUS	2,02
CURITIBA	1,86
RECIFE	1,60
PORTO ALEGRE	1,47

MUNICÍPIOS MAIS POPULOSOS EXCETO CAPITAIS (EM MILHÕES DE HABITANTES)	
GUARULHOS-SP	1,312
CAMPINAS-SP	1,154
SÃO GONÇALO-RJ	1,031
DUQUE DE CAXIAS-RJ	0,878
SÃO BERNARDO DO CAMPO-SP	0,811

Fonte: Instituto Brasileiro de Geografia e Estatística (IBGE), 2015.

ANÁLISE COMBINATÓRIA

A **análise combinatória** é um ramo da Matemática que estuda métodos e técnicas que permitem resolver problemas relacionados com contagem e é muito utilizada nos estudos sobre probabilidade por permitir análises de possibilidades e de combinações possíveis dentro de um conjunto de elementos.

Por exemplo[7]: considere três cidades A, B e C interligadas pelas rodovias R_1, R_2, R_3, R_4 e R_5. Vamos determinar de quantas maneiras podemos ir da cidade A para cidade C passando pela cidade B.

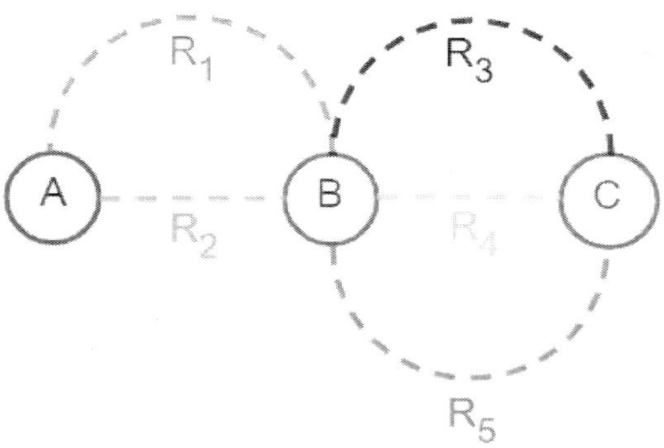

Observe que precisamos sair da cidade A e ir para cidade B, e somente depois podemos seguir viagem para cidade C, assim vamos analisar todas as possibilidades de realizarmos o evento seguindo as rodovias.

1ª maneira: $R_1 \rightarrow R_3$

2ª maneira: $R_1 \rightarrow R_4$

3ª maneira: $R_1 \rightarrow R_5$

4ª maneira: $R_2 \rightarrow R_3$

5ª maneira: $R_2 \rightarrow R_4$

6ª maneira: $R_2 \rightarrow R_5$

Portanto, temos seis maneiras diferentes de ir da cidade A para cidade C passando pela cidade B.

REALIDADE BRASILEIRA

MAPA DA URBANIZAÇÃO DO BRASIL

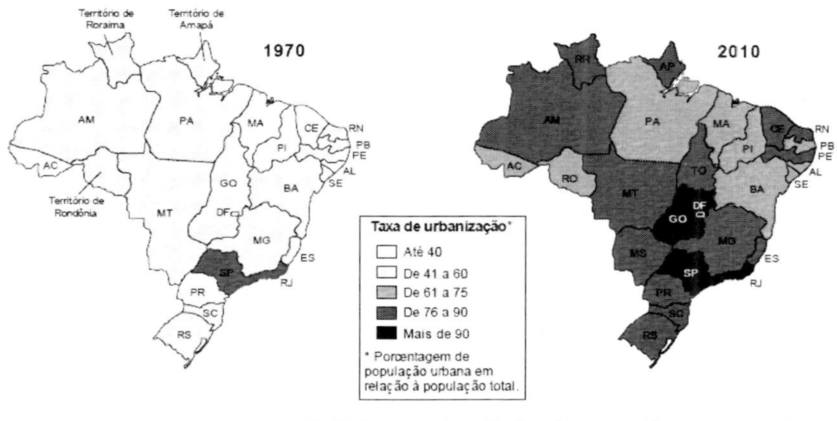

(CALDINI, Vera & Isola, Leda. **Atlas Geográfico Saraiva**. São Paulo: Saraiva, 2013. p. 63)

7 site *Brasil Escola* (acesso em 09.02.2021)

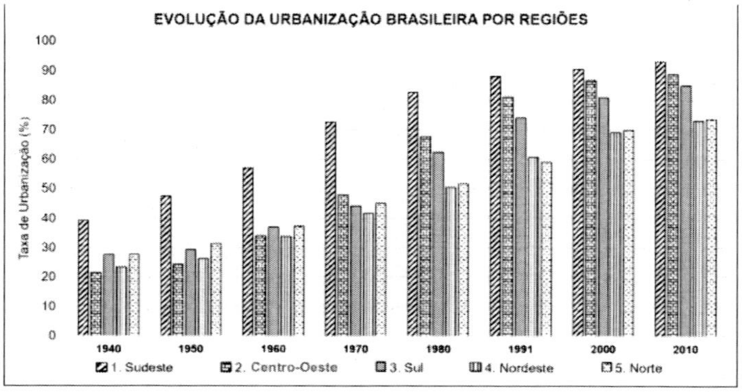

(Fonte: Instituto de Geografia e Estatística (IBGE).)

O elevado índice de urbanização no Brasil não foi acompanhado, em termos proporcionais, por serviços capazes de atender à demanda e o planejamento urbano ficou aquém do sustentável. Ou seja, no país o acesso a serviços públicos aumentou nos últimos anos, embora, em alguns casos, em ritmo inferior ao da década 1990-2000. A pior situação é a do saneamento básico, pois quase metade dos domicílios do país não recebe nenhum tipo de tratamento ou recebe de forma inadequada, seja nas cidades ou nas regiões rurais.

De acordo com o Censo Demográfico realizado pelo IBGE, em 2010 havia aproximadamente 3,6 milhões de domicílios sem banheiro de uso exclusivo da família e 55,4% dos domicílios não estavam ligados à rede geral de esgoto (os percentuais eram de 35,3% em 1991 e de 47,2% em 2000). Ainda segundo o levantamento do IBGE de 2010, o número de domicílios sem nenhum tipo de saneamento era de 18,9 milhões. O abastecimento de água pela rede geral atendia a 82,9% das moradias; tal percentual superou o de 2000 (77,8%), mas ainda havia cerca de seis milhões de brasileiros sem acesso à água tratada.

No Brasil, o acesso a serviços públicos aumentou nos últimos anos, embora, em alguns casos em ritmo inferior ao da década 1990-2000. A pior situação é a do saneamento básico, pois quase metade dos domicílios do país não recebe nenhum tipo de tratamento ou recebe de forma inadequada, seja nas cidades ou nas regiões rurais. Em 2010, havia aproximadamente 3,6 milhões de domicílios sem banheiro de uso exclusivo da família e acredita-se que o próximo censo oficial apresente números ainda mais negativos.

Outro grave problema: dados da Pesquisa Nacional por Amostra de Domicílios (Pnad), divulgados em 2015, apontaram para um crescimento anual do déficit habitacional no país. Segundo o levantamento, mais de 3,8 milhões de moradias apresentavam problemas inerentes ao déficit habitacional.

Cálculo do déficit habitacional no Brasil

O déficit habitacional é calculado a partir de quatro componentes: 1. Habitações e domicílios precários (habitações improvisadas tal como carros, barracas, barcos) e casas construídas sem divisórias (paredes); 2. coabitação familiar (quando duas ou mais famílias convivem em um mesmo ambiente, sem liberdade e privacidade); 3. Ônus de custo de aluguel urbano (famílias que gastam, no mínimo, 30% da renda com locação de imóvel para moradia); 4. Adensamento excessivo de habitantes por dormitório em imóveis alugados.

Juntos, os quatro componentes permitem a análise e avaliação do déficit habitacional de determinada região e, posteriormente, a criação de políticas públicas que tenham como objetivo diminuir este déficit habitacional por meio de construção de moradias – como os programas habitacionais do Governo Federal.

Favelas: a busca de um lugar para morar

A proliferação de favelas é a materialização no espaço das desigualdades e da exclusão social de grande parte da população das médias e grandes cidades nos países periféricos da economia mundial: favelas, no Brasil; barriadas, no Peru; callampas, no Chile etc).

Favela é a denominação dada, principalmente nas regiões do centro-sul do Brasil, a núcleos de habitações rústicas e improvisadas em áreas sem melhoramentos públicos, em terrenos de propriedade alheia ou de domínio não definido.

Já no final do século XIX, começaram a surgir as primeiras favelas na paisagem urbana do Rio de Janeiro. Soldados que retornaram da Guerra de Canudos (1896, no sertão da Bahia) e que não tinham onde morar, passaram a construir barracos em áreas que não tivessem importância imobiliária, caso das encostas do morro. A ação foi vista como uma recompensa aos que aniquilaram o arraial de Belo Monte e os seguidores de Antônio Mendes Maciel, o Conselheiro. Com a reurbanização do Rio de Janeiro, em meados da década de 1900, a ocupação dos morros passou a se intensificar, uma vez que para ganhar ruas mais largas, avenidas e alamedas, a então capital federal desapropriou áreas centrais.

No Brasil, o processo de "favelamento" acentuou-se a partir da década de 1950, quando o país projetou-se industrial e urbanamente, além de assistir à expulsão da população rural devido à crise no campo pela falta de políticas adequadas de incentivo à produção.

Em São Paulo, diferentemente do Rio de Janeiro, a territorialização das favelas se dá, geralmente, em áreas ao longo das vias públicas ou de córregos, lotes urbanos em litígio e fundos de depósitos ou indústrias.

Atualmente, segundo dados do Instituto Brasileiro de Geografia e Estatística (IBGE, 2014), 11,4 milhões de pessoas vivem em favelas no Brasil (população semelhante em números à de países como Grécia e Portugal). Mesmo indicando exclusão social, 98% dos moradores das favelas brasileiras têm televisão e 95% daqueles que vivem nessas comunidades possuem refrigeradores (contra 98% nas cidades). Quase metade (48%) dos lares fora das favelas tem computador ligado à internet, contra 20,2% dos domicílios das favelas e 41,4% são abastecidos por máquina de lavar (contra 66,7% dos moradores que vivem fora das comunidades faveladas).

Em todo o país, a maior parte das favelas está em área plana (52,5%), embora 19,7% das comunidades se situem em encostas bastante inclinadas, situação de alto risco devido à maior possibilidade de deslizamentos de encostas. Dos domicílios em favelas, 12,5% estão às margens de rios e córregos e 72,6% das moradias em favelas não têm espaçamento entre si.

Algo que também incomoda os habitantes de metrópoles como São Paulo e Rio de Janeiro é a mobilidade urbana. Um exemplo do problema: se os quase oito milhões de veículos saíssem às ruas de São Paulo ao mesmo tempo, circulando a 40 km/hora, a cidade precisaria duplicar os dezessete mil quilômetros de ruas existentes. Caso os cerca de seis milhões de automóveis fossem estacionados em fila indiana, ela chegaria a quase trinta mil quilômetros (cerca de três vezes a extensão do litoral brasileiro).

Para diversos estudiosos do tema, a principal saída para a diminuição da pressão das ruas seria o investimento em transportes públicos (trem, metrô e linhas exclusivas de ônibus). Porém, como melhorar o transporte público ao ponto de convencer os donos dos automóveis a abandonarem o conforto e submeterem-se a um serviço de deslocamento pouco atrativo?

Para as grandes cidades voltarem a "andar", algumas propostas estão sendo estudadas, tais como a criação de faixas de ônibus que aumentem a velocidade dos coletivos; a implantação do pedágio urbano, estabelecendo cobrança para motoristas que circulam nas áreas mais centrais das cidades (em Londres, a medida já é adotada desde 2003); o lançamento de campanhas que incentivem o compartilhamento de veículos (carona), envolvendo a reserva de faixas para carros com mais de um passageiro (em Salvador, por exemplo, desde agosto de 2014 foi estabelecido o programa Fixa Solidária para estimular a carona no horário de pico da manhã); maiores investimentos nos sistemas de metrôs; incentivo à integração entre os diversos meios de transporte, com estações de metrô e de trens metropolitanos tendo mais estacionamentos para automóveis e bicicletários; compactação das cidades, onde os espaços de uso misto concentrariam moradia, comércio e serviços em determinadas áreas; fixação do sistema de rodízio entre os automóveis (em São Paulo a medida existe desde 1997 e retira um quinto dos carros das ruas por dia, de segunda a sexta, porém já se mostra esgotada devido ao aumento da frota); criação de ciclovias e ciclo faixas como espaços exclusivos nas vias para ciclistas; o estabelecimento de limitação de garagens como proposta para reverter a atual legislação que pede um número mínimo de vagas por apartamento ou estabelecimento comercial por um teto máximo e menor que o vigente; a criação de hidrovias, com o uso dos rios urbanos para o transporte de cargas, reduzindo a necessidade de caminhões e minimizando impactos de trânsito e de poluição do ar.

Sejam quais as medidas a serem adotadas, todas dependem de investimento e do gerenciamento eficaz das medidas implantadas, além da mentalidade dos indivíduos (engajamento nas novas propostas).

Caos urbano: metrópoles que não "andam". Um dos maiores problemas da atualidade nas grandes cidades.

TEMPO DO TRAJETO CASA-TRABALHO (tempo médio)[8]

Porto Alegre-RS	**30,0 minutos**
Fortaleza-CE	**31,6 minutos**
Curitiba-PR	**32,5 minutos**
Brasília-DF	**35,3 minutos**
Belo Horizonte-MG	**36,7 minutos**
Salvador-BA	**40,0 minutos**
Rio de Janeiro-RJ.	**47,3 minutos**
São Paulo-SP.	**45,8 minutos**

Outro grave problema: o da criminalidade, evidenciado através de diversos estudos científicos e pela mídia em geral. Cientistas sociais como o brasileiro Paulo Sérgio Pinheiro[9] expõe que existem distorções nos índices de criminalidade provocadas pelo que ele intitula "suspeita sistemática". Ou seja, é normalmente contra a população menos favorecida (pobre) e negra que as ações policiais do Estado se dirigem, em clara postura preconceituosa. Acrescenta Pinheiro que esta fatia da população é sistematicamente controlada, estabelecendo uma relação entre pobreza e criminalidade.

E EU COM ISTO?

A urbanização desequilibrada gera problemas sociais e ambientais que afetam nossa vida diária. Desemprego, criminalidade, deslocamentos complicados, distância social, poluição do ar, da água e sonora, convivência com a produção excessiva de lixo, gestão irregular de resíduos sólidos, proliferação de doenças (caso da dengue), modificações de espaços públicos para atendimento de interesses particulares, problemas hídricos, elevados índices de acidentes fatais, dificuldades de moradia, favelização, segregações, enchentes provocadas pela impermeabilização dos solos a partir das ruas asfaltadas, formação de ilhas de calor (consequência do processo de verticalização, ou seja, a formação de prédios que limitam a circulação do ar e, somada à retirada das árvores, contribui para a concentração do calor), entre outros. Como não nos afetar com tantos problemas provocados pela urbanização crescente?

E ONDE ENTRA A MATEMÁTICA?

Para que políticas públicas sejam adotadas para minimizarem os problemas trazidos pelo processo de urbanização, o uso da Matemática é fundamental. Afinal, um cientista social, assim como agentes governamentais, necessita de indicadores. Devemos entender que a teoria formula problemas sob a forma de conceitos,

8 estimativa a partir de dados do Denetram 2014

9 Paulo Sérgio Pinheiro (Org.). Crime, violência e poder. SP: Brasiliense, 1983

porém a mensuração através de dados estatísticos aponta caminhos para a resolução de diversos problemas.

Praticamente tudo que acontece ao redor de um indivíduo urbano está ligado à Matemática: as compras no supermercado, o cálculo de quanto gastar com combustível para determinado percurso, quanto tempo de consome para se deslocar de um lugar a outro etc.

Em grandes municípios, a utilização do chamado GPS é constante, integrado que está nos veículos ou mesmo nos *smartphones*. Não sem o uso da matemática. Da mesma forma, os cálculos para serviços de iluminação pública e sincronização e ajustes de semáforos de acordo com o volume de veículos que trafegam em determinada avenida necessita da matemática.

Inúmeras ferramentas e conceitos da Matemática são utilizados na análise funcional de uma cidade, tal qual a evolução e planificação futura. A elaboração de um *plano diretor*[10] que permita organizar um município é de fundamental importância. Para tanto, dados sobre uma situação atual que permita fazer projeções que diminuam ou eliminem problemas urbanos devem ser levantados dentro dos rigores matemáticos.

De acordo com os artigos 39º e 40º do *Estatuto da Cidade*, o plano diretor é quem promove o diálogo entre os aspectos físicos e territoriais e os objetivos sociais, econômicos e ambientais que temos para uma cidade. O plano deve ter como objetivo distribuir os riscos e benefícios da urbanização, induzindo um desenvolvimento mais inclusivo e sustentável. O diagnóstico científico das realidades administrativas de uma cidade permite a organização presente e futura do uso do solo urbano e das redes de infraestrutura.

Vejamos, com alguns exemplos (e na prática) como a Matemática está na vida das cidades.

NA PRÁTICA

I - Nível de lentidão no trânsito nas cidades

O **índice de lentidão** é medido quando a velocidade média é inferior à metade da velocidade da via. Exemplo: reduzindo-se a velocidade máxima da via de 70 para 50 km/h, será registrado como lento somente quando a velocidade for inferior a 25km/h (em vez de 35 km/h, como anteriormente).

RESOLVA: Uma companhia de engenharia de trânsito divulga o índice de lentidão das ruas por ela monitoradas de duas formas distintas, porém equivalentes. Em uma delas, propala-se a quantidade de quilômetros congestionados e, na outra, a porcentagem de quilômetros congestionados em relação ao total de quilômetros monitorados. O índice de lentidão divulgado por essa companhia no dia 10 de março DE 2020 foi de 25% e, no mesmo dia e horário de abril, foi de 200 km. Sabe-se que o total de quilômetros monitorados pela companhia aumentou em 10% de março para abril, e que os dois dados divulgados, coincidentemente, representaram uma mesma quantidade de quilômetros congestionados na cidade. Nessas condições, qual o índice de congestionamento aferido?

RESPOSTA:________________[11]

II – Cálculo de tarifa do transporte público

Baseado em uma planilha, o cálculo da tarifa do transporte público (ônibus) é um valor obtido através da divisão do custo médio por quilômetro (R$/km) e do IPK (passageiro/km). Os principais insumos que

10 Plano Diretor é um instrumento da política urbana instituído pela Constituição Federal de 1988 que o define como instrumento básico da política de desenvolvimento e de expansão urbana

11 pelo enunciado, ambas as datas têm a mesma quantidade de quilômetros congestionados, ou seja, 200 km. Sendo T o total de quilômetros monitorados em 10 de março, temos que T/200 = 25% e 200/ T = ¼ = T = 800 km. Como houve um aumento de 10% do número de quilômetros monitorados de março para abril, a segunda data tem 880 km monitorados. Assim, em 10 de abril o índice de congestionamento é de 200/880 = 23%. A **regra de três simples** permite descobrir um valor não identificado, por meio de outros três. A **regra de três composta**, por sua vez, permite descobrir um valor a partir de três ou mais valores conhecidos.

influenciam o custo do quilômetro são: combustível, desgaste dos pneus, salários dos motoristas (e demais colaboradores) e seguros. Vale lembrar, também, que o número de passageiros pagantes relaciona-se com o valor da passagem.

Peguemos como exemplo o cálculo da tarifa da cidade de Blumenau-SP ao final de 2019 para aplicação no ano de 2020.

O preço da tarifa é definido a partir de uma equação matemática (abaixo) prevista no edital de concessão. Esta fórmula não pode ser alterada e definirá a chamada tarifa técnica.

$$TDP = \frac{TDA \times \left\{1 + \left\{\left[\left(\frac{PCP - PCA}{PCA}\right) \times 20{,}98\%\right] + \left[\left(\frac{SMP - SMA}{SMA}\right) \times 65{,}17\%\right] + \left[\left(\frac{IVP - IVA}{IVA}\right) \times 13{,}85\%\right]\right\}\right\}}{\left[1 + \left(\frac{IPKeP - IPKeA}{IPKeA}\right)\right]}$$

Onde:

TDP = Tarifa na Data Posterior (resultado do reajuste)
TDA = Tarifa na Data Anterior (tarifa vigente até o reajuste)
PCA = Preço do Combustivel na data Anterior (Fonte: ANP Blumenau / Diesel S10 Média do Grande Distribuidor)
PCP = Preço do Combustivel na data Posterior (Fonte: ANP Blumenau / Diesel S10 Média do Grande Distribuidor)
SMA = salário do motorista anterior (convenção coletiva) na data Anterior
SMP = salário do motorista posterior (convenção coletiva)
IVA = Índice de Veículos Automotores, Reboques, Carrocerias e Autopeças, calculado pela Fundação Getúlio Vargas - FGV (coluna 36) do Índice de Preços ao Produtor Amplo –Origem (IPA-OG) – Brasil, na data Anterior
IVP = Índice de Veículos Automotores, Reboques, Carrocerias e Autopeças, calculado pela Fundação Getúlio Vargas - FGV (coluna 36) do Índice de Preços ao Produtor Amplo –Origem (IPA-OG) – Brasil, na data Posterior
IPKeA = Índice de Passageiro por quilômetro equivalente Anterior (efetivamente apurado nos 12 meses anteriores ao reajuste anterior – ou seja do mês "-24" ao mês "-13", sendo o mês do reajuste considerado o mês "zero"), sendo que no caso do 1º reajuste refere-se ao IPK "teórico" do 1º ano de operação
IPKeP = Índice de Passageiro por quilômetro equivalente Posterior (efetivamente apurado nos 12 meses anteriores ao reajuste atual – ou seja do mês "-12" ao mês "-1", sendo o mês do reajuste considerado o mês "zero")

Fonte: Reprodução

Foram três fatores levados em consideração para o cálculo da tarifa a ser aplicada em 2020: o preço médio do diesel cobrado no distribuidor (e não o cobrado do consumidor na bomba, com impacto sobre o cálculo de 20,98%), o salário dos motoristas (teve o maior peso no cálculo, com 65,17%) e a variação de custos com manutenção dos ônibus (peso de 13,85%). Tudo foi dividido pelo índice de passageiros pagantes transportados a cada quilômetro.

Como era com R$ 4,20: Motorista: R$ 0,90 (21,38%); cobrador: R$ 0,58 (13,87%); combustível: R$ 0,53 (12,58%.); manutenção e seguro: R$ 0,51 (12,10%); investimentos: R$ 0,46 (10,98%); subsídios tarifários e gratuidades: R$ 0,46 (10,94%); taxa interna de retorno: R$ 0,40 (9,60%); gastos administrativos: R$ 0,24 (5,62%); impostos: R$ 0,12 (2,93%). **Total: R$ 4,20.**

. Como ficou a nova tarifa levando-se em consideração os novos índices a seguir indicados abaixo?[12]

Motorista: R$ 0,92 (21,38%); cobrador: R$ 0,60 (13,87%); combustível: R$ 0,54 (12,58%); manutenção e seguro: R$ 0,52 (12,10%); investimentos: R$ 0,47 (10,98%); subsídios tarifários e gratuidades: R$ 0,47 (10,94%); taxa interna de retorno: R$ 0,41 (9,60%); gastos administrativos: R$ 0,24 (5,62%); impostos: R$ 0,13 (2,93%)

RESULTADO:__________________[13]

III – Lixo urbano

Um dos maiores problemas enfrentados pelas áreas urbanas refere-se ao lixo produzido. Cada tipo de lixo exige coleta e tratamento diferenciado. O *lixo domiciliar* é formado por restos de alimentos, papéis (inclusive o higiênico) e embalagens, o que exige reciclagem e coleta seletiva; o lixo hospitalar é gerado principalmente

12 a concessão prevê que se essa conta não fechar em um número múltiplo de R$ 0,05, o preço será arredondado para o número mais próximo disso, para cima ou para baixo. . Na análise de 2018, por exemplo, a tarifa técnica levantada havia sido de R$ 4,22. Com o arredondamento, ficou em R$ 4,20. Fonte: NSC, Pedro Machado, 09.12.2019.

13 R$ 4,30. Fonte: NSC, Pedro Machado, 09.12.2019.

em clínicas e hospitais, farmácias, postos de saúde e estabelecimentos veterinários (envolve agulhas, gases, órgãos e tecidos removidos, seringas, filmes e raio x, medicamentos com prazo de validade vencido, entre outros) e devem ter coleta seletiva; o lixo público é gerado pela varrição das ruas, podas das árvores e entulho como galhos, limpeza de galerias, córregos e terrenos, feiras, animais mortos, entre outros, cabendo ao poder público coletá-lo e à população colaborar não jogando lixo e entulho nas ruas. O lixo industrial é composto por cinzas, lodos, madeiras, borracha, óleos etc, e também devem ter destino especial. O lixo especial é gerado pela construção civil, indústria tecnológica (material e entulho de obras, pneus, pilhas, baterias, computadores, eletrodomésticos, entre outros), devendo as pilhas e baterias ser separadas e devolvidas ao local de compra ou em postos especiais de coleta, o entulho de obras deve ser coletado por empresa contratada ou levado para um aterro específico e o lixo tecnológico deve ser destinado aos aterros sanitários.

Sob coordenação e orientação do(a) professor(a), dividam-se em grupos e sigam as orientações abaixo:

a) façam um levantamento da produção diária de lixo na escola;
b) **CALCULEM, APÓS UMA SEMANA, A QUANTIDADE EM KG DE LIXO PRODUZIDO;**
c) **investiguem se há na instituição escolar alguma ação afirmativa visando a diminuição do impacto ambiental causado pelo lixo produzido (reciclagem, separação de resíduos etc);**
d) **através da internet ou outros dispositivos, procurem entender como é implantando um projeto consistente de reciclagem de lixo e resíduos;**
e) **elaborem projetos relacionados à destinação correta e efetiva de lixo produzido;**
f) **os grupos devem apresentar os projetos elaborados para toda a turma;**
g) **após as apresentações, a turma deve apontar as ideias mais consistentes e possíveis de serem colocadas em prática (caso já haja na escola ações de destino ao lixo, aponte possibilidades de aperfeiçoamento ou mesmo da constituição das chamadas *"unidades ecológicas sustentáveis"*);**
h) **elaborado um projeto comum da turma, apresente-o à direção da instituição com a proposta de colocá-lo em prática.**

. APRESENTEM OS RESULTADOS OBTIDOS

IV – Cálculo de ganho de um motorista de aplicativo

Caso você resolva elevar sua renda mensal ou mesmo tornar-se um motorista profissional por aplicativo, saiba que alguns cálculos devem ser feitos para que haja retorno nos seus investimentos. Veja por você mesmo o que deve ser levado em consideração.

Levando em consideração os itens abaixo, calcule qual deve ser a estimativa de rendimentos no mês de um motorista por aplicativo:

. corrida mínima	R$ 10,00	
. preço base	R$ 7,00	
. custo fixo	R$ 4,00	
. tarifa por quilômetro	R$ 2,00	
. tarifa por minuto	R$ 1,00	
. imposto por quilômetro	R$ 0,10	
Estimativa de viagens:	Horas semanais de trabalho	8 horas
	Comissão da empresa (do aplicativo)	25%
	Corridas por hora	4 corridas
	Corrida média (minutos por corrida)	12 minutos
	Corrida média (quilômetros)	5 KM

Estimativas de despesas:

. parcela/aluguel do veículo	R$ 500,00/mês
. custo mensal do seguro do veículo	R$ 150,00/mês
. manutenção mensal do veículo	R$ 200,00/mês
. preço do livro de combustível	R$ 3,50/litro
. consumo de combustível (Km/litro)	10 km/litro
. plano de dados do telefone	R$ 150,00/mês
. custos extras/mês	R$ 100,00
. despesas com alimentação/mês	R$ 400,00

A partir dos dados acima, calcule a estimativa de receitas, de despesas e de rendimentos do motorista por aplicativo em questão.

RESULTADOS:________________[14]

. as operações comerciais estão relacionadas com as operações de compra e venda, fazendo-nos lidar com conceitos de lucro e prejuízo.

V – Cálculo de taxa de urbanização

Brasília, inaugurada como capital do Brasil em 21 de abril de 1960, é uma cidade planejada que se distingue pela sua arquitetura branca e moderna. Possui uma área total de 5.802 km^2 e foi construída com rapidez durante o governo de Juscelino Kubitschek. Com a ação, o presidente Juscelino pretendeu promover o desenvolvimento do interior do país e tirar a capital do Rio de Janeiro, que concentrava as ações políticas do país. Concebida pelo arquiteto Oscar Niemeyer e pelo urbanista Lúcio Costa, a capital federal brasileira está disposta em forma de avião. Sua "fuselagem" é o Eixo Monumental. No "cockpit" encontra-se a Praça dos Três Poderes (Executivo, Legislativo e Judiciário). Atualmente, a cidade-capital está fragmentada em áreas nobres e bolsões de miséria, as chamadas cidades-satélites.

Fonte: Reprodução

. CALCULE A TAXA DE URBANIZAÇÃO DE BRASÍLIA. Como fazê-lo? Divida o quantitativo da população urbana pela população absoluta (total). O resultado obtido deve ser multiplicado por 100. Lembre-se que a taxa de urbanização corresponde ao percentual de população urbana em relação à população total.

14 estimativa de receitas = R$ 3.120,00; estimativa de despesas = R$ 1.724,00; estimativa de rendimentos = R$ 1.396,00/mês

DADOS DE BRASÍLIA, segundo dados do IBGE do último censo oficial (2010)

. população total (absoluta)	**2.570.160**
. população urbana	**2.483.210**
. população rural	**87.950**

RESULTADO:____________________[15]

VI – Identificação dos automóveis através das placas

As placas de identificação de veículos no Brasil são emitidas pelos Departamentos Estaduais de Trânsito (Detran) de cada unidade da Federação, seguindo uma sequência única para todo o país. A ordem das letras e números tem a ver com o Estado em que o veículo é emplacado. Esse procedimento começou a ser adotado em fevereiro de 1990, quando as placas amarelas (com duas letras e quatro números) foram substituídas pelas cinzas (com três letras). Cada unidade da Federação possui suas combinações próprias, distribuídas pela frota local em ordem cronológica de licenciamento ou emplacamento. O Código de Trânsito Brasileiro não permite a reutilização de placas. Mesmo que um carro saia de circulação, sua combinação de letras e números não será reaproveitada em outro veículo. A partir de janeiro de 2017 a nova placa *Mercosul* passou a ser obrigatória nos veículos novos em seu primeiro emplacamento e sobre veículos objeto de transferência de propriedade ou de local de emplacamento. Mas os veículos já emplacados não são obrigados a antiga identificação.

RESOLVA: determine o número de placas possível pelo modelo alfanumérico adotado pelo Código de Trânsito Brasileiro a partir de três letras e quatro números (excluindo placas 0000 e o modelo Mercosul).

. **Análise Combinatória** é um conjunto de procedimentos que possibilita a construção de grupos diferentes formados por um número finito de elementos de um conjunto sob certas circunstâncias. Nesses grupos é possível realizar a **análise** das possibilidades e combinações. **Para que reconheçamos se o problema envolve arranjos ou combinações, 1. Escolhemos um agrupamento qualquer que satisfaça as condições do problema; 2. Trocamos as posições dos elementos do agrupamento; se o agrupamento obtido for outra solução do problema, trata-se de um problema sobre arranjos; caso contrário, trata-se de um problema de combinações.**

RESPOSTA:________________ [16]

PARA LER E VER

LIVROS

VELHO, G; ALVITO, M. (Org.) Cidadania e violência. Rio de Janeiro: UFRJ/FGV, 1996.
Uma reunião de artigos de cunho sociológico, antropológico e de ciência política. Tratam dos grandes problemas urbanos, em especial da violência. Obra permite reflexões a respeito da cultura de violência existente no Brasil.

---

15 **0965%**
16 115.316.136

ZALUAR, A.; ALVITO. M. (Org.) Um século de favela. Rio de janeiro: FGV, 1998.
Uma coletânea de textos que analisa a desigualdade e segregação social no Brasil a partir de favelas do Rio de Janeiro.

FILMES

. CIDADE DE DEUS. (Brasil, 2002) Direção de Fernando Meirelles e Katia Lund)
O tema central dessa grande obra é a luta pela sobrevivência de indivíduos moradores de uma das maiores favelas do Brasil: Cidade de Deus. Vária histórias se cruzam, como a do cruel Dadinho e de Mané Galinha.
. A GRANDE CIDADE (Brasil, 1966) Direção de Carlos Diegues)
Jovem nordestina (Luzia) chega à cidade do Rio de Janeiro. Seu desejo: casar. No Rio, no entanto, descobre que o noivo tornou-se um marginal e conhecido bandido. O drama relata a busca de nordestinos por uma vida melhor e de mais oportunidades na metrópole.

DOCUMENTÁRIOS

. Conterrâneos velhos de guerra (Brasil, 1992. Direção de Vladimir Carvalho)
Documentário que analisa a situação de trabalhadores que migraram de várias regiões do Brasil (especialmente da região da seca nordestina) para trabalhar na edificação de Brasília, na década de 1950.

SITE

http://www.sosmatalantica.org.br/ - da organização não governamental *Mata Atlântica*, com informações do bioma e apresentação de projetos desenvolvidos e patrocinados pela entidade, além de dados e notícias relacionadas ao ambiente.

REFLITA SOBRE: A ameaça da dengue

Extinta em 1958 no Brasil, a dengue é uma doença infecciosa tropical provocada por um vírus e transmitida ao homem pela picada do mosquito *Aedes aegypti* (*odioso do Egito*). A grande aglomeração urbana, os descuidos com as políticas públicas de saúde e a falta de cuidados domésticos (destino inadequado ao lixo e água parada) são as principais causas do "retorno" do Aedes. O *Aedes aegypti* transmite doenças como *dengue* (causa febre, manchas, dores no corpo, na cabeça e nas articulações), a *chikungunya* (causa febre alta, dores musculares e nas articulações, cefaleia e manchas no corpo), a *febre amarela* (menos propalada por haver vacina contra a doença) e a zika (também transmitida pelo Aedes, mas com possibilidade de ser transmitida por relação sexual e por transfusão de sangue). Vale lembrar que não é impossível que o mosquito transmita mais de uma doença na mesma picada. A prevenção contra o Aedes se dá pela eliminação de criadouros (remoção dos focos de larvas como vasos de plantas ou caixas d'água destampadas), pela utilização de telas nas janelas (o hábito do Aedes é mais diurno, diferentemente do *Culex quinquefasciatu*, popularmente chamado pernilongo, com hábito mais noturno), uso de repelentes e de roupas claras.

O combate a doenças como a dengue é responsabilidade apenas do poder público ou da coletividade como um todo? Como agir individualmente para o combate a doenças como a dengue e a chikungunya?

ATIVIDADES

1. "(...) Quando visitei a cidade pela primeira vez – e conhecendo as tradições urbanas da Itália e de Portugal -, surpreendeu-me a virtual ausência de praças públicas e o descaso com as poucas existentes. Tal como a Quinta Avenida, a Avenida Paulista parece incumbir-se de algumas das funções da praça mediterrânea. Ainda assim, o resultado não é o mesmo – nem para mim nem (suspeito eu) para os paulistanos. As mesas de café nas calçadas, que parecem estar se multiplicando, são uma boa idéia, mas seria melhor ainda poder desfrutar da comida, da bebida e da conversa a uma distância um pouquinho maior do barulho e dos gases do trânsito. (...) Parece que não sou o único a sonhar com uma *piazza* para São Paulo. Quem fará do sonho realidade?". *(Peter Burke. São Paulo precisa de um oásis de sociabilidade. Folha de São Paulo, 1997).*
   A partir do exposto, e levando em consideração noções de espaço de confraternização, discorra sobre a falta de lugares de integração social nas grandes metrópoles urbanas.

2. Observe a imagem abaixo e o texto a seguir:

Fonte: https://www.google.com/url (acesso em 20 de Maio de 2020)

A cidade do Rio de Janeiro é conhecida pela grande quantidade de favelas. A origem desse tipo de habitação está relacionada à Guerra de Canudos, ocorrida no sertão baiano entre 1896 e 1897. Com fim do episódio, soldados do exército brasileiro regressaram ao Rio de Janeiro. Por não terem recebido o soldo (salário) prometido, os soldados passaram a instalar-se nos morros da então capital federal. As improvisadas habitações foram erguidas em madeiras nos moldes dos alojamentos estruturados na Bahia durante o conflito de Canudos. Não houve oposição do governo da cidade às construções. Outro evento que colaborou para o erguimento das chamadas favelas foi a reurbanização do Rio de Janeiro nos primeiros anos do século XX. A reformulação da cidade contou a abertura de grandes avenidas e expulsou habitantes das regiões centrais, forçando a ampliação de moradias improvisadas nos morros. Segundo dados do IBGE (2018), aproximadamente dois milhões de fluminenses habitam as conhecidas favelas do Rio de Janeiro.
Apesar de não constituir-se em fenômeno recente, o processo de "favelamento" ampliou-se a partir da década de 1950. Identifique as causas do fenômeno.

3. Quais os principais problemas que podem ser aferidos em uma metrópole? Pesquise, aponte-os e analise-os.

9
INDÚSTRIA CULTURAL

Abertura

Nunca se ouviu tantas músicas quanto agora. Garimpar produções raras está fácil. Não anda importando se o *download*[1] é ilegal, apesar das iniciativas que insistem em punir a prática.

Basta que andemos pelas ruas. Veremos o fone de ouvido acoplado à pessoa, tal qual extensão do próprio corpo.

Com a proliferação das redes, o acesso é amplo. Porém, em tempos digitais, a privacidade pessoal tem sido um tanto quanto rara. Basta acessar o *Google* e buscar por nosso nome completo. Muito do que somos, fazemos ou fizemos está à disposição. Com um clique alheio, fotos, depoimentos, vídeos pessoais. Tudo ao alcance. Tudo evoluindo muito rapidamente.

O termo *indústria* nos remete ao capitalismo por relacionar-se à produção em série de bens diversos, próprio da busca de acumulação de capital. Da mesma forma que são produzidos calçados, computadores, eletrodomésticos, automóveis, entre outros, também se produz cultura com o objetivo de lucro. É o que será analisado neste capítulo, não sem a presença da Matemática.

Fonte: Reprodução

Para a maioria dos estudiosos da Indústria Cultural, pouco ou nada se pode esperar dela no sentido da libertação do indivíduo. Nem de seus veículos isoladamente tomados. Para diversos pesquisadores do tema nenhuma modificação resulta positiva (como a reforma da programação da televisão, por exemplo) se não for precedida de ampla reforma ou revolução estrutural de uma sociedade.

Indústria Cultural

Na década de 1940, Max Horkheimer (1895-1973) e Theodor Adorno (1903-1969), membros da *Escola de Frankfurt* (fundada em 1924), foram os pioneiros na utilização do termo *indústria cultural*, definindo as linhas críticas à *cultura de massa*.

---

1 transferir ("baixar") um ou mais arquivos de um servidor remoto para um computador local

Horkheimer e Adorno consideraram que o termo *cultura de massa* pode ser mal interpretado e confundido com *cultura popular.* Neste sentido, passaram a utilizar a expressão *indústria cultural*, designando-a como o tipo de produção industrial que pretende integrar consumidores de mercadorias culturais. Ao fazê-lo, a produção industrial de bens culturais estaria banalizando a arte e direcionando o público consumidor à perda do senso crítico, tornando-o um mero receptor dos produtos oferecidos pelo setor. Walter Benjamim (1886-1940), companheiro de pesquisa de Theodor Adorno, afirmou que não poderia haver tanta criticidade à indústria cultural já que a mesma poderia disseminar a arte e a cultura, levando-as a quem dificilmente teria acesso, ou seja, "deselitizando-as".

A ESCOLA DE FRANKFURT

A Escola de Frankfurt foi fundada em 1924. A iniciativa coube a Félix Weil.

Antes de ser denominada Escola de Frankfurt, recebeu a denominação de Instituto para a Pesquisa Social. A partir de 1931, Max Horkheimer passou a dirigir o instituto, que se associava à Universidade de Frankfurt, Alemanha. A partir daí, as pesquisas do Instituto passaram a ter como base a filosofia, voltando-se para o desenvolvimento de pesquisas sociais com interesse na análise das relações psicológicas, econômicas, históricas e culturais, com destaque ao desenvolvimento de uma postura crítica em relação ao capitalismo (entre os estudos, explicações para os fenômenos advindos com a indústria cultural). Tal postura investigativa deu origem ao que foi chamado de Teoria Crítica da Sociedade.

Perseguida pelo regime nazista, o Instituto foi fechado e os frakfurtianos buscaram abrigo em Genebra, Paris e Nova Iorque. Com a queda dos nazistas, Horkheimer e Adorno retornaram para Frankfurt, reabrindo o Instituto.

A indústria cultural faz alusão a um sistema em que produtos culturais são produzidos por setores hegemônicos da sociedade com finalidade de lucro. O seu planejamento é antecipado à produção com o objetivo de reduzir o custo de produção e alcançar a maior fatia possível do mercado.

A produção de bens culturais foi estruturada em bens que são consumidos como entretenimento e lazer. Porém, o que está por trás, em normalidade, é a busca do enriquecimento. Consumo rápido, produtos caracterizados pela semelhança, padronização e escassez de conteúdo, não dão ao apreciador autonomia intelectual e liberdade crítica.

Em meados do século XX, já se percebia o poder da mídia e dos meios de comunicação como o cinema e rádio na vida das pessoas, que, usados de forma planejada, poderiam dirigir vontades, ditar modas, conduzir gostos, estimular formas de lazer e formar opiniões.

(Eric Hobsbawm. **Era dos extremos**. Trad. São Paulo: Companhia das Letras, 1995. (ilustrações))

No século XX, os meios de comunicação de massa foram amplamente utilizados por diferentes governos como veículos de propaganda ideológica, um tipo de comunicação que visa formar a maior parte das ideias e das convicções dos indivíduos e, com isso, orientar todo o seu comportamento social. Um exemplo histórico do uso dos meios de comunicação como veículo de propaganda ideológica ocorreu na Alemanha de Hitler. Em 1940, todas as rádios alemãs passaram a transmitir a mesma programação de caráter ultranacionalista. Na imagem, respectivamente, Adolf Hitler e Benito Mussolini.

A indústria cultural consolidou-se durante o século XX. Originalmente com o cinema, história em quadrinhos, revistas e rádio, viu emergir, logo após o fim da II Guerra Mundial (1939-1945), a televisão. Com a TV, inúmeras empresas culturais nacionais passaram a enfrentar a concorrência das grandes corporações de natureza global, fazendo com que grande parte da população mundial passasse a ter acesso às mesmas fontes emissoras, às mesmas imagens e notícias, provocando o fenômeno a que especialistas denominam *homogeinização cultural*. O desenvolvimento dos meios de comunicação de massa abriu espaço para uma publicidade agressiva em direção ao consumidor, prometendo-lhe prestígio, realização pessoal e status. Jingles de fácil memorização e imagens atraentes e sedutoras direcionadas aos indivíduos, passaram a apontar para novos hábitos e para novos estilos de vida. Tal discurso publicitário passou a valorizar a pessoa, dando-lhe aparente liberdade de escolha, expresso no ato da compra e na escolha de marcas de produtos. Essa suposta autonomia passou a procurar passar a ideia de individualidade e identidade através da compra, da aquisição. O cinema com suas produções hollywoodianas – e mais tarde, a televisão -, passou a produzir heróis com expectativa de sucesso e realização, estimulando o imaginário público e o incentivo à sua imitação, ao que o sociólogo francês Jean Baudrillard (1929-2007) denominou *"objeto-signo"*.

Assim, a telenovela que invade nossas casas, o filme em cartaz no cinema, as ondas que nos embalam nos programas de rádio, a revista semanal que nos chega,as mídias digitais, entre outros, pode ser produzida com o objetivo de lucro. E geralmente o faz, não dando ao público tempo para questionar o que consome. Vale lembrar, no entanto, que ao mesmo tempo em que possui características aqui apontadas como negativas, os veículos de comunicação de massa podem nos proporcionar a democratização às informações e que notícias nos chegam quase em tempo real.

O sociólogo canadense Marshall McLuhan (1911-1980) gerou polêmicas no século passado ao teorizar sobre os veículos de comunicação de massa. Afirmou ser "o meio a mensagem", apontando que a atribuição de defeitos a certos conteúdos da indústria cultural seriam "resquícios de uma cultura letrada incapaz de adaptar-se às novas condições" e que o julgamento que se faz a respeito de veículos como TV e rádio apontam para uma incapacidade dos teóricos de entender a modernidade dos novos tempos. Contradizendo-se, McLuhan chegou a afirmar que a televisão, ao imprimir sua marca no próprio conteúdo intelectual da mensagem, reduz a função da escola e de outras instituições tradicionais.

Nomes como Jurgen Habermas e Guy Débord, que sucederam a primeira geração da Escola de Frankfurt, procuraram esclarecer os mecanismos utilizados pelos meios de comunicação de massa, apontando sistemas de exercício do poder econômico, político e social dos mesmos que agem sobre a consciência dos indivíduos.

O sociólogo francês Pierre Bourdieu (1930-2002) desenvolveu estudos em várias áreas do conhecimento humano: educação, arte, linguística, arte, cultura e mídia, procurando desvendar os mecanismos sociais que reforçam e legitimam as formas de dominação, estabelecendo o conceito de violência simbólica para identificar formas de cultura que se impõem sobre os indivíduos. Bourdieu afirma que pela cultura estabelece-se um controle ideológico, cuja finalidade seria a de manter o distanciamento entre as classes sociais, definindo quem é quem na estratificação de uma sociedade.

COM A PALAVRA, TEIXEIRA COELHO

> **Para a maioria dos estudiosos da indústria cultural, pouco ou nada se pode esperar dela no sentido da libertação do homem. Nem de seus veículos isoladamente tomados, como a TV. Para esses, nenhuma modificação resulta positiva (como a reforma da programação da indústria cultural) se não for precedida de ampla reforma ou revolução estrutural da sociedade. No entanto, essa visão do problema, essencialmente pessimista, é apenas parcialmente correta. Dizer que é necessário lutar pela supressão dos privilégios e pela adaptação dos meios de comunicação de massa às exigências ditas democráticas das atuais sociedades é proceder a uma análise superficial da questão – e uma análise marcada, ainda, por uma ideologia francamente apologética[2]. O fundamental no problema**

2 apologética = que contém discurso para justificar ou defender

da comunicação e da indústria cultural não está nem na questão quantitativa, nem na questão da natureza ou conteúdo das mensagens divulgadas, mas na estrutura mental e psíquica dos indivíduos receptores dessas informações.

O fato é que os meios de comunicação de massa efetivamente oferecem as condições básicas para a divulgação dos elementos reais de uma cultura, mesmo de uma cultura de massa, mesmo de uma cultura oriunda de uma indústria. Mas seus receptores têm de estar preparados para eles. E é essa preparação que tem sido impedida pelo atual estágio do capitalismo de organização, marcado pela diminuição constante da função ativa dos executantes e pela intervenção cada vez maior do Estado na vida privada dos cidadãos. Essa situação acarreta a passividade dos indivíduos na recepção e assimilação da produção cultural, o que, desorganizando-os, acarreta sua desculturalização – constatável nas atuais culturas de massas, num processo no entanto não onipotente.

Teixeira Coelho. O que é Indústria Cultural. SP: Brasiliense, 1980, páginas 102-103.

Indústria Cultural no Brasil

Segundo a Secretaria Especial de Comunicação Social (SECOM) são mais de nove mil emissoras de rádio (entre AM's, FM's e comunitárias) e mais de cem milhões de aparelhos receptores. Estima-se que em uma população absoluta de aproximadamente duzentos e vinte milhões de pessoas, cerca de 20%, não ouça rádio. O dado mais recente sobre a taxa de penetração do rádio no país mostra que 87,9% dos domicílios brasileiros têm rádio[3]. E do que vive uma estação de rádio? Tirando as experimentais e educativas, essencialmente da veiculação de propagandas.

No Brasil, existem pouco mais de quinhentas estações de televisão geradoras e cerca de treze mil retransmissoras. No regime aberto, destaque à *Rede Globo, SBT, Record, Bandeirantes e RedeTV*. As imagens da TV Globo, por exemplo, atingem 99,8% do território brasileiro (segundo a emissora). Em pesquisa realizada no último trimestre de 2016, a sondagem apurou que de 69,3 milhões de domicílios particulares permanentes no Brasil apenas 2,8%, ou 1,9 milhão, não tinham aparelhos de televisão[4]. Assim como no rádio, (excetuando-se as emissoras governamentais e educativas), a manutenção das produtoras de imagens televisivas depende basicamente das inserções publicitárias que veiculam. Por exemplo: uma inserção no Jornal Nacional, o telejornal mais assistido do país, chega a custar R$ 1,320 milhão por trinta segundos, segundo o departamento de Negócios da TV Globo (2019). Mas tudo depende do índice de audiência registrado. Assim, quanto mais telespectadores sintonizados, maiores serão os valores cobrados por uma inserção comercial.

Na televisão reside umas das principais atividades de entretenimento dos brasileiros. Ela pode não estar sendo acompanhada diretamente pelo espectador, porém pode estar acessada durante a realização de atividades domésticas. Suas veiculações geram comentários e discussões entre membros familiares ou com colegas de trabalho. Seus programas influenciam comportamentos, modas e mesmo visões de vida. Ou seja, a televisão tornou-se uma predileção dos brasileiros (e não só entre brasileiros).

Apesar da programação da televisão brasileira estar entre as mais bem planejadas e mais bem acabadas do planeta, não podemos deixar de atribuir à sua grade um alto grau de *heterogeneidade*. Ou seja, pelas grandes diferenças socioeconômicas, a televisão aberta tem que ter a preocupação de estabelecer uma programação dirigida a públicos diferentes (normalmente, entre as oito da manhã e onze da noite, prevalece a programação dita "cafajestística", isto é, com uma linguagem grotesca, de fácil absorção, procurando atrair o pequeno consumidor – ou sub-consumidor). Afinal, mesmo não tendo grande poder de consumo, o menos favorecido precisa do detergente, das ofertas dos supermercados, do sabão em pó e mesmo do sonho de consumo de eletrodomésticos e até do carro popular. Já a partir de horários mais restritivos, prevalece a

3 Ministério das Comunicações do Brasil, 2018
4 Instituto Brasileiro de Geografia e Estatística (IBGE), a Pesquisa Nacional por Amostra de Domicílios Contínua (PNAD), 2016

programação com conteúdo mais abrangente, mais analítica, crítica e com maior volume de informações, já que o público é outro: normalmente não tem o rigor de horários, exige informações mais contundentes e seu poder aquisitivo permite-lhe o consumo de produtos como o uísque, o carro mais sofisticado etc.

Quanto aos jornais, a circulação de exemplares em papel dos principais veículos deste tipo de comunicação vem sendo reduzida. Dados dos dez jornais diários mais importantes do país apontam que em outubro de 2019 a tiragem somada foi de cerca de 590mil (em 2014 a tiragem somada foi de 1,2 milhão de exemplares impressos, numa redução de 51,7% em cinco anos)[5]. Importante ressaltar que os jornais impressos são considerados veículos formadores de opinião e vivem, principalmente, de propagandas estampadas em suas páginas.

E você já reparou quantas veiculações de propaganda contemplam nossos jornais e revistas? São muitas. Bem superiores às veiculações de TV e rádio, até porque temos um número pouco significativo de leitores se comparado ao público que acessa os canais de televisão e as emissoras de rádio.

Estima-se em oito mil títulos o número de livros publicados por ano no mercado editorial brasileiro. A venda média é de dois mil e quinhentos exemplares por título[6]. Mesmo o consumo e a leitura de livros não sendo uma preferência nacional, seus patamares de consumo não podem ser desprezados.

O cinema, por sua vez, sofre com a pirataria e, apesar do avanço de público nas últimas décadas (em especial das grandes produções hollywoodianas), carece de maior apreciação e consumo. As peças teatrais sofrem mais ainda por serem consideradas caras para os padrões de consumo nacionais.

A indústria fonográfica também padece com a produção pirata e, na busca de manutenção no mercado, exalta gêneros populares, restringindo a veiculação do erudito (observe que as músicas de fácil absorção e com apelos que chegam à beira da vulgaridade, acabam predominando nos programas de rádio, o que faz sobrar pouco espaço para a veiculação da música mais bem elaborada musical e poeticamente).

Fonte: Reprodução

Ao acompanharmos um jogo de futebol via rádio, somos levados a imaginar o que nos é narrado. Já na TV, o mesmo jogo não pode ser descrito tentando-nos persuadir às emoções, uma vez que o espectador tem a imagem e não pode ser conduzido à imaginação (por conta disso especialistas atribuem à televisão o rótulo de veículo de comunicação "frio").

A comunicação e a internet

Através de uma rede social, pessoas ou organizações conectam-se, partilhando objetivos, informações, conhecimentos, interesses e esforços em busca de objetivos comuns. Uma das principais características das redes sociais é sua abertura, permitindo o contato horizontal entre os participantes, ou seja, sem diferenças ou estratificação social, porém com elevado grau de identidade. Outra de suas características é seu caráter efêmero, podendo dissolver-se facilmente, isto por serem mantidos contatos, em geral, secundários, ou seja,

5 IVC (Instituto Verificador de Comunicação), 2019
6 Câmara Brasileira de Livros , 2019

as relações estabelecidas nas redes sociais podem ser passageiras e eventuais, não estabelecendo vínculos diretos e contínuos entre os envolvidos.

O sociólogo polonês Zygmunt Bauman (1925 - 2017)[7] investiga como nossas relações sociais tornam-se mais inseguras por darmos prioridade a relacionamentos em redes, que podem ser edificadas ou desmanchadas com igual facilidade, dificultando laços mais sólidos e duradouros. Bauman afirma ainda que as relações amorosas e vínculos familiares podem ser afetados, alertando que o uso intensivo das redes sociais pode diminuir nossa capacidade de tratar um estranho com humanidade.

As redes sociais online operam em redes comunitárias (em bairros ou cidades, em geral com a finalidade de melhora da situação local, como segurança entre vizinhos e reivindicações comuns junto a órgãos governamentais ou públicos), políticas (indivíduos que comungam das mesmas posições políticas associam-se a outros com vistas a alguma modificação política e social), profissionais (prática conhecida como *networking*, como o *LinkedIn*, procurando fortalecer a rede de contatos de um indivíduo com objetivos profissionais ou de ganhos pessoais), de relacionamentos (*Facebook*, *Twitter*, *MySpace*, *WordPlatform*), com objetivo de se construir relações sociais entre indivíduos que compartilhas interesses, atividades e gostos comuns) e familiares (apenas para utilização restrita entre membros familiares e agregados).

Fonte: Reprodução

As redes sociais ganham espaço na vida contemporânea. Por meio da internet é possível ler um jornal estrangeiro ou visitar uma biblioteca para realizar pesquisas.

Para teóricos otimistas, a inserção de indivíduos nas tecnologias digitais é fundamental para a manutenção e expansão do sistema democrático. Para pessimistas, tal inserção é ruim devido ao seu caráter consumista e industrial. No entanto, não podemos ignorar que nossa sociedade globalizada é realmente industrial e que, por assim ser, as questões sociais, econômicas, políticas e culturais devem ser pensadas a partir deste prisma (embora saibamos que, próprio do sistema capitalista, os interesses de grupos mantém-se através, inclusive, da cultura de massa, e que deve haver uma fiscalização que coíba exageros).

Ao pensarmos na possibilidade de acessos culturais a acervos de bibliotecas, museus, conceitos científicos, históricos, musicais, no acesso a informações e opiniões divergentes, a proliferação que a indústria cultural provoca não se configura como necessariamente negativa.

Segundo o sociólogo Manuel Castells (1942 -)[8], o avanço tecnológico nos meios de comunicação como forma de extensão das funções do corpo humano, gera significativas mudanças nas formas como o ser humano lida com a tecnologia. Para Castells, o que pensamos é expresso em bens, serviços, produção material e intelectual e a integração crescente entre mentes e máquinas estaria alterando o modo pelo qual vivemos, aprendemos, trabalhamos, produzimos, consumimos, sonhamos, lutamos ou morremos já que o sistema tecnológico tem sua *"própria lógica embutida, caracterizada pela capacidade de transformar todas as informações em um sistema comum de informação, processando-as em velocidade e capacidade cada vez maiores*

7 Zigmunt Bauman. *Amor líquido; sobre a fragilidade dos laços humanos*. RJ: Zahar, 2004

8 Manuel Castells. *A sociedade em rede.* RJ: Editora Paz e Terra, 2008, p. 69

e com custo cada vez mais reduzido em uma rede de recuperação e distribuição potencialmente ubíqua[9]".

Alguns problemas enfrentados pelos programas de inclusão digital no Brasil persistem como a baixa escolaridade dos instrutores, a falta de energia elétrica ou de rede de telefonia em muitas comunidades (o que impede o acesso à internet) e a incapacidade de melhora dos quadros sociais através da criação e identificação de oportunidades pelos acessantes, o que significa dizer, neste último caso, que não basta a entrega de máquinas para algumas comunidades sem a contínua educação para o uso.

PUBLICAR NÃO É FÁCIL! QUE TAL UM LIVRO VIA CROWDFUNDING?

Crowdfundig é uma arrecadação feita através da internet. O escritor cria uma campanha de arrecadação e conta com o apoio de várias pessoas que se identificam com o seu projeto, ajudando a financiá-lo. Cada um colabora com o valor que desejar e puder. Baseado na economia colaborativa, o *crowdfunding tem como premissa a possibilidade de todos poderem conquistar um objetivo, caso da publicação de um livro (mas pode ser uma peça de teatro, de lançamento musical, elaboração de um pequeno filme e até mesmo de uma empresa).*

Não é uma tarefa tão difícil. No caso de ter a intenção de publicar um livro, você lança uma campanha de crowdfunding e o inclui sua obra como uma das recompensas. A vantagem é que o colaborador recebe, com exclusividade do autor, um exemplar antes que o produto seja colocado no mercado, além de favorecer a divulgação de um trabalho que poderia ficar engavetado.

Está vendo como o uso da internet, quando bem feito, pode colaborar com a ampliação cultural? Portanto, não culpe os meios, mas os fins, em caso do mau uso da tecnologia.

Fonte: Reprodução

REALIDADE BRASILEIRA

Apesar do uso crescente das mídias digitais, é ainda na televisão que reside a principal atividade de entretenimento dos brasileiros. Ela pode não estar sendo acompanhada diretamente pelo espectador, porém pode estar acessada durante a realização de atividades domésticas. Suas veiculações geram comentários e discussões entre membros familiares ou com colegas de trabalho. Seus programas influenciam comportamentos, modas e mesmo visões de vida. Ou seja, a televisão tornou-se uma predileção dos brasileiros (e não só entre brasileiros).

Mas qual é o conteúdo que predomina na TV?

---

9 ubíqua = onipresente

Pois bem, especialistas atribuem a mensagem da televisão como *coletivizante*, ao não permitir, em geral, uma individualização do que é apresentado. Assim, na leitura de um livro, por exemplo, se o autor referir-se à descrição de uma determinada paisagem, cada um projetará a sua, seguindo as diretrizes do que é narrado. Já a televisão expõe diretamente, não dando espaço à ampla imaginação.

Outro traço característico da programação televisiva brasileira é a dita *universalização*. Ou seja, os quadros, as novelas, os seriados e os *reality shows*, ao ditarem modas e comportamentos, podem desconsiderar as subculturas existentes nas várias partes do país, trazendo prejuízos às manifestações culturais locais. Além do mais, em virtude de não estimular a visão crítica e dirigir pensamentos e opiniões (próprio da cultura de massa), os veículos de comunicação de massa como a televisão (e mesmo o rádio), tendem a voltar-se para temas estrangeiros, desqualificando (ou subqualificando) o que é nacional.

Nas últimas décadas, cresce significativamente o número de brasileiros com acesso à televisão por assinatura, prendendo ainda mais os brasileiros a este veículo.

Em 2017, um dos programas favoritos do brasileiro foi ficar em frente a TV. Segundo pesquisa do *Kantar Ibope*[10], empresa de monitoramento de mídia, aumentou em seis minutos o tempo gasto pelas pessoas em frente a TV. Foram 6h23 em média no ano passado, contra 6h17, em 2016. Recente pesquisa, divulgada pelo IBGE (Instituto Brasileiro de Geografia e Estatística), mostrou que apenas 2,8% dos brasileiros não têm TV em casa. A sondagem foi realizada no último trimestre de 2016 - via Pesquisa Nacional por Amostra de Domicílios - e apurou que de 69,3 milhões de domicílios, só 1,9 milhão não tem televisão - destaque para o Norte do país, onde o percentual é o mais elevado (6,3%).

Uma pesquisa realizada a partir de dados coletados pelo *GlobalWebIndex*, pela *GSMA Intelligence,* pela *Statista*, pela *Locowise*, pela *App Annie* e pelo SimilarWeb revelou que, em média, no ano de 2019, cada pessoa no mundo passou seis horas e quarenta e dois minutos conectada à internet o que, ao longo do ano, significa um total de cem dias inteiros. A média do brasileiro é ainda maior: nove horas e vinte nove minutos por dia. Isso significa dizer que, dos 365 dias do ano, em 145 deles o brasileiro fica conectado . A pesquisa coloca o Brasil apenas atrás das Filipinas (média de dez horas de conexão).

Segundo o *Atlas da Notícia* (Instituto para o Desenvolvimento do Jornalismo, 2018), um em cada cinco brasileiros que vive em municípios não possuem jornais e sites de notícias locais ou emissoras de televisão e rádio. Há um "deserto de notícias", que corresponde a pouco mais da metade das cidades brasileiras onde vivem quase cinquenta milhões de brasileiros e que não estão servidos de cobertura jornalística local. Foram mapeados 11.820 veículos de comunicação entre jornais impressos, sites de notícias, emissoras de televisão e rádio no ano de 2017 em 2691 municípios (outros 2879 não possuem qualquer jornal impresso ou online ou mesmo emissora de radiodifusão).

No Brasil, cerca de setenta milhões têm acesso precário à internet, segundo a *Anatel* (Agência Nacional de Telecomunicações, 2020). Apesar de avanço de conectividade, mais de quarenta milhões de brasileiros nunca acessaram o sistema global de redes de computadores. Moradores de áreas urbanas mostram-se mais conectados do que os de zonas rurais. E a maior parte da população do país que nunca usou a internet está nas classes D e E, o que demonstra a desigualdade digital do país.

E EU COM ISTO?

Lazer e formação escolar estão fortemente ligados.

Indivíduos com menores níveis de escolaridade costumam associar lazer a atividades esportivas a encontros com amigos e familiares, a viagens turísticas e ao descanso. Já as pessoas com maiores níveis de escolaridade costumam ampliar as experiências culturais quando procuraram apreciar cinema, teatro, leituras e visitas a museus, além de associarem cultura a desenvolvimento social. Pelo menos é o que mostrou uma pesquisa de alunos da Escola de Artes, Ciências e Humanidades (EACH) da Universidade de São Paulo em 2018. Ou seja, a escolaridade influencia a consciência crítica sobre as formas de lazer e entretenimento e quando o assunto é compreendido mais amplamente tende a ser tornar um ponto importante no desenvolvimento educacional, na aquisição de conhecimento e na obtenção de autonomia individual.

10 Instituto KantarIbope, 2017

Relatório do Instituto Brasileiro de Geografia e Estatística (IBGE), divulgado em 2020, mostra as desigualdades de acesso à cultura no país. Na definição usada pelo IBGE, 44% dos pretos e pardos vivem em cidades sem cinemas, contra 34% da população branca; 37% habitam cidades sem museus, contra 25% dos brancos. Em cidades sem nenhum teatro ou sala de espetáculo, a diferença é a mesma.

A internet ganha espaço no Brasil nos últimos anos. Estudo encomendados pela Google (2019) indicam que o consumo de vídeos online no país cresceu 135% entre 2014 e 2018, com o tempo médio elevado em cinco vezes mais do que o crescimento do tempo dedicado à televisão no período. Ou seja, se os brasileiros gastavam 8,1 horas semanais assistindo a vídeos na internet, em 2018 passaram a gastar dezenove horas por semana na mesma atividade. Já o tempo de uso da televisão em 2014 foi de 21,9 horas, em média, contra 24,8 horas em 2018; um crescimento de 13%. Uma das razões identificadas pela troca é a de que os conteúdos encontrados na internet não estão disponibilizados na televisão. O *YouTube* é a plataforma preferida por 44% dos usuários.

Os países mais "sociais"

Tempo médio gasto com mídia social

Ranking	País	Minutos (2019)	Minutos (2018)
1	Filipinas	241	248
2	Brasil	225	219
3	Colômbia	216	214
4	Nigéria	216	206
5	Argentina	207	197
6	Indonésia	195	203
7	Emirados Árabes	191	180
8	México	190	194
9	África do Sul	190	178
10	Egito	186	185
12	Arábia Saudita	186	172
13	Turquia	185	172
18	Rússia	148	141
19	Índia	145	148
22	China	139	120
25	EUA	117	125

Fonte: GlobalWebIndex, 2019 BBC

Fonte: Geração Y. Disponível em: <http://www.google.com.br/imgres?imgurl=http://noticiaweb.info/wp-content/uploads/2011/03/

Entre uma das características da chamada Geração Y é ter crescido em uma época de grandes avanços tecnológicos.

OS EMERGENTES DO DIGITAL

Nos condomínios de alto padrão dos Jardins e da Barra da Tijuca todos esnobam os pobres novos-ricos. De nada adianta o dinheiro que tenham, conquistado muitas vezes a duro suor, já que sua falta de naturalidade nos ambientes que frequentam insiste em revelar a falta de "berço". Sem conhecerem os códigos de etiqueta, muitos acabam isolados, tristes e revoltados contra um mundo que nunca estendeu a mão para educá-los.

O mundinho da alta tecnologia e da comunicação digital é igualmente preconceituoso. Cheios de gírias, jargões, memes e códigos de conduta, seus líderes e influenciadores não perdoam aquele desavisado que, por falta de educação, TUÍTA EM MAIÚSCULAS. Não há quem sussurre no seu ouvido que isso não se faz, ninguém a explicar que, por mais estranho que pareça, isso é o equivalente a falar alto em um ambiente público.

Como o emergente, inocente em seus chinelos de dedos e camiseta regata, esse pobre coitado é obrigado a adivinhar, pelos olhares feios em torno, que algo deve estar errado. É um processo doloroso, frustrante e demorado, e muitos desistem no meio do caminho.

A popularização das novas tecnologias criou uma categoria inusitada de excluído tecnológico: alguém que deu o azar de se especializar em uma área distante da tecnologia de consumo. Não é uma categoria pequena, ignorante ou anacrônica. Nela estão muitos advogados, neurocirurgiões, cozinheiros, arquitetos, investidores e artistas bem-sucedidos, cultos e renomados, que frequentam lugares da moda, consomem furiosamente e viajam bastante ao exterior.

Mas, ao contrário do grande físico que não entende nada de moda e pode se dar ao luxo de ignorar o assunto, ou do grande dentista que não se interessa por futebol e pena para listar dez grandes clubes brasileiros, uma parte da sociedade contemporânea não tolera quem não vê muita graça em gigabytes, gigahertz e gigawatts, não se comove com atualizaões de sistemas operacionais e ainda se dá ao luxo de voltar do exterior sem o novo gadget no bolso, no pulso ou na mala.

O desprezo é tanto que não há canal de comunicação para educar aqueles que, mesmo distantes ou tardios, tenham os recursos e estejam interessados em saber como funciona um Mac, um Blu-ray, um Kinect, um Kindle, uma FuelBand.

A segregação tecnológica é tamanha - e tão amplamente praticada – que causa em suas vítimas um complexo de inferioridade parecido com aquele que tanto combatemos na defesa das minorias étnicas, etárias, econômicas e sociais. (...) A tecnologia, inventada para integrar as pessoas e melhorar a qualidade de vida, pode, curiosamente, ter o efeito contrário.

(...)

O resultado é triste e desanimador.

Luli Radfahrer. Folha de S. Paulo (tec). 02/07/2012.

E ONDE ENTRA A MATEMÁTICA?

As relações entre a Matemática e a produção cultural são intensas. Basta citar que na composição de um quadro (pintura), está presente, por exemplo, a simetria (partes iguais) e a geometria (círculos e triângulos). Numa composição musical, a combinação de sons de forma repetida cria o ritmo e uma escala musical é definida a partir de relações matemáticas. Mesmo numa poesia a Matemática está presente pela regularidade semelhante a um sistema numérico. No cinema, para dar vida aos personagens das animações, um computador necessita fazer diversos cálculos (alguns programas combinam pixels[11] e formas geométricas). Nas produções culturais com objetivo de lucro, a Matemática faz o levantamento dos índices de audiência rádios e televisão, por exemplo. Tais índices são observados e analisados procurando indicar cenários e apontar tendências.

11 um **pixel** é o menor ponto que forma uma imagem digital, sendo que um conjunto de **pixels** com várias cores formam uma imagem inteira

A Matemática é a grande aliada dos avanços tecnológicos. Basta ver que a tecnologia nada mais é do que uma representação da linguagem matemática que apresenta cálculos para precisões e previsões das funções (importante na hora de calcular memória, tempo para efetuar alguma coisa ou simplesmente prever resultados).

Fonte: Reprodução

O gráfico de uma função do 2° grau f: R – R é uma curva chamada parábola. Mas *parábolc* não é apenas uma função do 2° grau. O formato de uma parábola aparece, também, em radiotelescópios (instrumentos de observação astronômica capazes de captar ondas eletromagnéticas não visíveis a olho nu: as ondas de rádio) e nas antenas parabólicas (em desuso, atualmente). O formato parabólico dessas antenas permite a captação de sinais fracos, concentrando-os em um único ponto, o que permite que sejam amplificados.

Como a Indústria Cultural objetiva lucro, ganham importância as agências publicitárias e índices de procura por determinados produtos culturais. Através das agências publicitárias, campanhas para a venda de produtos precisam conhecer bem o público-alvo, ou melhor, a faixa populacional que provavelmente teria interesse na aquisição de determinado (s) produto(s). Assim, o objetivo de uma agência publicitária é atrair a atenção e apresentar os produtos de forma a criar um desejo ou necessidade nos potenciais compradores, incentivando-os a adquiri-los. Para obter ou manter as informações que necessitam, tais agências coletam dados, organizando-os sistematicamente, tais como profissão, salário, estado civil, número de filhos sexo, idade, escolaridade etc. Tudo vai para um banco de dados, ou melhor, para um sistema computacional que armazena informações que permitirá ao usuário buscá-las quando necessário. Tal busca está diretamente relacionada ao conceito de conjunto e suas operações.

NA PRÁTICA

I - Como são medidas as audiências dos programas de televisão aberta?

Os pontos de audiência de determinado programa de rádio ou televisão são uma forma de dimensionar o sucesso ou fracasso de determinado conteúdo com o público. Os pontos de audiência são uma expressão numérica do sucesso de determinada exibição que reflete a proporção de espectadores de determinado programa de acordo com o total de aparelhos sintonizados.

No Brasil, um sistema denominado *Peoplemeter*, acompanha a audiências televisivas nas principais capitais brasileiras. Através do aparelho *Peoplemeter* (também conhecido por DIB 6), a *Kantar Ibope Media* consegue dimensionar quantos domicílios e quantas pessoas estão assistindo a um determinado entretenimento.

Primeiramente é traçada uma **amostragem** considerando classe econômica, faixa etária, moradia, sexo e escolaridade. Selecionadas as residências representativas, são instaladas nos televisores aparelhos especiais (tal qual de um decodificador de TV a cabo). Tais aparelhos monitoram a sintonia de canal. Obtidas, as informações são enviadas a diversas antenas espalhadas pela cidade pesquisada; estas, por sua vez a enviam, via modem, a uma central coletora das informações obtidas. Cada ponto de audiência equivale a 1% do universo pesquisado em todas as regiões aferidas . Cada ponto de audiência representa 248.647 lares e 693.786 pessoas (representatividade a partir de janeiro de 2018), embora em grandes metrópoles como a Grande São Paulo e Grande Rio de Janeiro, essa equivalência seja um pouco diferente, conforme demonstra a tabela abaixo:

Praça	Lares com TV	Pessoas (4+ anos) com acesso a TV
15 Mercados (PNT)	248.647	693.786
Grande São Paulo	71.855	201.061
Grande Rio de Janeiro	45.253	118.472

Fonte: Kantar IBOPE Media, 2018

Agora é com você:

1. Qual o objetivo da coleta de dados apontada acima?
2. Quais variáveis são consideradas para escolher a amostra?
3. Quantas pessoas representam 1% da população da cidade de São Paulo?

. Lembre-se que nem sempre é possível estudar todos os elementos de uma determinada população, mas uma parte da mesma. A essa parte da população, os estudos matemáticos denominam *amostra*. Para que as interpretações obtidas a partir de uma amostra expressem a realidade, taa amostra deve ser representativa e imparcial. As técnicas usadas para a formação de uma amostra são chamadas de amostragem (casual e proporcional estratificada; a primeira é formada por quaisquer elementos da população; a segunda é formada de partes de interesse denominadas estratos).

II. Brasileiros no cinema

Para o morador das grandes cidades brasileiras, acesso ao cinema é natural. Em São Paulo, por exemplo, há 78.411 assentos em diversas salas espalhadas pelo estado, de acordo com dados da Agência Nacional do Cinema (Ancine)[12]. Esse não é o caso, entretanto, de 87,184 milhões de brasileiros que moram em municípios sem cinemas registrados na agência reguladora.

Os números mostram que 5.109 dos 5.570 municípios do Brasil não têm salas de cinema. E a triste realidade atinge, em geral, as pequenas cidades brasileiras, principalmente em Minas Gerais, que soma 10,874 milhões de pessoas sem acesso ao cinema, em São Paulo, com 9,846 milhões, e na Bahia, com 8,939 milhões.

A Islândia é o país que mais vai o cinema: 4,84 vezes ao ano por habitante (a média chegou a 5,86 em 2009). A título de comparação, a taxa de países como Coreia do Sul e Austrália é de 4,66 e 4,21, respectivamente. Nos EUA, a média é de 4,13.

O Brasil está bem atrás nesse quesito – até o Kuwait (1,31) vai mais ao cinema que a gente. Porém, o país dobrou sua taxa em dez anos[13]. Veja:

12 Fonte: Agência Nacional do Cinema (Ancine), novembro de 2019

13 Fonte: Revista Superinteressante, novembro de 2019

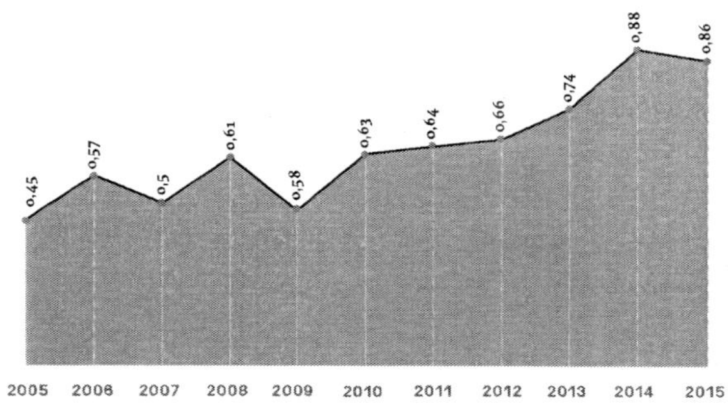

Fonte: Reprodução

1. De acordo com os dados apresentados, calcule a média aritmética anual dos brasileiros que frequentaram o cinema (leve em consideração o período apresentado)
   . Lembre-se que a média aritmética é o quociente de dois ou mais valores pela quantidade de valores observados

III – Quanto ganha um youtuber

A popularização dos vídeos e o aumento da busca dos indivíduos por essa mídia, os canais do *YouTube* passaram a funcionar como blogs de material em vídeo (vlogs). Os produtores de conteúdo compartilham informações nesse formato e constroem uma audiência normalmente sólida. Muitas pessoas acompanham cada uma das novas publicações. A monetização o é complicada e estende-se além dos ganhos por visualização.

O pagamento no *YouTube* é feito em dólares e é baseado na regra de custo por mil (com). A cada 1000 views (visualizações), o youtuber ganha valores entre 0,25 e 4,50 dólares. Para que um produtor de conteúdo receba uma quantia relevante no *YouTube*, precisa produzir muitos vídeos por mês e garantir que cada um deles tenha uma alta quantidade de visualizações.

Peguemos o caso de um "youtuber" X. Levando em conta que ele possua 37 milhões de inscritos e uma média de visualizações mensais de 68,3 milhões, qual seu ganho mensal estimado?

RESPOSTA: _____________[14]

IV – Quanto custa um anúncio em jornal impresso?

Como calcular valor de anúncio em jornal?

Fórmula: 1° Centimetragem X Valor Determinado/Indeterminado: você encontra o valor do anúncio. 2° Valor do **anúncio** X 1.000 DIVIDIDO por Circulação: você encontra o CPM de cada **jornal**. No anúncio indeterminado, o veículo pode publicar no local que considere mais conveniente (muito comum nos Classificados de um jornal; no determinado, o anúncio é dirigido pelo anunciante para determinado setor do veículo).

- **CPM = Custo por Mil; para o caçulo do CPM, necessário saber o tamanho do jornal para encontrar a centimetragem. Para tanto, necessário ser verificado a altura do anúncio que deseja ser feito; após, multiplicar pelo número de colunas utilizadas no jornal (exemplo: página inteira, 6 colunas, ou seja, 6 X 52 = 312 cm).**

14 resposta: de US$ 17.075 a US$ 307.350

Fonte: Reprodução

Exemplo prático: O anúncio escolhido é de 1/4 de página, determinado, P&B. (colorido, com média de custo 40 % maior)

Anúncio Determinado: R$25,00

Anúncio Indeterminado: R$55,00

Circulação: 27.000 exemplares

Cálculos:

Jornal X : 1/4 = 3×26 = 78 centímetros

78cm x R$25,00 = R$1.950,00 x 1.000 / 27.000 = R$72,00

Jornal Y : 1/4 = 3×26 = 78 centímetros

78cm x R$35,00 = R$2.730,00 x 1.000 / 47.500 = R$57,00

CALCULE VOCÊ MESMO:
Jornal X possui um CPM de R$72,00
Jornal Y possui um CPM de R$57,00
Qual jornal possui o melhor custo benefício?

RESPOSTA: ____________________[15]

V- Pagamento parcelado

Um consumidor, ao desejar adquirir determinado produto, se vê obrigado a decidir pelo pagamento à vista ou a prazo. Para a grande maioria da população brasileira, é muito difícil dispor do valor total solicitado, em

15 jornal X atinge 27.000 leitores por R$1.950,00 e o CPM seria R$72,00; Jornal Y atinge 47.500 leitores por R$2.730,00 e o CPM seria R$57,00.Observe que o jornal Y é mais caro porém, o CPM do jornal Y é melhor do que o CPM jornal X.
O cálculo para Revista é basicamente o mesmo: VALOR DO ANÚNCIO x 1.000 DIVIDIDO pela circulação; você só precisa acessa o site da Editora, verificar o valor de página inteira, meia página, 1/4 ou qualquer outra medida e calcular

especial quando é envolvida uma quantia considerável a der desembolsada. A aquisição de eletrodomésticos, móveis, de um automóvel, de produtos eletroeletrônicos e de um imóvel, entre outros, exige planejamento, até pelo elevado valor da mercadoria. Claro que optar pelo pagamento à vista é mais vantajoso, mas nem sempre isso é possível. Observemos o exemplo a seguir.

Vamos fazer juntos um cálculo?

Imagine que você deseja adquirir um produto, vendido em quatro prestações mensais de R$ 25,63 (quatrocentos reais). A loja vendedora cobra uma taxa de juro de 1% ao mês (juros compostos[16]). Vamos, então, calcular o preço à vista do que você deseja adquirir:

A = ?; N = 4; I + 1% ao mês e P = RS 25,63.

Assim: 25,63 = A.0,01 . (1+0,01)4

$$\frac{}{(1 + 0,01)4 - 1} = A.\ 0,01\ .\ (1,040604)\ /\ (1,040604) - 1 = 25,63\ ;$$

0,010406 . A = 1,040680, ou seja, A = 100,00.

Logo, o preço a ser pago à vista é de R$ 100,00.

AGORA É COM VOCÊ!

Fonte: Reprodução

O anúncio pede, por um televisor, com pagamento à vista, R$ 800,00. Mas pode ser comprado em até 8 vezes a uma taxa de juros de 4% ao mês. O cálculo de cada prestação é dado por P = A.i.(1+i) ° / (1 + i)° - 1, onde A é valor da compra à vista; ° = o número de prestações mensais; i = a taxa porcentual ao mês.

---

16 juros compostos = a adição de juros à soma principal de um empréstimo ou depósito, ou seja, juros sobre juros. É o resultado do reinvestimento de juros, em vez de pagá-lo, para que os juros no próximo período sejam auferidos sobre a soma do principal mais os juros acumulados anteriormente

CALCULE: qual o valor de cada prestação?

. A Matemática Financeira é responsável pelo estudo de fenômenos relacionados ao mundo financeiro, o que está presente insistentemente em nosso cotidiano. Exemplos: o recebimento de algum desconto na compra de um produto à vista ou o acréscimo ao se comprar algo em parcelas.

RESPOSTA: ____________________[17]

PARA LER E VER

LIVROS

. **COELHO, Teixeira. O que é Indústria Cultural.** SP: Brasiliense, 1985, 7 edição.
Obra em que o autor consegue, de forma simples e ao mesmo tempo ampla, abordar as características da indústria cultural no Brasil e no mundo. Direcionado a iniciantes e curiosos.

. **NEGROPONTE, Nicholas. A vida digital.** SP: Companhia das Letras, 1995.
O autor apresenta dados históricos e técnicos acerca da informática. Seu objetivo é introduzir o iniciante no mundo da informática

. **BAUMAN, Zygmunt. Modernidade Líquida.** RJ: Zahar, 2001.
Com uma linguagem simples e acessível, Bauman lança um olhar crítico para as transformações sociais e econômicas trazidas pelo capitalismo globalizado.

FILMES

. **CIDADÃO KANE" (EUA, 1941) (Direção de Orson Welles)** – Filme supostamente baseado na vida do magnata do jornalismo William Hearst, narra a história de Charles Foster Kane, que tornou se um dos homens mais ricos do mundo através do uso da mídia.

. **JANELA DA ALMA (Brasil, 2002) (Direção de João Jardim e Walter Carvalho)** – Documentário que consegue reunir escritores, cientistas, cineastas e outros profissionais de destaque, que discutem as influências dos meios de comunicação de massa na sociedade atual.

. **O SHOW DE TRUMAN (EUA, 1998) (Direção de Peter Weir)** Filme narra a vida de personagem que desconhece ter tido sua vida filmada vinte e quatro horas por dia e exibida para o mundo.

SITES

www.culturadigital.br - Apresenta documentos e textos sobre a indústria cultural.
www.demarchelier.net - Página pessoal do fotógrafo francês Patrick Demarchelier. Mostra campanhas para grandes marcas de perfumes e roupas.

---

17 utilizando-se a fórmula da matemática financeira indicada acima, o valor de cada prestação será de R$ 118,82

PARA REFLETIR

Fonte: http://www.dreamstime.com/royalty-free-stock-image-children-learning-how-to-use-computer-image6900966]

No mundo contemporâneo globalizado a tendência dos jovens é de se comunicarem com o mundo através da intermediação de aparelhos eletrônicos.

A imposição de culturas nos faz aderir ao *fast-food*, aos enlatados culturais (como filmes e seriados televisivos) e ao uso excessivo de tecnologias, seja em telefones celulares, seja na internet. *Todo este emaranhado de opções não estaria nos afastando de um convívio mais profundo conosco e com quem está à nossa volta?*

ATIVIDADES

1. A criatividade no uso destes elementos tecnológicos não cessa de progredir. É o caso dos *novos movimentos sociais*, que explodem ao redor do mundo. Manifestações de protestos contra governos ditatoriais, as correntes para divulgar atividades artísticas e culturais, as denúncias sobre crimes ambientais, a busca de solidariedade a grupos ou indivíduos necessitados, as pressões por uma ou outra causa. Para alguns teóricos, as causas lançadas nas redes sociais não fariam parte de um movimento social (teoricamente, um movimento social necessita de projeto, ideologia e organização), mas de um "arrebanhamento" articulado por hubs (pessoas que fazem pontes entre as pessoas), inovadores (que emitem mensagens que geralmente causam grandes mudanças no comportamento dos outros componentes de um grup) e netweavers (articuladores que facilitam o espaço de diálogo, atuando como "tecelões" da rede). Nos últimos anos alguns países passaram por revoltas e manifestações de massa. **Faça uma rápida pesquisa sobre elas, destacando o papel do uso da internet e das mídias sociais nesses eventos.**

2. A Escola de Frankfurt (1924) faz uso do termo *indústria cultural*, preferindo-o ao termo *cultura de massa*. Levando em consideração os pensamentos de Adorno, Habermas, Horkheimer, entre outros, defina o conceito de indústria cultural. Em seguida, argumente a favor e contra o caráter alienante da Indústria Cultural.

3. Para a Indústria Cultural, quais são as características do processo industrial que estão presentes na produção de bens materiais?

4. Diferencia cultura de massa de cultura popular.

5. Sintetize as principais características da sociedade em rede.

6. **UEL** Observe os dados a seguir
Grupos Afiliados: Record 105; SBT 180; Globo 204; Rede TV! 37; CNT 1; Band 128
Mercado da TV em milhões de dólares: SBT 600; Rede TV! 150; Band 300; Record 240; CNT 60; Globo 1,590; Outras 60.

Audiência (em %): SBT 23; Globo 54; CNT 1; Rede TV! 2; Band 4; Record 8; Outras 8.

Com base nos gráficos e nos conhecimentos sobre o tema, considere as afirmativas a seguir:
Os dados sobre a divisão das concessões de rádio e TV no Brasil indicam concentração de poder, de produção e de circulação de produtos culturais.
Embora a Rede Globo tenha o maior número de grupos afiliados, de audiência e de arrecadação com o mercado publicitário, a divisão equânime entre as outras redes garante a feição democrática da maior indústria cultural do Brasil.
O mercado dos diferentes veículos de mídia revela que mais de 60% dos jornais e 70% da audiência de TV pertencem a dois grupos, que apresentam o maior faturamento na indústria cultural nacional;
Os números de grupos afiliados às grandes redes revelam diversificação, flexibilização e maior regionalização na produção dos bens culturais, e, portanto, uma tendência de fortalecimento de democratização social.
Assinale a alternativa que contém todas as afirmativas corretas.
a) I e II;
b) I e III;
c) III e IV;
d) I, II e IV;
e) II, III e IV.[18]

7. **PUC Campinas** – Em janeiro de 20001, uma faculdade lançou 600 exemplares do primeiro número de um jornal informativo mensal. Pela gradual aceitação entre os alunos e funcionários, a tiragem foi acrescida, mês a mês, de um valor constante. O número y de exemplares do jornal publicados a cada mês é uma função do tempo t, em meses, contado a partir de janeiro de 2001, para o qual se considera t= 0. Se no mês de outubro a tiragem foi de 1.850 exemplares, então:
a) $y = 600\,t + 600$
b) $y = 250t + 600$
c) $y = 600t$
d) $y = 250t - 2850$
e) $y = 50t + 2850$[19]

8. **ESAL MG** – Foi consultado um certo número de pessoas sobre as emissoras de TV a que habitualmente assistem. Obteve-se o resultado seguinte: 300 pessoas assistem ao canal A, 270 assistem ao canal B, dos quais 150 assistem a ambos os canais A e B e 80 assistem a outros canais distintos de A e B. O número de pessoas consultadas é:
a) 800
b) 720
c) 570
d) 500
e) 600[20]

18 alternativa B
19 alternativa B (Funções)
20 alternativa D (Conjuntos)

10
O Processo Educacional

Abertura

O processo educacional é iniciado a partir do momento em que o indivíduo nasce e é introduzido no grupo familiar.

Na família, a pessoa assimila os valores e as regras estabelecidas na sociedade em que está inserida. À medida que o indivíduo cresce e se desenvolve absorve mais informações, novos valores e novas formas de comportamento. Assim, a educação permite que o indivíduo interfira no meio social em que vive e possa promover modificações nos padrões culturais estabelecidos, transformando a própria identidade.

Cada sociedade é identificada a partir de suas características peculiares. Em grande parte, tais características estruturam-se como resultado do processo educacional, principalmente porque, além do processo de socialização, a educação prepara os jovens para a vida adulta.

Nas sociedades industriais contemporâneas, com a inserção contínua de tecnologias avançadas, o processo educacional tende a se direcionar mais aos conteúdos e aos elementos de conhecimento do que aos aspectos morais e culturais. Tal condição explica porque a educação, em países como o Brasil, tem se tornado cada vez mais seletiva, condicionando a distribuição social das oportunidades às origens sociais das pessoas a partir de critérios como etnia e classe social. Para minimizar problemas e diminuir diferenças, políticas públicas são implementadas, não sem o auxílio das ciências exatas que, ao serem utilizadas, colaboram na obtenção de dados e decisões.

Fonte: CECCON, Claudius et al. *A vida na escola e a escola da vida*. 7. ed. Petrópolis: Vozes, 1983. p. 74-75.

A abordagem funcionalista em Sociologia considera que a sociedade é como um organismo e por isso é composta de instituições sociais que têm a função de reproduzir a sociedade em sua totalidade. A escola é uma dessas instituições sociais, com função de preparar o indivíduo para que reproduza as relações sociais.

A construção social do indivíduo

Indivíduo e sociedade: eis uma discussão essencial no mundo moderno. Antropologicamente, o conceito de indivíduo se refere ao sujeito concreto, que fala, pensa e deseja. Ao mesmo tempo, o indivíduo é um ser moral e independente que, por ser assim, possui autonomia em relação social, o que representa a ideia de individualismo.

Nas Ciências Sociais, pensar sobre o individualismo significa entender por qual razão o indivíduo se tornou tão importante, fazendo emergir mecanismos da sociedade para estimulá-lo e protegê-lo.

A *socialização* consiste no processo pelo qual o indivíduo interioriza a cultura da sociedade em que nasceu e se desenvolveu: aprendemos a nos comunicar, a atribuir significado às coisas, a reconhecer condutas esperadas com quem convivemos e a entender o mundo, humanizando-se. Ou seja, a socialização molda o indivíduo e sua personalidade.

O processo de socialização não termina na infância. Nessa fase, a criança tem contato com um grupo restrito de pessoas (pais e algumas pessoas próximas, o que varia de acordo com a organização do parentesco de cada sociedade). Nesse processo, a criança passa, aos poucos, a ter consciência de si, dos outros e das regras sociais de convivência, percebendo o que é ou não permitido. Em resumo, ela aprende a fazer parte da sociedade (*socialização primária*).

Alcançado o objetivo de tornar a criança um membro social, capaz de compreender suas normas e códigos (modos de lidar com os outros, de alimentar-se, comunicar-se, vestir-se, higienizar-se e reconhecer os diferentes espaços de convivência), o processo de socialização continua. É o que a Sociologia denomina *socialização secundária*, ou seja, a etapa da socialização que ocorre fora do ambiente privado, quando o indivíduo entra em contato com diferentes grupos sociais e amplia suas referências.

A socialização secundária pode ocorrer em situações diversas como a entrada do indivíduo no mercado de trabalho, na participação de algum movimento social, na participação em algum universo religioso, na entrada no mundo educacional formal etc.

O processo de socialização dos indivíduos é mediado pelas *instituições sociais*.

Devemos entender por instituição social o conjunto de relações formado para garantir a coesão social, atuando como forma de regulação e controle das ações individuais, uma vez que as instituições sociais ditam valores e regras de comportamento, caso da Família (socialização primária e secundária), do Estado, Igreja e Educação (socialização secundária), direcionando nossas formas de pensar e agir.

Educação

A educação constituiu-se num processo de compartilhamento de saberes produzidos pela humanidade. Seu papel como instituição social ultrapassa o da escola por ligar-se de forma mais ampla ao conjunto de conteúdos determinados por uma sociedade por meio de determinados procedimentos, em determinado período (ou pela vida toda) e determinados espaços. A escola, portanto, é um desses espaços.

EDUCAÇÃO = processo pelo qual se procura desenvolver as potencialidades das pessoas e integrá-las na estrutura social a que pertençam.

A existência da educação escolar é visto como natural para a maioria dos cidadãos do mundo.

Em sua forma moderna, a educação envolve a instrução de alunos em espaços construídos para isso e em grande parte dos países o nível de instrução formal se elevou em virtude das demandas sociais e econômicas por escolarização. Isto se dá pela rápida expansão do setor industrial, pela urbanização e pelo avanço constante das tecnologias. E para que as chances sejam iguais ou menos desiguais no processo educativo formal, necessário a universalização dos sistemas educativos por meio do ensino básico, das universidades e dos cursos técnicos ou de especialização.

Para Émile Durkheim (1858-1917), o processo educacional deve ser laico[1] e republicano, devendo reforçar a coesão social dentro de uma sociedade ao alojar nos indivíduos os valores e regras sociais, uma vez que o egoísmo humano precisa ser moldado para a vida societária. Talcott Parson (1902-1979) absorveu parte das ideias de Durkheim, observando na educação o mecanismo básico para a constituição e perpetuação dos sistemas sociais. Para ele, sem a socialização o sistema social é incapaz de manter-se integrado e em equilíbrio. Porém, ao contrário de Durkheim, Parson destaca que não é apenas o sistema que tem necessidade de socializar seus integrantes, mas o indivíduo também possui necessidades que somente o sistema como um todo pode satisfazer. Ou seja, no processo educativo há uma troca, em que tanto a pessoa quanto a sociedade se beneficia.

1 laico = leigo; distante de influências religiosas

COM A PALAVRA, ÉMILE DURKHEIM

> **(...) cada sociedade, considerada num momento determinado do seu desenvolvimento, tem um sistema de educação que se impõe aos indivíduos como uma força geralmente irresistível. É inútil pensarmos que podemos criar os nossos filhos como queremos. Há costumes com os quais temos de nos conformar; se os infringimos, eles vingam-se nos nossos filhos. Estes, uma vez adultos, não se encontrarão em condições de viver no meio dos seus contemporâneos, com os quais não estão em harmonia. Quer tenham sido criados com ideias muito arcaicas ou muito prematuras, não importa; tanto num caso como noutro, não são do seu tempo e, por conseguinte, não estão em condições de vida normal.**
>
> **Émile Durkheim. Educação e sociologia. Lisboa: Edições 70, 2001, p. 47.**

As Ciências Sociais e a Juventude

O conceito de juventude é recente e múltiplo, envolvendo aspectos psicológicos, biológicos e sociais. Para as Ciências Humanas e Sociais, juventude relaciona-se ao processo de constituição de identidade e de práticas sociais protagonizadas no contexto das relações sociais e culturais de cada sociedade em determinado período histórico. Desta forma, podemos afirmar que não existe uma única juventude, mas juventudes diversas. Para Pierre Bourdieu (1930-2002), não é adequado falar de jovens como se houvesse unidade social homogênea, uma vez que a idade biológica já é um dado socialmente construído e, portanto, manipulado e manipulável.

No Brasil, o termo juventude é frequentemente associado a problemas sociais, o que possibilita a perda da riqueza do conceito e reduz suas análises. As questões que envolvem a juventude assumem, desta forma, uma conotação assistencialista por parte dos governos, que criam políticas públicas de caráter compensatório.

Todos reconhecem que vivemos numa sociedade competitiva e desigual. Assim, a universalização da escola sob a forma de acesso ao ensino, com consequente aumento dos níveis de escolaridade, tornou a escolarização quesito indispensável nas sociedades modernas. Há, sim, uma ligação entre o aumento da escolarização e diminuição das desigualdades sociais e econômicas, embora a exclusão e as desigualdades não diminuam somente com o aumento do grau de instrução dos indivíduos. Reconhece-se, também, que o acesso à educação de qualidade é limitado e nem todos chegam ao ensino superior (graduação e pós–graduação) e adquirem competências e habilidades que garantam melhores oportunidades.

Feitas tais considerações, pode-se afirmar que a educação é considerada essencial para o desenvolvimento econômico e social dos países e deve ser reformulada para atender às necessidades também do mercado, sendo vista como um investimento que garanta retornos benéficos.

Fonte: Reprodução

Escola Fernão Dias ocupada por alunos. Estudantes manifestaram-se contra a reorganização das instituições de ensino proposta pela Secretaria Estadual de Educação na cidade de São Paulo, novembro de 2015 (Foto: Taba Benedicto/Agência O Dia/ Estadão Conteúdo, 10/11/2015)

E EU COM ISTO?

Devemos entender por **políticas públicas** as ações planejadas e efetivadas pelo Estado na figura de seu Governo com o objetivo de atender, garantir e consolidar os direitos garantidos aos cidadãos pela Constituição em vigor e por outras leis. O Estado que garante o estabelecimento de direitos sociais é chamado de **Estado de bem-estar social**. Neste sentido, o Estado considerado moderno é concebido como o agente da seguridade aos cidadãos, instituindo direitos e estruturando-se como um Estado protetor tal como garantir a segurança e propriedade dos cidadãos, ofertar um sistema de saúde universal, afiançar a educação plena, promover o desenvolvimento profissional e social do jovem, regulamentar o trabalho juvenil, promover programas de aprendizagem, entre outros.

Na questão educacional, para que políticas públicas sejam criadas com critérios consistentes, necessário que sejam feitos levantamentos que permitam a escolha dos melhores caminhos para que ações planejadas que garantam direitos sociais, caso do Censo Escolar, realizado anualmente pelo Ministério da Educação brasileiro.

O *Censo Escolar* constitui-se num levantamento de informações estatísticas referentes à área educacional. No Brasil, atinge a todo o território, compreendendo a educação infantil; o ensino fundamental e o ensino médio nas modalidades ensino regular, educação especial e educação de jovens e adultos. É realizado, como já afirmado, anualmente pelo Instituto Nacional de Estudos e Pesquisas Educacionais (INEP) em parceria com as secretaria estaduais e municipais de Educação. Para tanto, as escolas fornecem dados como número de professores e de matriculados em cada etapa do ensino-aprendizagem, inclusive na educação profissional. O objetivo é a obtenção de dados que fundamentem a realização de projetos e a implantação de programas do Ministério da Educação, tais como os Programas Nacionais do Livro Didático, destinação de recursos financeiros diretos para a Instituição de Ensino e mesmo o estabelecimento da Merenda Escolar. Também contribuem para o conhecimento da realidade do ensino oferecido, identificando pontos positivos e negativos (qualidades e problemas).

O Censo Escolar recolhe dados em quatro grupos: escolas (informações sobre a estrutura física da Instituição, tipos de salas de aulas, acesso de portadores de deficiência, condições sanitárias, disponibilidade de recursos multimídia etc); estudantes (sexo, faixa etária, cor, condições de transporte do aluno até o estabelecimento de ensino, cidade de nascimento etc); turmas (escolarização, sistema prisional, modalidades, disciplinas etc) e profissionais (grau de escolaridade de professores, monitores técnicos, idade, cor, sexo etc).

Após os dados coletados e compilados, chega o momento dos estudos e conclusões que permitam aplicações visando sanar problemas a curto, médio e longo prazo.

Um dos graves problemas apontados pelos últimos Censos Escolares realizados no Brasil é a *evasão escolar.* Os dados coletados indicam algumas das principais razões para o fenômeno:

1. situação econômica e financeira desfavorável, já que muitas vezes a criança e o jovem não possui condições adequadas para alimentar-se ou mesmo vestir-se. Também muitos não possuem lugar adequado para a realização das tarefas solicitadas pela escola (ausência de acesso à internet para pesquisas, falta de cadernos e outros materiais e até mesmo falta de energia elétrica na sua residência);
2. necessidade de trabalhar para manutenção, pessoal e familiar. Desta forma, conciliar estudos e trabalho, por vezes, se torna difícil pela dificuldade de conciliação de horários, custos, entre outros. As dificuldades se tornam maiores de acordo com as necessidades de manutenção em uma vida adulta (o abandono resulta, normalmente, na dificuldade de atingir melhores salários no mercado de trabalho);
3. distância da instituição escolar. Em regiões menos favorecidas, a escola mais próxima pode estar distante. Comum que isso ocorra em zonas rurais, embora as prefeituras procurem colocar à disposição dos estudantes um sistema de transporte que favoreça o deslocamento até a instituição;
4. envolvimento com drogas e gravidez precoce. Para que estudantes que se envolvem com atividades consideradas ilícitas, programas de conscientização devem ser implantados, assim como atividades que esclareçam e apontem métodos contraceptivos, de preferência em conjunto com familiares;
5. dificuldades de aprendizagem, com muitos estudantes passando pela experiência negativa de reprovações consecutivas causadas por desestímulo e déficit de aprendizagem, trazendo efeitos psicológicos negativos e desestímulo.

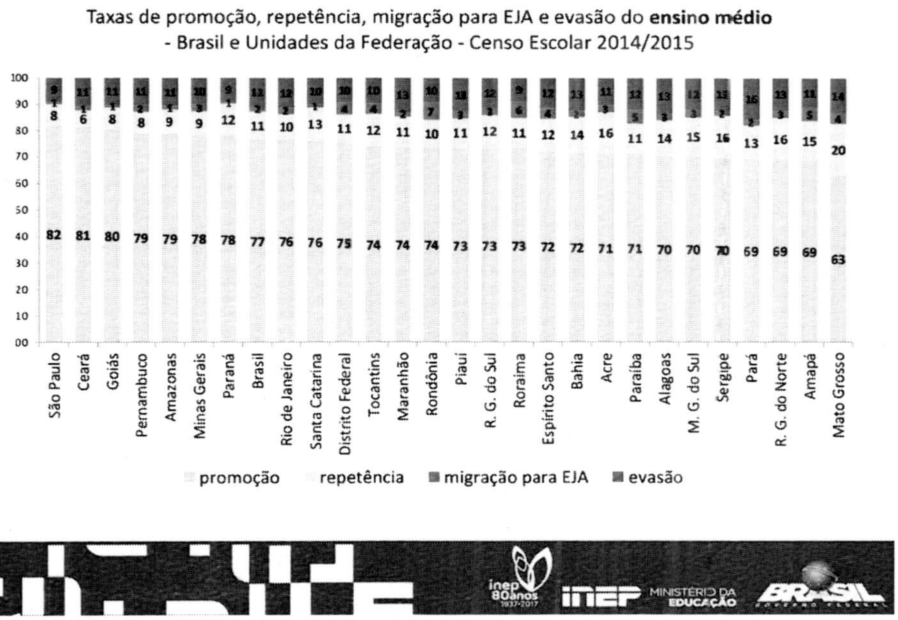

Fonte: Inep (2015)[2].

2 EJA = Educação para Jovens e Adultos, é um programa do governo que visa oferecer o Ensino Fundamental e Médio para pessoas que já passaram da idade escolar e que não tiveram oportunidade de estudar

Ações procuram pela resolução do problema. Para tanto, fundamental a coleta e sistematização dos dados coletados. O Censo Escolar de 2019 demonstrou que muitos problemas na área educacional persistem. Quanto à evasão escolar, houve avanços na solução do problema, embora os índices ainda sejam preocupantes.

E onde entra a Matemática?

Partindo do princípio que as Ciências Humanas e Sociais estudam os aspectos humanos e sociais e a Matemática é o uso da lógica e da formulação de teorias, podemos admitir que Matemática aplicada aos estudos humanos e sociais constitui-se no estudo dos fenômenos através de observações sistemáticas, com aplicações de modelos matemáticos, experimentos e análises estatísticas para comprovar e justificar comportamentos e atitudes (no exemplo abaixo, atitudes e ações governamentais que repercutem nas ações humanas).

Sendo assim, observe os dados do *Censo Escolar de 2019*, indicados no infográfico a seguir:

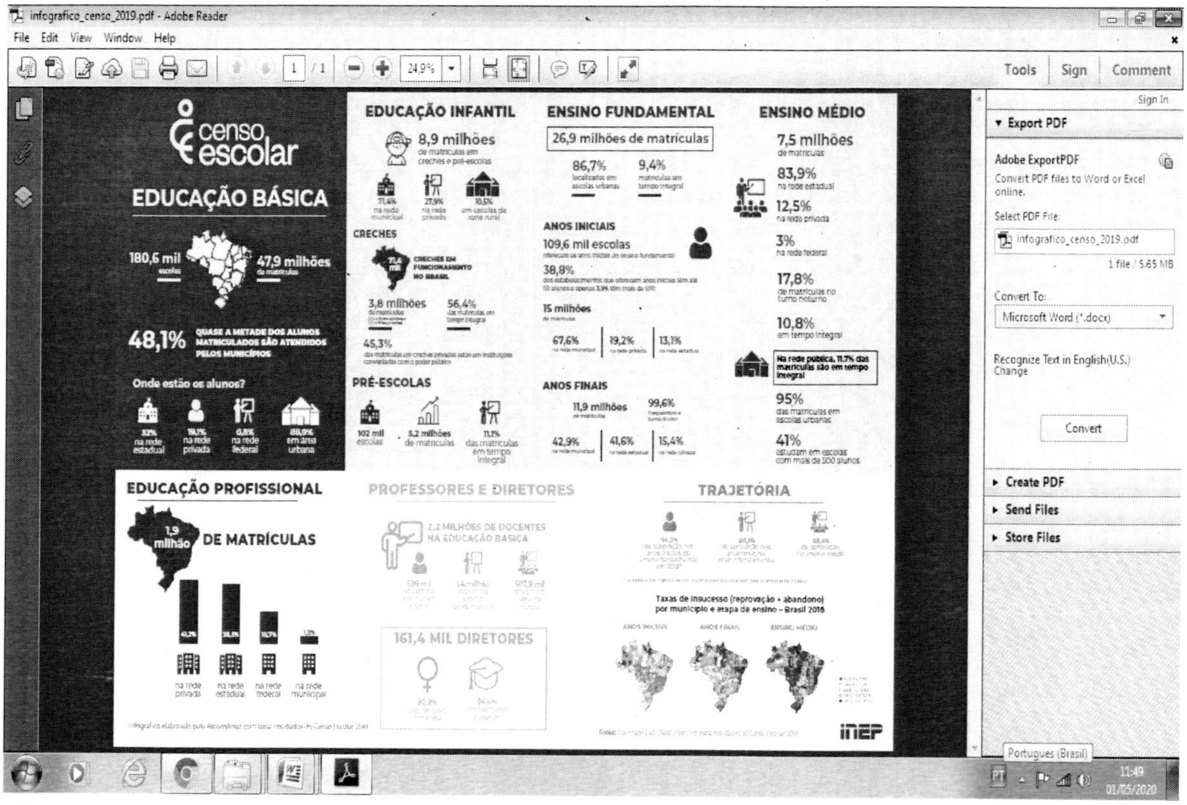

Fonte: Inep – Instituto Nacional de Estudos e Pesquisas Educacionais Anísio Teixeira Legislação e Documentos, 2019

> **Um INFOGRÁFICO transmite informações através do uso de imagens, desenhos e demais elementos visuais gráficos. Normalmente, o infográfico vem acompanhado de um texto, funcionando como um resumo didático e simples do conteúdo que se quer apresentar.**

De uma forma geral, o *Censo Escolar de 2019* identificou, entre outros, uma queda de 4,34% nas matrículas do ensino médio nas escolas públicas em relação ao ano anterior, com 6.462.124 estudantes inscritos nesta etapa. Identificou, também, uma procura por vagas na educação básica, com crescimento nas inscrições em creches e pré-escolas e redução no ensino fundamental e na Educação para Jovens e Adultos (EJA).

Desta forma, um Censo Escolar fornece dados para que políticas públicas sejam empreendidas, funcionando como guia para a solução de problemas e identificação das ações positivas que podem ser expandidas ou mesmo aprimoradas.

A Estatística faz referência a recenseamentos, contagens e enumeração de dados. Os recenseamentos atuais fazem uso de conceitos, técnicas e princípios sofisticados, até porque as sociedades contemporâneas se tornaram altamente diversificadas.

Ao serem observadas as características de *uma população estatística*, toma-se por base o estudo de certas características dos elementos dessa população. Tais características são denominadas variáveis (qualitativas, com valores não numéricos, como cor, meios de comunicação utilizados e sexo, e quantitativas, correspondentes a valores numéricos, tais como idade e contagem de indivíduos envolvidos. Quando, numa pesquisa, não é possível estudas todos os elementos de uma população, faz-se uso de uma amostra que, para expressarem a realidade estudada, precisa ser formada de modo imparcial e ser representativa.

Quadros, tabelas e gráficos são instrumentos que facilitam a interpretação dos dados coletados. Quando é necessário fazer uma representação gráfica de uma distribuição de frequência, pode se fazer uso dos histogramas, onde são utilizados retângulos contíguos, um para cada intervalo.

Ou seja, a Matemática é uma ciência fundamental para que uma pesquisa atinja seus objetivos, trabalhando dados e expondo resultados. Nosso exemplo (Censo Escolar) faz uso de dados estatísticos que se tornam fundamentais para a edificação de projetos e colaboram para a implantação de programas e tomadas de decisões, o que acaba por envolver a todos.

Na Prática

Peguemos como exemplo outro Censo que não o de 2019: o de 2002[3]. Através dele foi possível conhecer o número de matriculados no ensino médio segundo a região geográfica. Observe as tabelas abaixo. Logo pós, levando em considerações seus estudos sobre Estatística e, caso necessário, com o auxílio de seu(s) professor(es) de Matemática, resolva às questões indicadas:

Região Sudeste	Número de matrículas
São Paulo	2.065.270
Rio de Janeiro	746.234
Espírito Santo	163.555
Minas Gerais	914.943

Região Sul	Número de matrículas
Rio Grande do Sul	483.407
Santa Catarina	274.160
Paraná	462.734

Região Centro-Oeste	Número de matrículas
Distrito Federal	132.508
Goiás	269.851
Mato Grosso	121.605
Mato Grosso do Sul	99.808

3 atividade apresentada por Bianchini, E & Paccola, H. Curso de Matemática. SP: Moderna, 2003, p. 391

Região Norte	Número de matrículas
Tocantins	73.979
Amapá	33.162
Pará	307.927
Roraima	19.208
Amazonas	152.186
Acre	25.024
Rondônia	52.457

Região Nordeste	Número de matrículas
Bahia	728.294
Sergipe	77.782
Alagoas	104.797
Pernambuco	410.460
Paraíba	132.986
Rio G. do Norte.	150.553
Ceará	337.843
Piauí	140.547
Maranhão	229.304

1. **A partir dos dados expostos, faça um gráfico de barras que mostre a frequência relativa (%) das matrículas de cada região.**

    - Importante que você lembre que toda pesquisa parte da observação de um grupo que, no caso, é de alunos matriculados (possuem uma característica em comum) e que *frequência absoluta* ou frequência (f) é a quantidade de vezes que cada valor é observado na amostra e que a *frequência relativa* (fr) é determinada pelo quociente obtido entre a frequência absoluta e o número de elementos (N) da amostra. Lembre-se, também, que quadros, tabelas e gráficos são instrumentos que facilitam a interpretação de dados coletados. Lembre-se, também, que a principal diferença entre gráficos e tabelas vincula-se ao conteúdo e à formatação (o conteúdo central de uma tabela são os dados numéricos; já os quadros não apresentam informações sem relações matemáticas entre os dados). O gráfico, por sua vez, é uma representação geométrica de um conjunto de dados usada para facilitar a compreensão das informações apresentadas.

2. Com base nos dados apresentados nos quadros, determine a frequência relativa (%) aproximada de matrículas de cada região brasileira. Para tanto, tome como referência o total de matrículas no ensino médio realizadas no ano de 2020.

3. Calcule a média aritmética aproximada, por região, do número de matrículas no ensino médio registrado no ano de 2020.

    - **Importante que você relembre o conceito de média aritmética, que é a soma de dois ou mais valores pela quantidade de valores observados.**

4. Analisando os dados apresentados, é possível concluir que quanto menor o número de matrículas de uma região, menor é a média aritmética? Justifique a resposta.

Quem cuida do quê no Ensino Público Brasileiro

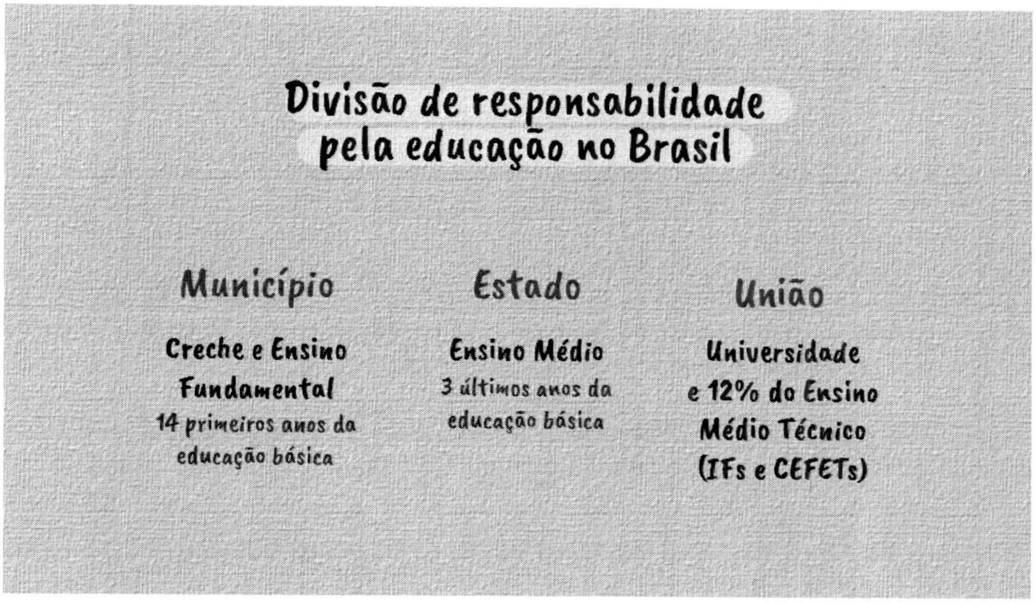

Fonte: Reprodução

No Brasil são cobrados diversos tributos, ou seja, impostos, taxas e contribuições. Através dos impostos, o Governo arrecada recursos que custeiam as políticas públicas. Já as taxas são tarifas públicas cobradas pelo fornecimento de serviços, como certidões e emissão de passaportes. As contribuições de melhorias, por sua vez, são cobradas do cidadão contribuinte (valorização de imóvel beneficiado por alguma melhoria, por exemplo) e as contribuições sociais e econômicas cobrem gastos da Seguridade Social e incentivos a certas atividades econômicas.

A Constituição de 1988 garante que 18% do valor arrecadado entre taxas, impostos e contribuições pelo Governo Federal devem migrar para os custeios com a Educação Pública. Já os Estados, o Distrito Federal e os Municípios devem contribuir com ao menos 25% de suas receitas (impostos e transferências constitucionais). A Constituição em vigor estabelece, ainda, que o ensino fundamental terá acréscimo da contribuição social do salário-educação, recolhidos pelas empresas[4].

As atividades suplementares, tais como fornecimento de uniformes aos estudantes e provimento da merenda escolar, são financiadas com recursos administrados pelo Fundo Nacional de Desenvolvimento da Educação (FNDE) que obtém recursos de fontes como o salário-educação (recolhido pelo Governo Federal e repassado, em parte, para os Estados e Municípios brasileiros).

PISA: o que é?

A Organização para a Cooperação e Desenvolvimento Econômico (OCDE), órgão internacional que reúne países desenvolvidos na realização de pesquisas e projetos voltados ao desenvolvimento social e econômico, realiza o PISA (Programa Internacional de Avaliação de Estudantes), considerada a mais importante avaliação comparativa de educação do mundo.

O **PISA** tem a consciência de que o sistema educacional coloca estudantes da mesma idade em estágios diferentes de sua vida escolar de acordo com a organização de seu país. Assim, quinze (15) anos de idade é o marco estabelecido como o momento da vida em que o estudante possuiria uma base sólida nas competências necessárias para uma participação efetiva no desenvolvimento social e econômico de um país.

---

4 IFs = Institutos Federais / CEFETs = Centros Federais de Educação Tecnológica que oferecem cursos nos níveis médio, técnicos e superior. Nos últimos anos, muitos CEFETs têm sido transformados em Institutos Federais

A aplicação dos testes é realizada através de computadores, com duas horas de duração. Em tais testes são avaliadas competências que incluem a análise e uso de formas e dados matemáticos, a compreensão do funcionamento e aplicação de métodos científicos e a compreensão de textos.

No PISA 2018, participaram pouco mais de dez mil estudantes brasileiros (amostra dos cerca de dois milhões de estudantes regulares acima de quinze anos). O PISA também se tornou um instrumento de avaliação dos investimentos financeiros na educação de um país e o retorno proporcionado por tais aplicações em termos de qualidade.

O resultado do último PISA, divulgado no ano de 2020, uma espécie de termômetro da qualidade do ensino e aprendizagem, mostra que 68% dos alunos até 15 anos nas escolas brasileiras não sabe resolver questões básicas de matemática.

O desempenho de alunos brasileiros em leitura, matemática e ciências teve uma pequena melhora, mas é considerado distante do necessário para alcançar outros países de renda média ou elevada.

Os estudantes brasileiros pontuaram 413 em leitura, 384 em matemática e 404 em ciências — respectivamente, três, cinco e dois pontos acima do exame anterior, realizado em 2015. A evolução é considerada tímida.

Para efeito comparativo, a maior pontuação global no Pisa é dos chineses: os estudantes das áreas de Pequim, Xangai, Jiangsu e Zhejiang tiveram, respectivamente, 555, 591 e 590 em leitura, matemática e ciências.

Pontuação de alguns dos 79 países e regiões no Pisa 2018	**Em leitura**	**Em matemática**	**Em ciências**
Brasil	**413**	**384**	**404**
Cidades/províncias chinesas*	555	591	590
Cingapura	549	569	551
Estônia	523	523	530
Canadá	520	512	518
Finlândia	520	507	522
EUA	505	478	502
Chile	452	417	444
Uruguai	427	418	426
Argentina	402	379	404
Filipinas			

Fonte: Pisa 2018 (resultados divulgados em 2020)

REALIDADE BRASILEIRA

A Pnad[5] (dados divulgados em junho de 2019) revelou que o Brasil tem 47,3 milhões de jovens, de 15 a 29 anos de idade. Desse total, 13,5% estavam ocupados e estudando; 28,6% não estavam ocupados, porém estudavam; 34,9% estavam ocupados e não estudavam. Finalmente, 23% não estavam ocupados nem estudando. Os percentuais aferidos em 2018 são similares aos de 2017. A desigualdade se revela ainda mais acentuada quando aplicado o recorte por raça e gênero. Entre as pessoas brancas, 16,1% trabalhavam e estudavam – mais do que entre as pessoas autodeclaradas de cor preta ou parda (11,9%).

5 pesquisa Nacional por Amostra de Domicílios Contínua (Pnad)

Os percentuais de pessoas brancas apenas trabalhando (36,1%) e apenas estudando (29,3%) também superou o de pessoas pretas e pardas, 34,2% e 28,1%, respectivamente. Consequentemente, o porcentual de pessoas pretas ou pardas que não trabalhavam nem investiam em educação é de 25,8%. Comparando homens e mulheres, o problema se repete de forma ainda mais grave. Entre as mulheres, a pesquisa mostrou que o porcentual das que não trabalhavam nem estudavam era de 28,4%. O de homens é bem menor: 17,6%. Segundo a Pnad Contínua, o Brasil tem 11,3 milhões de pessoas (com 15 anos ou mais) que são analfabetas – uma taxa de analfabetismo de 6,8%. Em relação a 2017, houve uma queda de 0,1 ponto porcentual, o que corresponde a uma redução de 121 mil analfabetos. Mais uma vez, os negros são mais afetados que os brancos: são 9,1% contra 3,9%.

EDUCAÇÃO HISTÓRICA

(...) Há alguns anos, agora em sala de aula, discutia um mesmo assunto – o processo de escravidão no Brasil - em dois contextos distintos da Cidade de São Paulo: numa escola privada, composta por alunos pertencentes à denominada classe socioeconômica média alta, e numa escola pública, situada num bairro periférico, composta por alunos moradores da região, pertencentes a famílias de baixa renda. Em ambos os casos existia, de maneira geral, a compreensão por parte dos alunos de que a escravidão foi um processo terrível para indígenas, africanos e seus descendentes e teve implicações fundamentais no processo histórico brasileiro. No entanto, ao solicitar aos alunos que refletissem a respeito da relação desse conteúdo histórico com o contexto histórico brasileiro contemporâneo, algo interessante ocorreu: nos dois espaços a questão da escravidão foi relacionada à discussão em torno da adoção de cotas raciais por universidades públicas no Brasil. Enquanto boa parte dos alunos da sala de aula da escola privada criticava tal política, utilizando como justificativa uma matéria jornalística oriunda da revista semanal de maior circulação do país (que tecia críticas ferozes à adoção dessa prática), a maior parte dos alunos da sala de aula da escola pública, defendia a medida, dizendo que a desigualdade social vivenciada em seu cotidiano por si só já a justificava. Uma questão polêmica que, obviamente, não era consenso sequer entre os alunos de cada espaço: existiam também aqueles que defendiam posicionamentos distintos dos que foram apresentados com maior ênfase em sala de aula. Mas o fator que chamou a atenção nesse contexto foi a diferença de aplicação da discussão derivada da História para a vida prática. Ambos partiram do mesmo conteúdo histórico, mas ao estabelecerem relações utilizaram diferentes aspectos de seu cotidiano para justificarem sua argumentação. A experiência humana trazida à memória na aula de História foi interpretada a partir dos interesses de cada grupo em gerar respostas às questões de seu contexto vital.

Esses exemplos mostram a importância da reflexão histórica para a vida prática. A relação entre o conteúdo histórico estudado, as fontes utilizadas para justificativa dos posicionamentos, as propostas de orientação e os aspectos identitários constituídos revelam aspectos importantes referentes à construção da consciência histórica na contemporaneidade. Situações como essas se reproduzem diariamente em aulas de História, em museus, filmes, novelas, matérias jornalísticas ou mesmo na conversa com os pais, avós ou amigos, e constituem fonte importante de reflexão acerca da necessidade de mobilização do pensamento histórico para a orientação humana.

Ronaldo Cardoso Alves. HISTÓRIA E VIDA: O ENCONTRO EPISTEMOLÓGICO ENTRE DIDÁTICA DA HISTÓRIA E EDUCAÇÃO HISTÓRICA. História & Ensino, Londrina, v. 19, n. 1, p. 49-51, jan./jun. 2013.

REFLITA SOBRE

Inserir-se no mercado de trabalho é um momento importante na vida dos jovens. Em países como o Brasil, jovens procuram o mercado de trabalho ainda cedo, enquanto ainda desenvolvem suas atividades básicas educacionais (estudam) ou mesmo abandonam a escola para dedicarem-se apenas ao trabalho. Na maioria das vezes por necessidade de manutenção e subsistência. Mas essa trajetória lhe parece comum a todos os jovens? Ou seja, os percursos são iguais para jovens de origem popular e jovens de classe média e alta em relação aos estudos e trabalho?

PARA LER E VER

LIVROS

. **BRANDÃO, Carlos R. O que é educação.** SP: Brasiliense, 1984.
Obra aponta para teorias e correntes acerca do processo educacional, propondo caminhos alternativos para a Educação.
. **PIMENTA, C.A.M. Sociologia da Juventude: futebol, paixão, sonho, frustração, violência.** Taubaté, SP, Cabral Editora e Livraria Universitária, 2006.
Em linguagem simples e objetiva, o autor analisa os valores e interesses da juventude contemporânea: seus planos, seus objetivos (e falta de), suas paixões e caminhos. A elevação dos índices de criminalidade entre jovens aponta para a necessidade de uma política adequada para esta faixa social em países como o Brasil.

FILMES

. **CÓDIGO DE HONRA (EUA, 1992). Direção de Robert Mandel**
Jovem de família modesta ganha a chance de melhorar sua condição de vida quando recrutado para jogar futebol americano em escola de elite. Por ser judeu, o que seria um sonho torna-se pesadelo.
. **SOCIEDADE DOS POETAS MORTOS (EUA, 1989). Direção de Peter Weir**
Professor de literatura carismático revoluciona os métodos de ensino em instituição de ensino conservadora ao propor que seus alunos aprendam a pensar sobre si mesmos.

ATIVIDADES

1. Qual a relação entre educação, juventude e trabalho?
2. O crescimento econômico de um país é motivo para a criação de novas perspectivas para o ingresso de jovens no mercado de trabalho? Justifique sua resposta.
3. Como um processo educacional, equilibrado ou não, influencia uma sociedade?
4. Como você analisa a diferença nos percursos de um jovem de origem popular e de um jovem de classe média ou alta em relação a estudo e trabalho?
5. **UFRJ** A cada três anos, a OCDE realiza uma pesquisa que avalia a educação em alguns países do mundo. Segundo o Programa Internacional de Avaliação de Alunos (*Pisa*, em inglês), o Brasil teve a terceira maior evolução na área educacional, considerando as médias de sessenta e cinco países participantes. Os resultados foram divulgados em 2010. Observe a tabela com as posições de alguns países.

Ranking mundial de avaliação do ensino

Posição	País	Pontos
1º	China (Xangai)	577
2º	Hong Kong	546
3º	Finlândia	543
4º	Cingapura	543
5º	Coreia do Sul	541
44º	Chile	439
47º	Uruguai	427
48º	México	420
53º	BRASIL	401

Fonte: Organização para a Cooperação e o Desenvolvimento Econômico (OCDE), 2010.

Com relação ao Brasil, apesar do avanço na área educacional, **não** se pode considerar que:

a) o resultado apresentado está longe de ser considerado positivo, visto que a educação brasileira apresenta problemas estruturais.
b) o grau de escolaridade dos brasileiros não atende especificamente à demanda do mercado de trabalho.
c) a formação crítica e humanista generalizada da educação brasileira orienta-se em meio ao pluralismo de ideias e concepções pedagógicas.
d) sérios problemas estruturais, como a ausência de prédios públicos adequados ao ensino educacional, persistem.
e) o analfabetismo funcional ainda é elevado no Brasil, o que reflete a insuficiente política educacional do país.[6]

6. **UEL** Observe a tabela a seguir, com dados da PNAD/Brasil (Pesquisa nacional por Amostragem de Domicílios) de 1996, realizada pelo IBGE (Instituto Brasileiro de Geografia e Estatística).

Educação dos Pais e Escolaridade Média dos Filhos

Nível Educacional dos Pais	Anos de estudos dos filhos
Nunca frequentou escola	3,2
Elementar incompleto	5,7
Elementar completo	8,3
1°grau incompleto	9,1
1° grau completo	10,5
2°grau incompleto	11,3
2° grau completo	11,8
Superior incompleto	11,7
Superior completo	13,1
Mestrado ou Doutorado	14,0
TOTAL	5,7

Fonte: PASTORE, José; DO VALLE SILVA, N. Mobilidade social no Brasil. SP:Makron Books, 2000, P.41).

De acordo com os dados da tabela, é correto afirmar:

a) o destino educacional dos filhos relaciona-se fortemente com o nível de escolaridade dos pais, reproduzindo, em linhas gerais, a situação da geração precedente;
b) existe uma situação de igualdade educacional que garante aos filhos o mesmo nível de escolaridade dos seus pais;
c) os números indicam que as taxas de escolaridade dos filhos independem do nível escolar dos pais;
d) no processo de mobilidade social o ponto de partida é igual para todos os filhos em razão da homogeneização dos seus níveis escolares;
e) em todos os níveis do campo educacional, observa-se uma mobilidade descendente dos filhos em relação aos pais.[7]

---

6 alternativa C
7 alternativa A

7. **ENEM** Uma pesquisa realizada por estudantes da Faculdade de Estatística mostra, em horas por dia, como os jovens entre 12 e 18 anos gastam seu tempo, tanto durante a semana (de segunda-feira a sexta-feira), como no fim de semana (sábado e domingo). A seguinte tabela ilustra os resultados da pesquisa.

Rotina Juvenil	Durante a semana	No fim de semana
Assistir à televisão	3	3
Atividades domésticas	1	1
Atividades escolares	5	1
Atividades de lazer	2	4
Descanso, higiene e alimentação	10	12
Outras atividades	3	3

De acordo com esta pesquisa, quantas horas de seu tempo gasta um jovem entre 12 e 18 anos, na semana inteira (de segunda-feira a domingo), nas atividades escolares?

a) 20
b) 21
c) 24
d) 25
e) 27[8]

8 alternativa E

11
INTERPRETAÇÕES SOBRE O BRASIL

Abertura

Engenheiro(a), enfermeiro(a), pedreiro(a), marceneiro(a), marqueteiro(a), tesoureiro(a), faxineiro(a). Poderíamos aqui fazer uma relação ainda mais ampla de ocupações que utilizam o sufixo *"eiro(a)"*. Da mesma forma, atividades e práticas que denunciam certa marginalização também utilizam o sufixo *"eiro(a)"*, tais como, muambeiro(a), arruaceiro(a), cachaceiro(a), etc.

A origem do termo brasileiro(a) está na denominação dada pelos portugueses àqueles comerciantes que concentravam seus negócios no Brasil colonial.

O brasileiro é cordial

Fonte: Charge publicada no *Diário de Pernambuco* em 13 de Junho de 2014 (Samuca)

"Ser brasileiro é o mesmo que ser seringueiro, mineiro, carvoeiro. É aquele que explora o produto que atribui ou dá o nome" (Backes). (Carmen Backes http://www.freud-lacan.com/articles/article.php?id_article=00281.

Difícil dar uma identidade à brasileira ou ao brasileiro. Vários intelectuais, entre eles Sérgio Buarque de Holanda, Gilberto Freyre e Darcy Ribeiro, procuraram traçar um perfil do(a) brasileiro(a) na tentativa de entendê-lo(a).

Mais do que um país, talvez o Brasil seja um amontoado de pátrias (no sentido de lugar em que se nasce). Repare que a identificação do(a) brasileiro(a) com seu local real de origem ou de vida é maior do que com o Brasil como um todo. Assim, mais do que brasileiro, o indivíduo refere-se com grande orgulho à sua unidade federativa, município ou mesmo bairro. Ser cearense, ser carioca, paulistano, pernambucano, paraense, baiano, gaúcho, entre outros, parece dar ao(**à) brasileiro(a) maior expressividade e orgulho, uma marca do regionalismo existente.**

Antonio Carlos Jobim (Tom Jobim), maestro e compositor, chegou a afirmar informalmente que *"fazer sucesso no Brasil é perigoso"*. E completou: *"Viver fora do Brasil é bom, mas é uma droga; viver no Brasil é uma droga, mas é bom!"*. Jobim também afirmou que o destaque de um brasileiro ou brasileira em algum evento ou ramo profissional traz sobre o(a) mesmo(a) uma carga absurda de exigências, num imediatismo muito particular.

Musical, agregador, piadista, solidário, alegre, espontâneo como nenhum outro povo. Eis algumas das características atribuídas ao brasileiro pelo turista de primeira viagem. Mas será que podemos fazer tantas generalizações?

Sociologia no Brasil

Nas últimas décadas do século XIX, as Ciências Humanas e Sociais passaram a ser discutidas de forma mais intensa nas rodas intelectuais do Brasil. Auguste Comte e Herbert Spencer passaram a ser citados em saraus, assim como os conceitos *positivistas*[1] identificadores da evolução da natureza humana, cujo ponto máximo seria atingir o estágio científico (positivo), no qual os homens seriam guiados pela razão e pela ciência e o progresso atingido através de evolução gradativa, controlada, sem os sobressaltos das grandes transformações revolucionárias. Vale lembrar que a corrente positivista foi contrária à escravidão e à Monarquia e defensora da República, do federalismo (autonomia das províncias/Estados), do casamento civil e da separação entre Igreja e Estado e passou a contagiar jovens militares e membros da sociedade civil urbana brasileira. Nomes como Benjamim Constant (1836-1891), Euclides da Cunha (1866-1909) e Sílvio Romero (1851-1914) aderiram às ideias formuladas pelo francês Auguste Comte.

Sílvio Romero destacou-se ao discutir a questão racial no Brasil. Em seus trabalhos apontou para uma suposta superioridade da etnia branca, mostrando-se sintonizado com as teorias raciais europeias da época, porém reconhecia o mestiço como o mais importante representante da identidade nacional brasileira. Suas visões estavam sintonizadas com a de Nina Rodrigues (1862-1906), que chegou a propor a criação de locais distintos para o desenvolvimento das etnias brasileiras.

A proclamação da República, em 15 de novembro de 1889, inaugurou mais uma fase da história brasileira. Sob o domínio dos grandes fazendeiros, detentores da produção para exportação, o Brasil entrou para o rol dos países republicanos da América.

O advento da República representou uma adequação das instituições políticas, jurídicas e administrativas às transformações econômicas e sociais que vinham ocorrendo no país. Uma vez mais, os interesses da maioria da população brasileira foram deixados em segundo plano, prevalecendo a orientação ditada pelos grandes cafeicultores, aliados às oligarquias regionais. Qualquer ameaça à estrutura montada passou a ser motivo de grande preocupação.

Foi o caso da Guerra de Canudos (1896-1897) quando sertanejos do nordeste baiano, liderados por Antônio Mendes Maciel, o Conselheiro, fundaram um novo tipo de sociedade, impregnada de religiosidade, mas cuja questão fundamental vinculava-se à luta pela posse da terra, contra o latifúndio e injustiças fiscais (a autonomia dada aos municípios após a proclamação da República fez com que os líderes políticos locais passassem a cobrar pesados impostos, o que recaía sobre as camadas mais desprotegidas da população).

Euclides da Cunha (então correspondente do Jornal *O Estado de S. Paulo*) acompanhou o desfecho do Movimento Messiânico de Canudos (1897). Na obra *Os Sertões* (1902), Cunha explicita o conflito entre a sociedade brasileira dividida da época entre as cidades litorâneas, receptivas às visões e influência externa, e o interior, tradicional e agrário, marcado pela presença do latifúndio, miséria e injustiças de toda sorte. A obra, de grande relevância, deve ser considerada um ensaio sobre a interpretação de uma face da realidade social do Brasil, porém desprovida de rigores científicos.

---

1 o Positivismo defende a ideia de que o conhecimento científico é a única forma de conhecimento verdadeiro. De acordo com os positivistas, uma teoria é correta caso comprovada através de métodos científicos válidos. Um dos principais teóricos da corrente positivista foi o francês Auguste Comte

Fonte Reprodução

Guerra de Canudos: a fotografia de Flávio de Barros, feita no dia 2 de outubro de 1897, é uma dos registros mais emblemáticos dos conflitos e contradições da sociedade brasileira na passagem do Império para a República.

As transformações globais decorrentes da Primeira Guerra Mundial (1914-1918) atingiram o Brasil. Durante e após a Guerra, novos personagens surgiram na cena política: o empresariado fabril, os segmentos médios urbanos e o operariado, transformando visões e composições sociais, política e econômicas.

Nesse cenário de mudanças econômicas e sociais, despontou o *movimento tenentista*. A jovem oficialidade passou a recorrer às armas para impor uma nova feição política ao país.

O *tenentismo* - como ficou conhecido o movimento de revoltas militares a partir da década de 1920 - teve seu momento culminante na Coluna Prestes (1924-1927). Essa marcha pelo Brasil desafiou as tropas governamentais e semeou a esperança de transformação entre os setores sociais que se mostravam inconformados com as estruturas arcaicas da política oligárquica latifundiária.

Outro grande movimento de contestação às estruturas vigentes, ocorreu em fevereiro de 1922, quando intelectuais, pintores, romancistas e poetas realizaram a Semana de Arte Moderna, marco na história da cultura brasileira. O evento, que chocou a mentalidade conservadora da época, ocorreu no Teatro Municipal de São Paulo, de 13 a 17 de fevereiro. Dele participaram personalidades como Graça Aranha, Mário de Andrade, Afonso Schmidt, Vila-Lobos, Menotti del Picchia, Di Cavalcanti, Oswald de Andrade, entre outros. Apesar da reação hostil do público, prenunciava-se que, a partir daquele acontecimento, estavam rompidos os hábitos e os padrões culturais com a sociedade tradicional.

No rastro da crise mundial de 1929, a economia do Brasil foi afetada pela queda acentuada dos preços do café e pelo fim dos empréstimos de bancos estrangeiros. O sistema agrário-exportador, consolidado em 1894, acabou ruindo com o último golpe na Primeira República.

O conflito entre os setores dominantes foi decidido pela força das armas. Assim, a Revolução de 1930, vitoriosa, inaugurou uma nova etapa na história republicana do Brasil. Como resultado, o gaúcho Getúlio Vargas assumiu o poder com o objetivo de modernizar (industrializar) o país e acalmar a sociedade.

Foi na década de 1930, no contexto das transformações que se processavam no país, que as Ciências Sociais começaram a ser praticadas institucionalmente. Em 1933, foi fundada em São Paulo a *Escola Livre de Sociologia e Política* e, em 1934, a Faculdade de Filosofia, Ciências e Letras da Universidade de São Paulo. Para lecionar nessas instituições foram trazidos professores do exterior, como Donald Pierson (1900-1995), Claude Lévi-Strauss (1908-2009), Roger Bastide (1898-1974) e Fernad Braudel (1902-1985). Os conhecimentos e as discussões "importadas" (sobretudo dos Estados Unidos da América e da França) contribuíram para a formação de importantes profissionais das Ciências Sociais no Brasil como Antonio Candido (1918 -2017), Ruy Galvão de Andrada (1920-1990) e Florestan Fernandes (1920-1995).

A Sociologia como estudo sistemático da sociedade aparece no Brasil na década de 1930, com a fundação da Escola Livre de Sociologia.

Na obra *Casa-grande & senzala*, Freyre analisa a mestiçagem[2] brasileira como uma ocorrência positiva, exaltando-a como sinônimo de identidade nacional. Para Freyre, a cultura brasileira seria homogênea, apesar da miscigenação, numa mistura de etnias que passou a propiciar um equilíbrio de antagonismos e oposição de ideias e que a capacidade de adaptação dos colonizadores portugueses e sua inclinação à convivência mais próxima com outros povos teriam proporcionado o sucesso de uma colonização iniciada com um pequeno contingente de indivíduos para ocupar um território tão extenso quando o brasileiro.

A miscigenação étnica brasileira teria produzido uma *democracia racial*, estabelecendo relações de integração em vez de segregação.

Formação da população brasileira

Índio	Branco	Negro	Amarelo
		Mestiços	
Mulato (branco + negro)	Caboclo	Cafuzo (índio+negro)	Ainocô (amarelo+ outras etnias)
Caiçara	Mameluco	Caipira	Capiau (índio+branco)

Toda visão nova traz debates. Nesse sentido, Freyre foi criticado por dar uma direção à desigualdade social baseado na convivência cultural, além de amenizar os males e sofrimentos da escravidão negra. Para os críticos mais fervorosos, Freyre teria descrito a senzala a partir da varanda da casa-grande. Para outros, Freyre teria sido interpretado erroneamente. Outro ponto polêmico da obra de Freyre é sua defesa da modernização econômica e política no país sem grandes rupturas na ordem social, uma vez que, para ele, a estrutura patriarcal e a modernização poderiam ser concomitantes, sendo que os antagonismos cessariam com a fusão harmoniosa entre a integração proporcionada pela família e a racionalidade administrativa e o poder do Estado moderno.

Em 1936, Sérgio Buarque de Holanda (1902 -1982) publicou a obra *Raízes do Brasil*. O tema central da obra é a formação da cultura brasileira, onde analisa a herança cultural da colonização portuguesa do Brasil. A rígida hierarquia e a existência de privilégios entre as camadas sociais privilegiadas, avessas ao trabalho manual e mecânico, seria um exemplo de instituições fixadas no Brasil pelos nossos colonizadores. Mais: Buarque traça o perfil do colonizador português como aventureiro, mais interessado nas conquistas propriamente ditas do que com os frutos da exploração de tais conquistas (vale lembrar que Portugal foi o Estado pioneiro na expansão marítima europeia dos séculos XV e XVI) e que deixou em áreas colonizadas como o Brasil uma herança cultural rural, pouco modernizada e pouco intelectualizada.

O autor define o brasileiro como *cordial* (do latim *cordiális*, refere-se ao que vem do coração). Tal cordialidade estaria ligada ao fato de as relações no país serem guiadas por sentimentos e ímpetos, levando o brasileiro a tomar decisões no âmbito privado e subjetivo, demonstrando certa resistência ao uso sistemático da razão, o que teria permeado nossa estrutura social e política, tomada por relações personalistas e que predominam sob as relações formais de uma aparelho estatal burocrático da empresa capitalista moderna.

2 mestiçagem = cruzamento de etnias

COM A PALAVRA, SÉRGIO BUARQUE

"(...) No Brasil, onde imperou, desde tempos remotos, o tipo primitivo da família patriarcal, o desenvolvimento da urbanização - que não resulta unicamente do crescimento das cidades, mas também do crescimento dos meios de comunicação, atraindo vastas áreas rurais para a esfera de influência das cidades – ia acarretar um desequilíbrio social, cujos efeitos permanecem vivos ainda hoje.

(...)

Já se disse, numa expressão feliz, que a contribuição brasileira para a civilização será de cordialidade – daremos ao mundo o "homem cordial". A fineza no trato, a hospitalidade, a generosidade, virtudes tão gabadas por estrangeiros que nos visitam, representam, com efeito, um traço definido do caráter brasileiro, na medida, ao menos, em que permanece ativa e fecunda a influência ancestral dos padrões de convívio humano, informados no meio rural e patriarcal. Seria engano supor que essas virtudes possam significar "boas maneiras", civilidade. São antes de tudo expressões legítimas de um fundo emotivo extremamente rico e transbordante.

(...)

Nenhum povo está mais distante dessa noção ritualista da vida do que o brasileiro. Nossa forma ordinária de convívio social é, no fundo, justamente o contrário da polidez. Ela pode iludir na aparência – e isso se explica pelo fato de a atitude polida consistir precisamente em uma espécie de mímica deliberada de manifestações que são espontâneas no "homem cordial": é a forma natural e viva que se converteu em fórmula. Além disso a polidez é, de algum modo, organização de defesa ante a sociedade. Detém-se na parte exterior, epidérmica do indivíduo, podendo mesmo servir, quando necessário, de peça de resistência. Equivale a um disfarce que permitirá a cada qual preservar intatas sua sensibilidade e suas emoções."

HOLANDA, Sérgio Buarque de. Raízes do Brasil. RJ: José Olímpio, 1971, págs. 105 e 106.

Outro destaque das Ciências Sociais no Brasil é Caio Prado Júnior (1907-1990) que na obra *Formação do Brasil Contemporâneo*, lançada em 1942, trouxe como temas a compreensão do sentido da colonização portuguesa no Brasil, analisando elementos estruturais que traçaram a História do país por longo período. Na publicação, Prado Jr. constrói uma abordagem calcada no materialismo histórico e encontra no período colonial a base estrutural da formação do Brasil.

O pensamento sociológico brasileiro voltou-se para a busca da consciência crítica da realidade nacional. Entre as principais preocupações dos sociólogos estavam as desigualdades sociais, o papel de algumas minorias na sociedade, os regionalismos, estudos sobre comunidades, educação, folclore, sociologia da arte e da literatura, educação e teorias e métodos sobre as Ciências Sociais. Nomes como Antonio Candido (1918-), Alberto Ramos (1915-1982), Darcy Ribeiro (1922-1997), Maria Isaura Pereira de Queiroz (1918-), Hélio Jaguaribe (1923-), Fernando Azevedo (1894-1974), Octávio Ianni (192-2004), Celso Furtado (1920-1004) e Florestan Fernandes (1920-1995) formularam teses e incentivaram discussões.

Culturalmente, o antropólogo e educador Darcy Ribeiro formulou uma classificação das bases culturais brasileiras de várias regiões do país antes do processo de urbanização iniciado na década de 1950, identificando "cinco brasis": o Caboclo da região amazônica, o Caipira (abrangendo São Paulo, Goiás, norte do Paraná e sul de Minas Gerais, o Sertanejo (sertão nordestino), o Crioulo (do litoral do Maranhão ao Rio de Janeiro) e o Sulino (região sul do país).

O sociólogo e educador mineiro Fernando de Azevedo pode ser considerado o introdutor de novos padrões educacionais no Brasil. Sua principal obra, *A cultura brasileira* (1943), retomou a tese da unidade nacional brasileira edificada com base nas diferenças étnicas, culturais e regionais.

Hélio Jaguaribe, nascido no Rio de Janeiro em 1923, é outro destaque nesta fase das Ciências Sociais do Brasil. Foi um dos fundadores do Instituto Brasileiro de Economia, Sociologia e Política (1953). Como um dos membros mais influentes do "Grupo de Itatiaia", Jaguaribe participou da fundação do ISEB (*Instituto Superior de Estudos Brasileiros)* em 1953. O ISEB reuniu intelectuais nacionalistas e teve grande atividade e influência durante o governo de Juscelino Kubitschek (1956-1961) ao propor uma visão de desenvolvimento, adaptando categorias de várias correntes de pensamento à compreensão filosófica e sociológica do nacionalismo brasileiro. Entre suas realizações, destaque à publicação de estudos e ensaios, a promoção de seminários, e conferências e a organização de cursos de nível de pós-graduação nas áreas das Ciências Sociais, pedagogia e História.

Em sua obra teórica, Jaguaribe propôs soluções para os problemas brasileiros, entre elas a conciliação do Brasil com o capital estrangeiro em obras como O Nacionalismo na Atualidade Brasileira (1958) e Problemas do Desenvolvimento Latino-Americano (1967).

Outro destaque importante é Fernando Henrique Cardoso (1931 -) que interpretou a dependência e as possibilidades de desenvolvimento nos países periféricos da economia mundial por um viés mais político do que econômico, destacando que a burguesia brasileira na teria força política para realizar uma revolução nos moldes clássicos para mudar a situação de dependência. Porém, a teoria de Cardoso foi criticada por intelectuais como Ruy Mauro Marini (1932-1997), cuja visão marxista entendia que se no capitalismo uma das estratégias para aumentar a produtividade era intensificar a exploração sobre o trabalhador. Marini critica a teoria da dependência, afirmando que o mercado interno brasileiro é limitado e os incentivos de consumo não são direcionados às classes populares, mas aos artigos voltados às classes mais elevadas, fazendo com que a produção seja destinada para outros países periféricos. A solução, para Marini, seria sair da condição de dependência através da ruptura com o capitalismo através da construção de economias socialistas.

Nas últimas décadas do século XX, os cursos de pós-graduação a nível de mestrado e doutorado nas áreas de Ciências Sociais e, particularmente, de Sociologia, passaram a ganhar espaço nas faculdades e universidades brasileiras. Temas como a questão de gênero e sexualidade, religião, comunicação e informação, consumo, questão ambiental, globalização, indústria cultura, urbanização, juventude, família, trabalho, questões étnico-raciais e cidadania, passaram a ganhar destaque.

FLORESTAN FERNANDES

(...) Florestan Fernandes é o fundador da sociologia crítica no Brasil. Toda a sua produção intelectual está impregnada de um estilo de reflexão que questiona a realidade social e o pensamento. As suas contribuições sobre as relações raciais entre negros e brancos, por exemplo, estão atravessadas pelo empenho de interrogar a dinâmica da realidade social, desvendar as tendências desta e, ao mesmo tempo, discutir as interpretações prevalecentes. No mesmo sentido, as suas reflexões sobre os problemas da indução na sociologia avaliam cada uma e todas as teorias, os métodos e as técnicas de pesquisa e explicação, da mesma maneira que oferecem novas contribuições para o conhecimento das condições lógicas e históricas de reconstrução da realidade. Essa perspectiva está presente nas monografias e ensaios sobre o problema indígena, escravatura e abolição, educação e sociedade, folclore e cultura, revolução burguesa, revolução socialista e outros lemas da história brasileira e latino-americana. O mesmo se pode dizer dos seus trabalhos sobre teoria sociológica. A perspectiva crítica está presente em toda a sua produção intelectual, incluindo obviamente o ensino, a conferência, o debate público. Questiona o real e o pensado, tanto os pontos de vista dos membros dos grupos e classes compreendidos na pesquisa como as interpretações elaboradas sobre eles. Assim, alcança sempre algo novo, outro patamar, horizonte. Vai além do que está dado como estabelecido, explicado. Ao submeter o real e o pensado à reflexão crítica, descortina as diversidades, desigualdades e antagonismos, apanhando as diferentes perspectivas dos grupos e classes compreendidos pela situação.

Fonte: Octávio Ianni

Florestan Fernandes (1920-1995), considerado um dos maiores intelectuais brasileiros. Apesar da vida pessoal e familiar difícil e da formação básica precária, chegou à universidade aos 21 anos. De 1940 a 1951 fez a licenciatura e bacharelado em Ciências Sociais na Universidade de São Paulo (USP) e mestrado e o doutorado em sociologia e antropologia na Escola Livre de Sociologia e Política.

IANNI, Octávio. Florestan Fernandes e a formação da sociologia brasileira. In: Sociologia da Sociologia. SP: Ática, 1989, p. 92-93 e 110-111.

REALIDADE BRASILEIRA

Para que possamos traçar um panorama sobre o Brasil, melhor que atentemos às condições de desenvolvimento do capitalismo comercial e industrial e à dinâmica de nossa inserção na ordem capitalista mundial. Dessa forma, nossa condição atual reflete a nossa situação ex-colônia de exploração, nosso processo de formação de Estado Nacional, a herança da cultura jesuítica católica e a lenta formação de consciência nacional.

O desenvolvimento social no Brasil não acompanhou o desenvolvimento econômico. Concentração de riquezas, grande massa de excluídos, disparidades regionais, baixo nível de instrução e discriminação, ainda incomodam o país, em que pese esforços para a superação dos problemas apontados.

Nossos indicadores sociais ainda demonstram disparates regionais agudos tais como precárias condições de alimentação para muitos, esgotamento sanitário (rede de esgoto) deficiente, abastecimento de água e limpeza pública infrequente, condições de moradia ainda inadequadas.

O mito da democracia racial obscureceu a realidade, disfarçando o preconceito de cor em relação ao indígena, aos mestiços e ao preto, como também o preconceito social determinado pela renda e pelo status social.

Dentro das Ciências Humanas e Sociais foram desenvolvidas escolas ou teorias que procuraram explicar as diferenças de desenvolvimento entre os povos a partir das diferenças de etnias e raças e do substrato geográfico (determinismo geográfico). A Antropologia, em seus primeiros momentos, revestiu-se de um caráter ideológico e etnocêntrico. Ideias racistas ganharam espaço.

Atualmente, as Ciências Humanas e Sociais não admitem mais essas análises.

Mas há muito a ser feito no sentido da busca de equilíbrio, principalmente no que tange à distribuição de oportunidades, renda e superação de estigmas em nosso país

E EU COM ISTO?

As Ciências Sociais no Brasil (em particular a Sociologia) desenvolveram-se sob a influência do evolucionismo e da reconstrução histórica. Percebe-se entre os primeiros estudiosos das Ciências Sociais no país uma preocupação com os fatores naturais, particularmente o biológico (etnias), e a predileção pelos estudos gerais e de sínteses.

Para que entendamos um pouco mais de nós mesmos, necessário um resgate histórico e uma análise científica. Só assim podemos projetar um futuro através de ações e compreensões.

Afinal, um país continental e diverso como o nosso possui particularidades significativas, tal qual um mosaico. A análise de nossa história de colônia de exploração e de fusão de povos e culturas formou uma estrutura complexa. Compreendê-la é compreender um pouco de si e de nossa trajetória, permitindo que sejam formulados entendimentos que permitam reparos através de políticas públicas aos que mais são vítimas de um processo histórico particular.

E ONDE ENTRA A MATEMÁTICA?

Durante a colonização portuguesa no Brasil, a partir de 1531, nossos colonizadores encontraram nossos nativos. No desejo de adequá-los ao processo colonizador, jesuítas, dentro de seu propósito catequizador, iniciaram ensinamentos de leitura e escrita aos indígenas. Paulatinamente, introduziram estudos matemáticos entre os nativos com a transmissão de noções de aritmética e algarismos. Claro, sob uma visão europeia, como se os indígenas não possuíssem suas próprias formas para cálculos.

Com a chegada da Família Real Portuguesa ao Brasil, em 1808, foi introduzida no Brasil a Academia Real Militar e o ensino superior. Estudos de Química, Física, Mineralogia, História Natural e Matemática foram introduzidos na colônia de forma institucionalizada. Mas para poucos privilegiados ligados à nobreza lusa que se transferiram para o Brasil por conta das invasões napoleônicas a Portugal.

Embora pensamentos positivistas tenham chegado ao Brasil nos anos finais do século XIX, a Matemática ainda ficou à margem de outros conhecimentos. Tanto que o primeiro seminário de Matemática no Brasil só foi organizado em 1935 na Faculdade de Filosofia, Ciências e Letras da recém- criada Universidade de São Paulo (USP) e os primeiros periódicos matemáticos só surgiram na década de 1940 no Brasil, também por iniciativa da FLCL.

O ano de 1951 é considerado decisivo para a valorização plena da Matemática no país com a criação do CNPq (Conselho Nacional de Desenvolvimento Científico e Tecnológico) e da Capes (Coordenação de Aperfeiçoamento de Pessoal de Nível Superior). A partir dessas organizações, o ritmo de desenvolvimento do país mudou radicalmente. O Instituto de Matemática Pura e Aplicada (Impa) foi criado pelo CNPq no ano seguinte, e o Brasil aderiu à União Matemática Internacional (IMU) em 1954, o que criou possibilidades de maiores projeções para nosso desenvolvimento econômico já que incorporamos a Matemática Moderna de forma efetiva e definitiva. Afinal, a dinâmica dos negócios e a complexidade das relações urbanas não pode prescindir da Matemática. Sem ela não há como evidenciar temas da economia tais como cálculos diferenciais, desenvolver gráficos, logaritmos, integrais, relações de equilíbrio e consumo e planejar desenvolvimentos e evoluções. Ou seja, o desenvolvimento da Matemática no Brasil relaciona-se ao desenvolvimento do capitalismo e à dinâmica de inserção do país na ordem capitalista mundial (assim como as Ciências Humanas e Sociais).

NA PRÁTICA

I. População indígena brasileira

A atual população indígena brasileira abrange dezoito áreas culturais, constituindo cento e setenta povos que falam cento e setenta e quatro línguas dos principais troncos linguísticos como o *tupi, aruak, macro-jê*, entre outros.

O Instituto Brasileiro de Geografia e Estatística (IBGE), aponta outros números (veja abaixo, de acordo com o último censo oficial do Brasil) e indica que a população indígena brasileira ocupa 1,5% da área total do país

Considerando que à época da chegada dos portugueses no Brasil havia por volta de sete milhões de indígenas no Brasil, os sobreviventes não são muitos. Convém lembrar que entre 1900 e 1957 foram extintos oitenta e sete grupos étnicos dos duzentos e trinta existentes, em um declínio populacional relevante.

Assim como os afrodescendentes, os indígenas brasileiros também enfrentaram e enfrentam massacres, perseguições, discriminação, perda de identidade cultura e, com frequência, uma vida de privações.

O antropólogo, etnólogo e político brasileiro Darcy Ribeiro(1922-1997), em obras como *A Utopia Selvagem* e *Os índios e a civilização* denuncia as relações interétnicas brasileiras que, para ele, têm como resultado a ruína da cultura e etnia indígena. Em seus estudos, Ribeiro procurou relacionar a questão indígena com o desenvolvimento industrial e o processo civilizatório a partir dos grandes centros da economia nacional e internacional, buscando saídas para a preservação da cultura nativa brasileira.

População residente, segundo a situação do domicílio e condição de indígena – Brasil 1991/2010

	1991	2000	2010
Total(1)	146.815.790	169.872.856	190.755.799
Não indígena	145.986.780	167.932.053	189.931.228
Indígena	294.131	734.127	817.963
Urbana(1)	110.996.829	137.925.238	160.925.792
Não indígena	110.494.732	136.620.255	160.605.299
Indígena	71.026	383.298	315.180
Rural(1)	35.818.961	31.947.618	29.830.007
Não indígena	35.492.049	31.311.798	29.325.929
Indígena	223.105	350.829	502.783

Fonte: IBGE, censos de 1991 e 2010

CALCULE: considerando que em 1500 a população nativa no Brasil era de sete milhões, indique:

a) a porcentagem de indígenas do Brasil em 2010 (último censo oficial do Brasil) em relação à população absoluta do país;
b) a porcentagem da população indígena que vivia em cidades em relação à população urbana total de 2010;
c) a porcentagem de indígenas vivendo em áreas rurais, em comparação à população absoluta rural brasileira de 2010;
d) faça uma pesquisa que indique as principais razões para a diminuição significativa da população indígena no Brasil entre 1500 aos dias atuais.

II - Colônia Brasil - Exploração pela mineração

Boa parte das interpretações do Brasil atual provém de nosso histórico colonial de exploração.

Como explicar o empobrecimento da região das Minas e do Brasil colônia em geral, apesar da imensa quantidade de ouro e diamante extraída ao longo dos séculos XVII e XVIII? Pois bem, uma parcela significativa dessa riqueza concentrou-se na capitania entre ricos mineradores e à edificação de obras públicas, casarões e igrejas históricas de Minas Gerais. Mas o quinhão mais relevante seguiu para o exterior, ou seja, para o mercado europeu, como determinava a dinâmica da economia colonial. Mas Portugal não foi o principal beneficiário dessa extraordinária riqueza, mesmo levando-se em consideração que a Metrópole usufruiu dos minérios extraídos como forma de cobrir as despesas da corte portuguesa e com a reconstrução da capital lusitana destruída por um terremoto em 1755. Mas graças a um mecanismo comercial que cobriu déficits de Portugal com relação à Inglaterra, a riqueza gerada com a mineração brasileira contribuição significativamente para a Revolução Industrial britânica. Isto é, os grandes beneficiados do ciclo da mineração do Brasil foram os ingleses.

Calcula-se que foram extraídas da Capitania de Minas Gerais **128 toneladas de ouro e 2,8** toneladas de diamantes**.** Porém, como efeito dos desvios e contrabandos, a quantidade foi muito maior, impossível de ser precisada.

a) Considerando o valor do grama de ouro, nos dias atuais, em 304 reais, caso tenha sido retirada apenas a quantidade de ouro citada acima, qual o valor da riqueza?
b) Considerando a dívida externa brasileira atual é de US$ 324 bilhões (valores de 2019, segundo o Banco Central), o valor retirado do Brasil com a extração de ouro, caso o tivéssemos ainda em mãos, daria para saldar nossos passivos? (considere o valor do dólar em 5,00 reais para efeito de cálculos).

RESPOSTAS: ____________________

III - O mito da democraia racial do Brasil calculado pela covid-19

Pelos dados do Ministério da Saúde do Brasil, em 20 de Junho de 2020 o Brasil chegou aos cinquenta mil óbitos pela Covid-19, doença causada pelo *coronavírus SARS-CoV-2* que apresenta quadro clínico que varia de infecções assintomátimas (quando a vítima não apresenta sintomas) a quadros respiratórios graves. Para efeito de comparação, usemos um dado histórico: na Guerra do Paraguai (1865-1870), em que o Brasil se uniu à Argentina e ao Uruguai (Tríplice Aliança) contra o Paraguai, depois de várias batalhas ao longo dos anos de duração do embate, embora o Brasil tenha sido considerado vencedor, foram mortos, segundo dados mais recentes, cinquenta mil brasileiros (a primeira morte oficial Covid-19 data de 16 de março de 2020). A mesma quantidade de brasileiros mortos pela Covid-19 em três meses. Já o Paraguai foi devastado com a morte de pelo menos 60% dos seus 420.000 habitantes, ou seja, aproximadamente 250 mil vítimas durante a Guerra.

O Brasil, pela grandiosidade de seu território, apresenta diversidades regionais que atestam as desigualdades sociais.

Por ocasião do número de óbitos divulgado em 20 de Junho, a região Norte do país apresentou uma média de 45,5 mortos a cada cem mil habitantes. Já a região Sul (Paraná, Santa Catarina e Rio Grande do Sul apresentou 3,4 óbitos por cem mil habitantes, enquanto as demais regiões (Nordeste, Sudeste e Centro-Oeste), apresentaram taxas que variaram entre 27,8 a 5,9.

Na Europa, o fator determinante das mortes causadas pelo *novo coronavírus* foi a idade do infectado; no Brasil, o local de moradia (condições de moradia, acesso a serviços de saúde, densidade populacional e dinâmicas de deslocamento de cada região). Quando o assunto é densidade demográfica[3], basta que se verifique que o Estado do Rio de Janeiro apresentou em 2020 mais de 5.000 habitantes por quilômetro quadrado[4]. Ou seja, a concentração populacional favoreceu o nível de contágio (48,7 mortes por cem mil habitantes).

A média geral de óbitos no Brasil, até a data indicada, foi de 22,7 mortos em cada cem mil habitantes. Em países como a Itália, a média foi de 57 óbitos por cem mil habitantes, nos EUA 35,8, na Índia 0,9 e na China 0,3. Mas o que mais assusta é a disparidade: no Estado do Amazonas, a média foi de 62,9 mortes por cem mil habitantes e no Ceará 58,9, enquanto que no Paraná e Rio Grande do Sul a média foi de 3,6 e em Santa Catarina 3,1 óbitos por cem mil habitantes. Ou seja, em determinadas regiões brasileiras, como as apontadas, houve superação em relação à média italiana.

---

3 *ou densidade* populacional é um índice demográfico que permite avaliar a distribuição da população em um dado território. Esse índice é expresso em habitantes por quilômetro quadrado (hab/km^2)

4 de acordo com o IBGE, em 2019, a densidade demográfica do Estado do Rio de Janeiro era de 5.265,82 habitantes por quilômetro quadrado (área de 1.200,329 km2 e população absoluta de 6.718.903 habitantes)

Mas o fator que mais chama a atenção é o índice de mortes por etnia, o que demonstra, mais uma vez, a desigualdades entre brancos e não brancos no país. Em Manaus, capital do Amazonas, por exemplo, até a data considerada, 12% das vítimas eram brancas, quando a população dessa unidade federativa é assim distribuída, segundo dados do Instituto Brasileiro de Geografia e Estatística (IBGE): 3,1 % negros, 66,9% pardos; 4% indígenas, 0,3% amarelos e 24,2% brancos. No Brasil, como um todo, segundo dados o Núcleo de Operações e Inteligência em Saúde, órgão ligado à PUC do Rio de Janeiro, a letalidade entre negros é de 54,8%, enquanto a de brancos é de 37,9%, o que pode estar relacionado a questões biológicas. Porém, é mais provável que a principal causa seja o racismo estrutural[5], que coloca negros em condições de saúde mais vulneráveis. Basta que observemos que o índice de desemprego no país é maior entre pretos e pardos do que entre brancos, que a taxa de analfabetismo entre pretos e pardos supera a entre brancos (dados do IBGE indicam 11%, em média, entre pretos e pardos e 5% entre brancos) e que as taxas de frequência escolar no Ensino Médio são menores entre pretos e pardos se comparadas à de brancos.

OBSERVE A EVOLUÇÃO DA COVID-19 NO BRASIL através dos dados oficiais do Ministério da Saúde:

. 16 de março de 2020: primeira morte oficial;

. 01 de abril de 2020: 136 mortes;

. 20 de abril de 2020: 2575 mortes;

. 01 de maio de 2020: 6329 mortes;

. 20 de maio de 2020: 18.859 mortes;

. 01 de junho de 2020: 29.937 mortes;

. 13 de junho de 2020: 42.720 mortes;

. 20 de junho de 2020: 50.000 mortes.

. CALCULE, em porcentagem, a evolução da doença no Brasil nos intervalos de 01 de abril a 01 de maio e de 01 de maio a 01 de junho de 2020. Observe que a evolução se dá em **progressão geométrica** (a taxa de contágio no Brasil em 20 de Junho, segundo análise do *Imperial College de Londres,* era de 1,05, ou seja, cada cem infectados transmitiam o *novo coronavírus* para outros 105).

RESPOSTA: ______________________

PARA LER E VER

LIVRO

UBALDO, João Ribeiro. Viva o povo brasileiro. RJ: Nova Fronteira, 1984, 14 edição.
Livro narra diversos episódios da história brasileira e busca interpretar a identidade do povo brasileiro, mostrando um Brasil dividido entre aqueles que mandam e aqueles que obedecem. O grande momento da obra de João Ubaldo é a reflexão sobre a formação de nossa brasilidade.

FILMES

. O CORTIÇO (Brasil, 1979) (Direção de Francisco Ramalho). Baseado no romance homônimo de Aluísio de Azevedo, publicado em 1890. Filme retrata o cotidiano de setores das camadas populares do Brasil no período de transição do Império para a República.

---

5 formalização de um conjunto de práticas institucionais, históricas, culturais e interpessoais que coloca um grupo social ou étnico em uma posição melhor para ter sucesso e ao mesmo tempo prejudica outros grupos de modo consistente e constante causando disparidades que se desenvolvem entre os grupos ao longo de um período de tempo

. UMA HISTÓRIA DE AMOR E FÚRIA (Brasil, 2013) (Direção de Luiz Bolognesi) Animação que transita por diversos momentos históricos do Brasil, acompanhando a trajetória de um indivíduo imortal em cenários da colonização, escravidão e regime militar, marcado por conflitos de acesso à água.
. CELSO FURTADO: O LONGO AMANHECER (Brasil, 2007) (Direção de José Mariani). Documentário biográfico do economista Celso Furtado que reconstitui sua trajetória intelectual que refletiu sobre o subdesenvolvimento e as relações econômicas entre centre o periferia no capitalismo.
. OS SERTÕES (Brasil, 1995) (Direção de Cristina Fonseca). Filme é baseado na obra de Euclides da Cunha e reconstitui os eventos da guerra de Canudos (1896-1897).

SITES

www.expo500anos.com.br/ - Por ocasião dos quinhentos anos do achamento do Brasil (2000), este site traz informações sobre a formação do país.
http://elesmandam.reporterbrasil.org.br - Página que mapeia redes de articulação de grandes empresas no Brasil e indivíduos que compõem seus conselhos administrativos.

REFLITA SOBRE

A felicidade é como a gota de orvalho
Em uma pétala de flor
Brilha tranquila depois de leve oscila
E cai como uma lágrima de amor.
(...)
"A Felicidade", de Tom Jobim e Vinicius de Moraes

Na única pesquisa realizada sobre o tema no país de que se tem notícia até 2012 (organizada pelo Instituto *Datafolha*, em 1997), a maioria dos brasileiros se considerava feliz e uma grande parte deles achava que o Brasil era o país mais feliz do mundo (43%). Para os entrevistados de então, após os brasileiros, os norte-americanos seriam os mais felizes (20%), seguidos da população do Japão (6%) e da Suíça (3%). No entanto, a mesma pesquisa aferiu ser o Brasil o país mais infeliz do planeta para os negros, as pessoas com mais de 60 anos, para as que não pertencem à população economicamente ativa e para os que se declararam, de modo geral, infelizes.

A partir do exposto, procure realizar entre seus colegas a seguinte pesquisa: *"Nos dias atuais, você se considera feliz com os destinos do país?" Para quem ele seria mais ingrato?".*

Após os resultados obtidos, reflita: *"Os resultados seriam diferentes se a pesquisa fosse realizada entre alunos de uma instituição de ensino com padrão é diferente da sua?".*

ATIVIDADES

1. Leia o excerto a seguir:

GILBERTO FREYRE E SÉRGIO BUARQUE DE HOLANDA, SEGUNDO FHC

(...) Gilberto Freyre, de alguma maneira, introduz na literatura sobre o Brasil a vida cotidiana, a família, a cozinha, a vida sexual, os maus hábitos, ou bons, não sei. Enfim, assume uma dimensão que não é a dimensão usual do intelectual brasileiro.(...) Descreve uma história social. (...) A referência analítica abrange aspectos antropológicos do cotidiano. Isso num grande livro em que se está pensando o Brasil.

(...) Gilberto proclama que nós somos mestiços e que ser mestiço é bom. Ele não está isento de preconceitos, por exemplo, com relação aos índios, que nunca foram de seu maior agrado. Mas com relação à cultura africana e aos negros, Gilberto até os idealiza. E isso também é absolutamente revolucionário para a época (...)

Já nosso outro autor – Sérgio Buarque de Holanda -, que escreveu três anos depois de Gilberto Freyre, a quem este agradece no Casa-Grande & senzala, pela contribuição prestada, tem uma conotação distinta. (...) Ele está o tempo todo tratando de mostrar que temos raízes até ibéricas – Gilberto Freyre também fala nisso, não em raízes portuguesas, mas ibéricas, mas, ao mesmo tempo em que está procurando as raízes ibéricas, faz distinções.

(...)

Sérgio vai construir sua interpretação – uma das suas, pois são tantas – ao redor da ideia de que, embora a nossa sociedade seja uma sociedade de privilégios, esses privilégios (...) não estão baseados nas distâncias elásticas das hierarquias sociais preestabelecidas (...) Curiosamente, Sérgio Buarque contrasta essa situação com outras nas quais existe um sistema de normas estruturadas que valorizam o exercício da motivação individual. Entre nós acontece o oposto: a ação pessoal, em uma sociedade que não valoriza as regras abstratas, transforma a realização individual em dom, acaso e sorte.

CARDOSO, Fernando Henrique. Livros que inventaram o Brasil. In: DIMENSTEIN, G. Dez Lições de Sociologia para um Brasil cidadão. SP: FTD, 2008, p. 25.

No trecho da obra em questão, o sociólogo Fernando Henrique Cardoso destaca pensamentos de Gilberto Freyre e Sérgio Buarque de Holanda. A partir deste fragmento e do estudado neste capítulo, responda:

a) Quais as abordagens históricas que Freyre faz à mestiçagem brasileira?
b) O que Sérgio Buarque de Holanda pensa sobre a realização individual?

2. Você certamente já ouviu comentários do tipo: "brasileiro é muito acomodado"; "brasileiro só reclama e pouco faz"; "o brasileiro merece os políticos que tem".
Pois bem, procure, junto com os(as) demais membros de sua turma, com a mediação do(a) professor(a) e com a colaboração de seu(sua) professor (a) de História, pesquisar a participação do povo brasileiro nos momentos mais cruciais da história brasileira, tais como independência do Brasil (1822), proclamação da República (1889), Revolução de 1930, luta pela redemocratização do Brasil (final da década de 1970 e início da década de 1980) e impeachment do então presidente Fernando Collor (início da década de 1990).
A seguir, redija um pequeno texto a partir do seguinte tema: "As lutas do povo brasileiro: silenciosas, parciais ou inexistentes?"

3. **ENEM** Para Caio Prado Jr., a formação brasileira se completaria no momento em que fosse superada a nossa herança de inorganicidade social – o oposto da interligação com objetivos internos – trazida da colônia. Este momento alto etária, ou esteve, no futuro. Se passarmos a Sérgio Buarque de Holanda, encontraremos algo análogo. O país será moderno e estará formado quando superar a sua herança po9rtuguesa, rural e autoritária, quando então teríamos um país democrático. Também aqui o ponto de chegada está mais adiante, na dependência das decisões do presente. Celso Furtado, por seu turno, dirá que a nação não se completa enquanto as alavancas do comando, principalmente do econômico, não passarem para dentro do país. Como para os outros dois, a conclusão do processo encontra-se no futuro, que agora parece remoto.
SCHWARZ, R. Os sete fôlegos de um livro. Sequências brasileiras. SP: Cia. Das Letras, 1999. Adaptado.
Acerca das expectativas quanto à formação do Brasil, a sentença que sintetiza os pontos de vista apresentados no texto é:

a) Brasil, um país que vai pra frente;
b) Brasil, a eterna esperança;
c) Brasil, glória no passado, grandeza no presente;
d) Brasil, terra bela, pátria grande;
e) Brasil, gigante pela própria natureza.[6]

4. **UEL** Analise a tabela a seguir:

Número e Percentual de Pobres - Indigentes por cor, 1992 e 1999

	Número			Percentual	
	1992	1999	Variação %	1992	1999
Total	84.459.000	75.195.000	-11,00	100,0	100,0
Brancos	31.075.000	25.869.000	-16,75	37,0	34,4
Afrodescendentes	53.191.000	49.012.000	-7,85	63,0	65,6

IPEA, 2001. OLIVEIRA, L. F.; COSTA, R.R. Sociologia para jovens do século XXI. Rio de Janeiro: Imperial Novo Milênio, 2007. p. 144.

Os dados sobre a pobreza e a indigência segundo a cor ilustram os argumentos dos estudos

a) de Gilberto Freyre sobre a natural integração dos negros na sociedade brasileira, que desenvolveu a democracia racial.
b) de Caio Prado Junior sobre a formação igualitária da sociedade brasileira, que desenvolveu o liberalismo racial.
c) de Sérgio Buarque de Holanda sobre a cordialidade entre as raças que formam a nação brasileira: os negros, os índios e os brancos.
d) de Euclides da Cunha sobre a passividade do povo brasileiro, ordeiro e disciplinado, que desenvolveu a igualdade de oportunidades para todas as raças.
e) de Florestan Fernandes sobre a não integração dos negros no mercado de trabalho cem anos após a abolição da escravidão.[7]

---

6 alternativa B
7 alternativa E

12
Investigações Científicas nas Ciências Humanas e Sociais Aplicadas

A pesquisa científica é uma investigação metódica (exige um método, um caminho) acerca de algum assunto determinado. Seu objetivo é esclarecer aspectos do objeto em estudo.

Os métodos mais utilizados em uma pesquisa científica são: *pesquisa de laborctório* (o pesquisador procura refazer as condições de determinado fenômeno a ser estudado, procurando observá-lo sob controle, o que exige instrumentação própria e especial), *pesquisa de campo* (visa solucionar dúvidas ou obter informações a respeito de problemas para os quais se procura resposta ou confirmação de hipóteses levantadas) e *pesquisa bibliográfica* (consulta de livros ou documentação escrita sobre determinado assunto).

A pesquisa *aplicada* é orientada para uma aplicação prática; já a pesquisa *pura* limita-se a uma condição teórica, sem preocupação com aplicações e consequências práticas. No que tange à abordagem, as pesquisas podem ser *qualitativas* ou *quantitativas*. No contexto das *Ciências Humanas e Sociais*, a pesquisa qualitativa trabalha com a busca de significados, razões, motivos, aspirações, valores, crenças e atitudes, ou seja, com fenômenos humanos e realidades sociais, sendo difícil de ser traduzida em números ou indicadores que envolvem quantidades por trabalhar num mundo das relações humanas. Já a pesquisa quantitativa procura mensurar ou quantificar determinado fenômeno, fazendo farto uso de dados estatísticos (embora seja importante ressaltar que quando uma pesquisa qualitativa faz uso de dados estatísticos procurando representar em números determinada realidade social, temos uma pesquisa denominada "quanti-qualitativa").

Para o iniciante nas Ciências Humanas e Sociais Aplicadas, sugerimos o uso do método da *pesquisa bibliográfica* que, como já colocado, faz uso de teorias publicadas em livros, artigos científicos, trabalhos de mestrado e teses de doutorado, ou seja, o pesquisador deve levantar tudo o que já foi dito, estudado e descrito (conhecimento disponível) para auxiliá-lo na compreensão de determinado objeto de investigação.

. Fases da Pesquisa Bibliográfica

1. <u>Escolha do tema</u>;
2. <u>delimitação do assunto</u>;
3. <u>projeto de pesquisa</u> (escolhido o tema e delimitado o assunto, o passo a ser dado é a elaboração de um projeto provisório que tenha por finalidade orientar toda a pesquisa e documentação, evitando-se a dispersão de tempo e energia). Um projeto de pesquisa tem como elementos: 3.1 – tema; 3.2 – delimitação do tema; 3.3 – Justificativa (qual o motivo que impulsiona o pesquisador a estudar tal tema e não outro qualquer; entra na Justificativa a atualidade, importância pessoal ou cultural, a razão pela qual o tema foi o escolhido); 3.4 – Objetivo Geral (o que o pesquisador pretende no desenvolvimento do assunto, independentemente da Justificativa); 3.5 – Objetivos Específicos (Objetivo Geral em outros menores que constituirão possíveis capítulos no decorrer da estruturação do trabalho); 3.6 – Procedimentos (o modo como se procederá a pesquisa por comprovação de opinião, refutação de hipótese etc); 3.7 – Cronograma (a partir do projeto provisório, o pesquisador deve estabelecer uma data-limite para leituras e documentação, redação provisória do trabalho, revisão, redação definitiva, digitação do trabalho e entrega); Bibliografia Básica (quais livros, artigos, teses etc foram pesquisadas);
4. <u>documentação</u> (esta etapa tem como apoio a técnica da leitura trabalhada, que deve partir da premissa da qualidade do pesquisado; nesta fase são feitas anotações e apontamentos que serão utilizados no decorrer da pesquisa propriamente dita. Uma boa dica é fazer uso de fichamentos que serão agrupados conforme os temas definidos pelos títulos e subtítulos, restando apenas a construção posterior do trabalho em si);

5. construção lógica do texto (etapa que vem após a pesquisa e a documentação, já que é chegado o momento da estruturação do texto; de posse da revisão do projeto provisório e da releitura da documentação, ordena-se o projeto em capítulos, seções, itens etc. Do ponto de vista da estrutura formal, o trabalho deve possuir três partes fundamentais: introdução, desenvolvimento e conclusão). Importante ressaltar que a Introdução é a primeira impressão que o leitor terá do trabalho, daí sua importância (deve conter uma visão geral do tema desenvolvido e orienta-se que seja a última parte do trabalho a ser redigida, devendo conter o levantamento do estado geral da questão, a relevância ou interesse do assunto – sem apontar conclusões -, objetivos do trabalho e a intenção do autor, a apresentação das teses discutidas, dos problemas específicos, dos procedimentos adotados, devendo-se evitar históricos longos e a apresentação precipitada dos resultados). O Desenvolvimento é o momento em que o autor explica, tornando evidente o tema através de classificações, definições e descrições, discute o assunto, compara ou confronta posições, demonstra soluções (lembre-se que todo trabalho é feito para ser entendido por um leitor, independentemente de seu grau de conhecimento técnico sobre o assunto, já que quem escreve está ensinando ou introduzindo o leitor a determinado assunto ou área; ou seja, a linguagem deve ser simples, impessoal, clara e objetiva. A Conclusão é uma decorrência do desenvolvimento e deve ser breve, apresentando sinteticamente os resultados da pesquisa, assim como o ponto de vista do autor sobre os resultados obtidos).

. Apresentação gráfica de um trabalho científico

1. Estrutura do Trabalho – qualquer tipo de pesquisa, independente de sua finalidade, é composto por el ementos obrigatórios, elementos opcionais e elementos condicionados à necessidade da atividade desenvolvida. As partes de um trabalho estão divididas entre elementos pré-textuais, elementos textuais e elementos pós-textuais.
2. Elementos pré-textuais – todos os elementos que antecedem à Introdução (capa, folha de rosto, sumário, resumo, dedicatória e agradecimentos (opcionais), lista de tabela e listas de abreviaturas e símbolos;
3. Elementos textuais – onde está localizado o núcleo do trabalho, que apresenta o conteúdo (Introdução, Desenvolvimento e Conclusão);
4. Elementos pós-textuais – onde são colocados os elementos referenciais (Bibliografia, Glossário, Apêndices e Anexos).

. Aspectos Normativos e Topográficos

A redação final precede a apresentação final do trabalho. Atente ao formato, à paginação (numerar com algarismos arábicos as folhas textuais e pós-textuais do trabalho), às margens, aos espaços, à disposição dos parágrafos, aos títulos e à Referência Bibliográfica.

A Associação Brasileira de Normas Técnicas ou **ABNT** é a entidade cuida de diferentes normatizações no país. Ela estuda e propõe formas de sistematizar processos, sejam eles de cunho acadêmico, tecnológico, industrial, produção de serviços, entre outros. Pesquise sobre a entidade para não cometer nenhum equívoco na apresentação final do seu trabalho.

Fonte Reprodução

O caráter científico de uma pesquisa bibliográfica é marcado pela qualidade da documentação que a sustenta

REFERÊNCIAS BIBLIOGRÁFICAS

ALVES, Ronaldo Cardoso. **História e vida**: o encontro epistemológico entre didática da História e Educação Histórica. Ver. História & Ensino. Londrina, v. 19, n.1, 2018.

ANDERSON, Benedict. **Comunidades imaginadas**: reflexões sobre a origem e a difusão do nacionalismo. Tradução de Denise Bottman. São Paulo: Companhia das Letras, 2008.

BAUMAN, Zygmunt. **Amor Líquido**. Rio de Janeiro: Zahar, 2004.

BAUMAN, Zygmunt. **Modernidade Líquida**. Rio de Janeiro: Zahar, 2001.

BENJAMIN, Walter. Brinquedos e jogos. *In*: BENJAMIN, Walter. **Reflexões sobre a criança, o brinquedo e a educação**. Tradução de Marcos Mazzari. São Paulo: Editora 34, 1984. p. 100-120.

BOBBIO, Norberto. **Era dos direitos**. Rio de Janeiro: Campus, 2004.

BOURDIEU, Pierre. **Sobre a televisão**. Rio de Janeiro: Jorge Zahar, 1997.

BOSI, Ecléa. **Cultura de massa e cultura popular: leituras de operárias.** Petrópolis: Vozes, 2003.

BRAVERMAN, Harry. **Trabalho e capital monopolista**. Rio de Janeiro: Guanabara Koogan, 1987.

BURKE, Peter. **O que é história cultural**. Tradução de Sério Góes de Paula. Rio de Janeiro: Zahar, 2008.

CAPELATO, Maria Helena R. **Multidões em cena**: propaganda política no varguismo e no populismo. Campinas: Papirus, 1998.

CAPELATO, Maria Helena Rolim. **A imprensa na história do Brasil**. São Paulo: Contexto, 1988.

CARONE, Edgard. **A república velha**: instituições e classes sociais. São Paulo: Difel, 1978.

CARONE, Edgard. **Introdução ao estudo do movimento operário no Brasil – 1877-1944**: ensaios de opinião. São Paulo: [*s. n.*], 1979.

CARVALHO, José Murilo de. **Cidadania no Brasil: o longo caminho**. Rio de Janeiro: Civilização Brasileira, 2001.

CARONE, Edgard. **O estado novo (1937-1945)**. São Paulo: Difel, 1977.

CASTELLS, Manuel. **O poder da identidade**. São Paulo: Paz e Terra, 2000.

CASTELLS, Manuel. **Sociedade em Rede**. Rio de Janeiro: Paz e Terra, 2008.

COELHO, Teixeira. **O que é indústria cultural**. São Paulo: Brasiliense, 1985.

COMTE, Auguste. **Curso de filosofia positiva**. São Paulo: Nova Cultural, 1996.

COSTA, Cristina. **Sociologia**: introdução à ciência da sociedade. 3. ed. São Paulo: Editora Moderna, 2005.

DAMATTA, Roberto. **Carnavais, malandros e heróis**: para uma sociologia do dilema brasileiro. Rio de Janeiro: Rocco, 1979.

DARNTON. **O grande massacre dos gatos.** São Paulo: Graal, 1996.

DEAN, Warren. **A industrialização de São Paulo**. São Paulo: Difel, 1971.

DECCA, Maria Auxiliadora Guzzo. **A vida operária fora das fábricas**: cotidiano operário em São Paulo (1920-1934). Rio de Janeiro: Paz e Terra, 1987.

DULLES, John. **Anarquistas e comunistas no Brasil (1900-1935)**. Rio de Janeiro: Nova Fronteira, 1977.

DURKHEIM, Émile. **As regras do método sociológico**. São Paulo: Martins Fontes, 2003.

DURKHEIM, Émile. **Da divisão do trabalho social**. São Paulo: Abril Cultural, 1973.

FAORO, Raymundo. **Os donos do poder**: formação do patronato político brasileiro. Porto Alegre: Rio de Janeiro: Globo, 1985. v. 2.

FERNANDES, Florestan. **Sociedade de classes e subdesenvolvimento**. São Paulo: Global, 2008.

FOUCAULT, Michel. **História da sexualidade I**: a vontade de saber. Tradução de Maria T. da Costa Albuquerde e J. A. Guilhon Albuquerque. Rio de Janeiro: Edições Graal, 1988.

FREYRE, Gilberto. **Casa-grande & senzala**. São Paulo: Global, 2003.

FRIEDAN, Betty. **Mística Feminina**. Petrópolis: Vozes, 1971.

GIDDENS, Anthony. **As consequências da modernidade**. São Paulo: Unesp, 1991.

GOMES, Ângela de Castro. O populismo e as ciências sociais: notas sobre a trajetória de um conceito. *In*: FERREIRA, Jorge (Org.). **O populismo e sua história**: debate e crítica. Rio de Janeiro: Civilização Brasileira, 2001.

HOBSBAWM, Eric. **Mundos do trabalho**: novos estudos sobre a história operária. Rio de Janeiro: Paz e Terra, 1987.

HOLANDA, Sérgio Buarque de. **Raízes do Brasil**. Rio de Janeiro: José Olympio, 1971.

IANNI, Octavio. **Estado e planejamento econômico no Brasil** (1930-1970). Rio de Janeiro: Civilização brasileira, 1971.

KUPPER, Agnaldo. **Colônia Cecília**: uma experiência anarquista. São Paulo: FTD, 1992.

KUPPER, Agnaldo. **Sociologia: diálogos compartilhados**. São Paulo: FTD, 2015.

KUPPER, Agnaldo; CHENSO, Paulo André. **História crítica do Brasil**. São Paulo: FTD, 1998.

LÉVI-STRAUSS, Claude. **Antropologia estrutural**. Rio de Janeiro: Tempo Brasileiro, 1967.

LOPES, Celi E. **A Educação Matemática no Ensino Médio**. UNICSUL/SP, 2011.

MALINOWSKI, Bronislaw. **Argonautas do Pacífico Ocidental**. São Paulo: Abril Cultural, 1978.

MAQUIAVEL, Nicolau. **O príncipe**. São Paulo: Exposição do Livro, s/d.

MARAM, Sheldon Leslie. **Anarquistas imigrantes e o movimento operário brasileiro**. Rio de Janeiro: Paz e Terra, 1979.

MARVALL, José Maria. **Trabalho**. In: Dicionário de Ciências Sociais. Rio de Janeiro: MEC/FGV, 1986.

MARX, Karl. **O capital**. Rio de Janeiro: Civilização Brasileira, 1971.

MARX, Karl; ENGELS, Friedrich. **Manifesto do Partido Comunista.** In: Cartas filosóficas e outros escritos. São Paulo: Grijalbo, 1977.

MASI, Domenico de. **Reflexões para o Futuro**. São Paulo: Abril, 1993.

MERLEAU-PONTY, Maurice. **Fenomenologia da percepção**. São Paulo: Martins Fontes, 1999.

MILLS, C. Wright. **Sobre o artesanato intelectual e outros ensaios**. Rio de Janeiro: Zahar, 2009.

PELIANO, Anna M. & BEGHIN, Nathalie. **O inacessível pão de cada dia**. Ciência Hoje: SBPC, v. 17, 1994.

PINHEIRO, Paulo Sérgio (org.). **Crime, violência e poder**. São Paulo: Brasiliense, 1983.

PRADO JUNIOR, Caio. **Evolução política do Brasil**. São Paulo: Brasiliense, 1933.

SANDRONI, Paulo. **Novo dicionário de economia**. SP: Best-seller, 1994.

SANTOS, Wanderley Guilherme. **A práxis liberal e a cidadania regular**. Rio de Janeiro: Rocco, 1998.

SCHWARCZ, Lília Moritz. **Racismo no Brasil**. São Paulo: Publifolha, 2001.

SOUZA, Herbert de. **Democracia e cidadania**. São Paulo: Moderna, 1996.

STÉDILE, João Pedro. **Questão agrária no Brasil**. São Paulo: Atual, 1997.

TRONCA, Ítalo. **Revolução de 1930: a dominação oculta**. São Paulo: Brasiliense, 1983.

VASAPOLLO, Luciano. **O trabalho atípico e a precariedade**. São Paulo: Expressão Popular, 2005.

VIANA, Nildo. **Violência, conflito e controle**. In: Dijaci David Oliveira (org). 50 anos depois: relações raciais e grupos socialmente agregados: Movimentos Nacionais de Direitos Humanos, 1999.

WEBER, Max. **A ética protestante e o espírito do capitalismo**. São Paulo: Pioneira, 1967.

MAX WEBER. **Conceitos básicos de sociologia**. São Paulo: Moraes, 1987.

WIRTH, Louis. **Urbanismo e caminho da vida**. Revista Americana de Sociologia, n. 40, 1978.

Impressão e acabamento
Gráfica da Editora Ciência Moderna Ltda.
Tel: (21) 2201 - 6662